高职高专教育国家级精品规划教材
普通高等教育“十一五”国家级规划教材
中国水利教育协会策划组织

水资源评价与管理

（第2版）

主　编　赵信峰
副主编　张　峰　贾洪涛
　　　　黄彩琴　郭成建
主　审　郝红科

黄河水利出版社
·郑州·

内容提要

本书是高职高专教育国家级精品规划教材，是普通高等教育“十一五”国家级规划教材，是按照教育部对高职高专教育的教学基本要求和相关专业课程标准，在中国水利教育协会的精心组织和指导下编写完成的。本书主要内容包括：降水量和蒸发量的计算，地表水资源量的计算，地下水资源量的计算，水质评价，水资源管理等内容。

本书可供高职高专水文与水资源工程专业、水政水资源管理专业、水务管理专业、水利工程专业教学使用，也可供水利类相关专业教学使用及相关专业工程技术人员学习参考。

图书在版编目（CIP）数据

水资源评价与管理/赵信峰主编．—2版．—郑州：黄河水利出版社，2021.7

高职高专教育国家级精品规划教材

ISBN 978-7-5509-3042-1

Ⅰ.①水… Ⅱ.①赵… Ⅲ.①水资源-资源评价-高等职业教育-教材②水资源管理-高等职业教育-教材 Ⅳ.①TV211.1 ②TV213.4

中国版本图书馆 CIP 数据核字（2021）第 140479 号

组稿编辑：王路平 电话：0371-66022212 E-mail：hhslwlp@163.com

田丽萍 电话：0371-66025553 E-mail：912810592@qq.com

出 版 社：黄河水利出版社 网址：www.yrcp.com

地址：河南省郑州市顺河路黄委会综合楼14层 邮政编码：450003

发行单位：黄河水利出版社

发行部电话：0371-66026940、66020550、66028024、66022620（传真）

E-mail：hhslcbs@126.com

承印单位：河南承创印务有限公司

开本：787 mm×1 092 mm 1/16

印张：15.5

字数：360 千字 印数：1—3 100

版次：2011年6月第1版 印次：2021年7月第1次印刷

2021年7月第2版

定价：48.00 元

第 2 版前言

本书是贯彻落实《国家中长期教育改革和发展规划纲要(2010~2020 年)》、《国务院关于加快发展现代职业教育的决定》(国发〔2014〕19 号)、《现代职业教育体系建设规划(2014~2020 年)》和《水利部 教育部关于进一步推进水利职业教育改革发展的意见》(水人事〔2013〕121 号)、教育部职业教育与成人教育司《关于印发部分<高等职业学校专业教学标准(试行)>目录的通知》(教职成函〔2012〕217 号)等文件精神,在中国水利教育协会的精心组织和指导下,由中国水利教育协会职业技术教育分会高等职业教育教学研究会组织编写的高职高专教育国家级精品规划教材。该套教材以学生能力培养为主线,体现出实用性、实践性、创新性的教材特色,是一套理论联系实际、教学面向生产的精品规划教材。

本书第 1 版由黄河水利职业技术学院朱岐武教授担任主编,朱岐武教授英年早逝,在此深表怀念,并对朱岐武教授及其他参编人员在本书编写中所付出的劳动和贡献表示感谢!本书第 1 版入选普通高等教育“十一五”国家级规划教材(高职高专),自 2011 年 6 月出版以来,因其通俗易懂,针对性强,应用性知识突出,可操作性强等特点,受到全国高职高专院校水利类专业师生及广大水利行业从业人员的喜爱。

随着教学改革的深入及高等职业教育对学生培养目标的要求,原教材出现了一些与现有教学要求不相适应之处。为了进一步提高本教材质量,我们按照国家级精品课程及职业院校对教材建设的基本要求,并结合目前学生实际情况对本教材的进行了补充、修订、完善。根据水资源评价与管理工作发展的趋势,吸取了新出版或修订的有关行业规范、标准,尽可能地更新和补充了有关资料。本次再版教材充分体现“以项目为导向、任务为驱动”的课程设计理念,按工作过程划分学习项目,在每个项目中按典型工作任务要求,设置了具体工作任务,突出实用性特色。教材改变了传统的章节式知识体系,以能力为本位、基于工作过程和“教-学-做”一体化为基础进行优化重构,由原来的十个章节重组为五个项目十五个任务,每个项目增加了学习指导和知识技能训练。

本书编写人员如下:黄河水利职业技术学院赵信峰、贾洪涛;安徽水利水电职业技术学院张峰;广西水利电力职业技术学院黄彩琴;江西水利职业学院郭成建。本书由赵信峰担任主编,负责全书项目规划与统稿;由张峰、贾洪涛、黄彩琴、郭成建担任副主编;由杨凌职业技术学院郝红科担任主审。

由于编者水平有限且时间仓促,错误与不当之处在所难免,敬请读者多提宝贵意见。

编　者

2021 年 3 月

目 录

绪 论

一、水资源的含义与特点

（一）水资源的含义

水资源是地球上最重要的自然资源之一，不仅是人类生活所必需的，也是人类的生产活动和维持人类赖以生存的生态环境所不可或缺的。水是生命之源、生产之要、生态之基。随着人类社会的不断发展及人口的增长，社会对水资源的需求不断增加，而自然界能提供的可用水资源是有限的，水资源将成为制约国民经济和社会发展的重要因素，不仅关系到防洪安全、供水安全、粮食安全，而且关系到经济安全、生态安全和国家安全，因此必须对水资源加以研究。

为了探索水资源科学的研究任务和内容，首先要弄清什么是水资源。关于水资源的含义，国内外相关文献有多种提法，没有形成公认的定义。下面摘录一些有代表性的观点。

在《英国大百科全书》中，定义水资源为：全部自然界任何形态的水，包括气态水、液态水和固态水的全部量。1963年通过的《英国水资源法》中，则定义水资源为：具有足够数量的可用水源。在联合国教科文组织和世界气象组织共同制定的《水资源评价活动——国家评价手册》中定义水资源为：可利用或者有可能被利用的水源，具有足够的数量和可用的质量，并能在某一地点为满足某种用途而可被利用。

苏联水文学家O. A. 斯宾格列尔在《水与人类》一书中提出的水资源定义是：所谓水资源，通常解释为某一区域的地表（河流、湖泊、沼泽、冰川）和地下淡水储量。他还把水资源分为更新非常缓慢的永久储量和年内可恢复的储量两类，并指出在利用永久储量时，水的消耗不应大于它的恢复能力。

在《中国水资源初步评价》中，将水资源定义为：逐年可以得到恢复的淡水量。其包括河川径流量和地下水补给量，而大气降水则是它们的补给来源。

在《中国大百科全书·大气科学　海洋科学　水文科学》中，定义水资源为地球表层可供人类利用的水，包括水量（水质）、水域和水能资源。但也强调一般指每年可更新的水量资源。

以上所述关于水资源的定义差别较大，有的把自然界各种形态的水都视为水资源，有的只把逐年可以更新的淡水作为水资源，有的把水资源与用水联系考虑，有的除水量外，还将水域和水能列入水资源范畴之内，有些提法虽有一定的道理，但如何能比较确切地规定水资源的含义，依据的原则是什么，还值得进一步探索和研究。下面提出几点看法，以供参考。

（1）水作为自然环境的组成要素，既是一切生物赖以生存和发展的基本条件，又是人类生活、生产过程中不可缺少的重要资源，前者属于水的生态功能，后者则是水的资源功能。地球上存在的各种水体，有的可以直接取用，资源功能明显，如河流水和地下水；有的不能直接取用,资源功能不明显,如土壤水、冰川和海洋水,一般只宜把资源功能明显的水体作为水资源。

(2)人类社会各种活动的用水,都要求有足够的数量和一定的质量。随着文明社会的建设、工农业生产的发展、人民生活水平的改善,对水量和水质的需求愈来愈高,这就要求更多的水源具有良好的水质和补给条件,能保证长期稳定供水,不会出现水质变坏和水量枯竭。因此,水资源应该与社会需水密切相关,包含"量"和"质"两方面的含义,也就是说,只有逐年可以更新并满足一定水质量要求的淡水水体才能作为水资源。

(3)地表、地下的各种淡水水体均在水循环系统中,能够不断地得到大气降水的补给。参与水循环的补给称为动态水量,而水体的储存量称为静态水量。为了保护自然环境,维持生态平衡和保证长期供水不衰,一般只能取用循环的动态水量,不宜过多动用静态水量(可以作为调节备用水量),故水资源的数量应以参与循环水的动态水量(水体的补给量)来衡量,把静态水量计入水资源量的做法,完全忽视了水的生态功能,不利于水资源的合理开发和综合利用。

(4)人类对水资源的利用,除采用工程措施直接引用地表水和地下水外,还可通过生物措施利用土壤水,使无效蒸发转为有效蒸发。农作物的生长与土壤水有密切的关系,不计土壤水的利用,就不能正确估计农业的需水定额;大气降水是地表水、地下水、土壤水的补给来源,故土壤水和大气降水也应列入水资源的研究范畴。

(5)"水"和"水资源"两个词在含义上理应有所区别,不能混为一谈。地球上各种水体的储量虽然很大,但不能全部纳入水资源范畴,作为水资源的水体一般应符合下列条件:①通过工程措施可以直接取用,或者通过生物措施可以间接利用;②水质符合用水的要求;③补给条件好,水量可以逐年更新。因此,水资源主要是指与人类社会生产、生活用水密切相关而又能不断更新的淡水,包括地表水、地下水和土壤水,地表水资源量通常用河川径流量来表示,地下水和土壤水资源量可用补给量来表示。三种水体之间密切联系而又互相转化,扣除重复量后的资源总量相当于同一区域内的降水量。

综合以上分析,水资源含义可分为广义水资源和狭义水资源:广义水资源是指地球水圈内所有水的总体,包括气态水、液态水、固态水;狭义水资源是指地球上可以利用或可能被利用,且有一定的数量和质量保证,并可以逐年更新的淡水。

(二)水资源的特点

水资源不像其他矿产资源那样稳定,它是随时间、地点不同而变化的。水资源是一种动态资源,它具有下列几个主要特点。

1. 可恢复性和有限性

在人类活动中,水资源不断地被开采和消耗,但由于地球上巨大的水循环作用,大气降水又不断地对水资源进行补给,这就构成了水资源消耗和补给之间的循环性及可恢复性特点。地球水圈内不同类型水的循环恢复周期可按下式计算:

$$T = V/Q \tag{0-1}$$

式中 T——循环恢复周期,a;

V——地球水圈中某类型水域的水量,m^3;

Q——单位时间内进入该类型水域的水量,m^3/a。

联合国和有关学者发表的地球圈内不同类型水的循环恢复周期见表0-1。

表0-1 地球圈内不同类型水的循环恢复周期

水的类型	恢复周期	水的类型	恢复周期
海洋水	2 500 a	沼泽水	5 a
地下水	1 400 a	土壤水	1 a
极地冰川和永久雪盖	9 700 a	大气水	8 d
山区冰川	1 600 a	河流水	16 d
永冻层	10 000 a	生物水	几小时
湖泊水	17 a		

水资源的循环性是无限的，但在一定的时间、空间范围内，大气降水对水资源的补给量却是有限的。为了保护自然环境和维持生态平衡，一般不宜动用地表、地下储存的静态水量，因此多年平均水资源利用量不能超过多年平均补给量。循环过程的无限性和补给水量的有限性，决定了水资源在一定数量限度内才是取之不尽、用之不竭的。

2. 时空分布的不均匀性

水资源时空分布的不均匀性主要表现在以下几个方面。

1）水资源的地区分布极不均匀

全球水资源的地带性分布特点，可从纬度与水资源的主要补给源——降水量的关系中反映出来（见表0-2）。由表0-2可见，在北半球范围内，随着纬度的增高，降水量明显减小；南半球水量也有随着纬度的增高而减小的趋势，40°S～60°S范围内的降水量明显增大，由此造成全球各大洲水资源的分布极不均匀（见表0-3）。

表0-2 平均年降水量随纬度的变化

纬度	90°N～80°N	80°N～70°N	70°N～60°N	60°N～50°N	50°N～40°N	40°N～30°N	30°N～20°N	20°N～10°N	10°N～0°N
降水量（mm）	145	276	433	569	475	530	579	852	1 715
纬 度	0°S～10°S	10°S～20°S	20°S～30°S	30°S～40°S	40°S～50°S	50°S～60°S	60°S～70°S	70°S～80°S	80°S～90°S
降水量（mm）	1 854	1 046	557	619	1 289	1 660	462	160	84

注：平均年降水量为实测值，未加改正。

我国幅员辽阔，各地气候与下垫面条件存在较大差异，水资源的地区分布也很不均匀，全国各流域片水资源量分布情况见表0-4。

表 0-3　全球各大洲水资源分布(以多年平均降水量计)

大陆	面积(万 km^2)	降水量		蒸发量		径流量	
		mm	km^3	mm	km^3	mm	km^3
欧洲	1 050	789	8 290	505	5 300	306	3 120
亚洲	4 347.5	742	32 240	414	17 980	332	14 410
非洲	3 012	742	22 350	533	16 040	151	4 570
北美洲	2 220	756	18 300	418	10 100	339	8 200
南美洲	1 780	1 597	28 400	853	15 180	661	11 760
澳洲、大洋洲	895	791	7 080	490	4 390	267	2 390
南极洲	1 398	177	2 480	0	0	165	2 310
总陆地面积	14 900	800	119 000	463	69 000	314	46 800
外流区面积	11 900	924	110 000	512	60 900	385	45 800
内流区面积	3 020	288	8 700	268	8 100	33	1 010

表 0-4　全国各流域片水资源量分布情况

分片名称	面积(km^2)	水资源量(亿 m^3)	产水模数(万 m^3/km^2)
黑龙江流域	896 756	1 389	15.5
辽河流域	345 207	581	16.8
海滦河流域	319 029	406	12.7
黄河流域	794 712	762	9.6
淮河流域	327 443	1 024	31.3
长江流域	1 808 500	9 600	53.1
珠江流域	578 141	4 739	82.0
浙闽台诸河	241 155	2 714	112.5
西南诸河	844 138	4 684	55.5
内陆诸河	3 354 289	1 207	3.6
额尔齐斯河	50 000	104	20.8
北方六片	6 087 436	5 473	9.0
南方四片	3 471 934	21 737	62.6
全 国	9 559 370	27 210	28.5

2)水资源的时间分配极不均匀

水资源时间分配的不均匀性,主要表现在降水、径流的年内、年际变化方面。

我国地处欧亚大陆东部的中纬度地区,属于大陆性季风气候,受季风气候和西风环流的影响,降水、径流具有一定的丰、枯交替变化的特点。在一年之内,夏秋多雨湿润,冬春少雨干旱,呈现夏季丰水、冬季枯水、春秋过渡的特点,这是造成我国常常出现春旱、秋涝、夏汛的重要原因。在年际之间,有时还会出现连旱、连涝的情况。水资源年内、年际间分配的不均匀性,大大增加了合理开发利用水资源的复杂程度。为了使水资源更好地为国民经济各部门服务,一般需要修建蓄水、引水、提水、调水工程,对天然水资源进行时空再分配。

3. 不可代替性

水资源既是生活资料又是生产资料,在国民经济各部门中的用途是相当广泛的,各行各业都离不开水。水是一切生命命脉,它在满足社会环境需要、维持生命等方面,都是其他资源所不可代替的。随着人口的增长、工农业生产的发展和人民生活水平的提高,水资源的开发利用量必将日益增加,水资源问题将越来越成为当代世界普遍关注的社会性问题。

二、水资源评价

(一)水资源评价的目的与原则

联合国教科文组织和世界气象组织于 1988 年共同提出:水资源评价是指对水资源的源头、数量范围及其可依赖程度、水的质量等方面的确定,并在其基础上评估水资源利用和控制的可能性。水资源评价活动应当包括对评价范围内全部水资源量及其时空分布的变化幅度和特点、水资源可利用量的估计,各类用水的现状及其前景、全区及其分区水资源供需状况及预测,解决供需矛盾的可能途径,并评价水工程措施的效益及负面影响,以及提出政策性建议等。水资源评价是进行水资源规划可行性研究的基础性前期工作。

水资源评价的目的是查清流域或区域水资源的数量、质量和可利用量等基础成果,分析和评价水资源承载能力,通过水资源及其开发利用情况调查评价,摸清水资源及其开发利用现状并预测未来的可能变化趋势,为需水预测、供水预测、水资源配置、节约用水、水资源保护等工作提供分析成果,为制订水资源规划方案及水资源管理措施奠定基础。

对于地表水和地下水,水资源评价原则略有不同。

1. 地表水资源评价原则

1)一致性原则

一般来讲,水资源基础评价使用的水文要素系列,年限越长越好,但当系列参差不齐时,宜用相同长度的同步系列。如我国第一次全国水资源评价时,规定系列为 1956~1979 年共 24 年同步期,全国水资源综合规划水资源评价用的是 1956~2000 年和 1980~2000 年 2 个系列,一个为 45 年,一个为 21 年。这样有利于横向比较。

2)代表性原则

水资源基础评价资料的代表性原则,即系列的时间代表性和空间代表性。

3)不重复性原则

进行水资源基础评价时,由于分区、分类、汇总的需要,要将各项数据列清,如某区域的地表水资源量、还原水量、地下水资源量、重复计算量、水资源总量、入境水量、出境水量等。一般不把入境水量列入本区域的水资源总量中,即算清当地产水量。

4)合理性原则

水资源基础评价应强调其合理性原则,尤其是水量平衡原理。

2. 地下水资源评价原则

对于地下水资源评价原则,除遵循上述地表水评价原则外,还有下列原则。

1)空间原则

局部水源地应以区域或流域地下水资源评价为前提。局部水源地是区域或流域水文地质的组成部分。局部水源地地下水资源与区域地下水资源是有密切联系的,在对整个流域地下水流域作粗略评价的基础上,再对局部水源地做出评价。

2)时间原则

地下水资源评价应建立在地下水随时间变化的基础上。地下水的补给量、排泄量以及储存量均随时间变化。地下水资源的各种特征量属于随机变量。因此,在进行地下水资源评价时,应当强调是何种典型年份的地下水资源量。一般来说,丰、平、枯年份分别以保证率20%、50%、80%为代表。

3)总体原则

地下水资源评价应以当地水资源总量的分析为基础。流域地下水是流域内水资源总量的一个组成部分。搞清当地水资源总量的基本结构和关系,合理地计算地下水补给量、排泄量、储存量,从而计算出比较符合实际的地下水可开采量。另外,地下水和地表水是互相转化的,应考虑它们的重复计算部分。

(二)评价基础和主要内容

在进行水资源评价之前,应了解评价区的水资源自然特性,这些特性包括以下几方面:

(1)水资源条件。如水资源的主要组成部分、河川径流的年内分配和年际变化、河川径流中的各种极值对比、水旱灾害、水资源地区分布、水土资源的组合以及水资源与人口、水资源与社会发展等的对比情况。

(2)水资源基本形势。为了与其他国家或地区比较,通常以人均占有水资源量、单位耕地面积占有水资源量等指标进行比较。

(3)水资源质量状况。如水质、泥沙、污染等方面的特点及其在开发利用中可能带来的问题等。

(4)水资源的多功能和地区特点。是制订水资源综合利用规划的依据。

上述水资源自然特征是水资源的基本状况,而针对水资源的特点和问题需采取的对策则是在水资源评价的最后一部分,即在水资源利用评价、水环境评价中进行。

水资源调查评价的主要内容包括以下几方面:

(1)概况。叙述评价范围的河流水系的自然特征、地形地貌、水文地质、土壤、植被、气候、湖泊、冰川等和人文社会特征,人口、耕地、水文气象站网等。

(2)降水。进行水资源分区、降水系列代表性分析、降水时空分布规律分析、降水统计特性分析、降水等值线图绘制等。

(3)蒸发能力及干旱指数。包括蒸发能力及干旱指数时空分布规律、蒸发能力统计特性、蒸发能力等值线图等。

(4)河流泥沙。包括河流泥沙的统计特性。

(5)地表水资源量。包括分区水资源量、江河水资源量和入海或出入境水量。

(6)地下水资源量。包括分区、参数确定,平原区和山丘区地下水资源量确定,地下水资源地区分布。

(7)地表水水质。包括各水资源分区地表水体的水化学类型,水质现状(含污染状况、水质变化趋势、供水水源地水质以及水功能区水质达标情况等)。

(8)地下水水质。主要评价对象是平原区浅层地下水以及进行地下水可开采量评价的岩溶水和基岩裂隙水,评价内容包括地下水化学分类、地下水现状水质评价以及近期地下水水质动态变化趋势和地下水污染分析等。

(9)水资源总量。弄清其概念和计算方法。

(10)水资源可利用量。主要研究对象是地表水资源可利用量、地下水资源可开采量和水资源可利用总量。

(11)水资源演变情势分析。对在水资源的形成和转化中起主要作用的一些关键因素的未来可能变化趋势进行趋势分析和情景预测,预测未来水资源量、水质和水资源可利用量的可能变化趋势。

进行水资源评价,应制定评价工作大纲,统一技术要求,编写技术细则。明确评价的目的、评价范围、评价项目、各项资料搜集的标准、评价方法和预期成果。技术细则要求提出工作所需的基础资料和成果,对资料年限、统计口径、适用范围、精确程度等提出具体要求;规范各种图、表的具体内容,制作步骤和方法,表示方式与效果等;统一规范和规定评价及预测方法。

例如,1979 年我国第一次全国水资源评价的目的是满足《1978~1985 年全国科学技术发展规划纲要》中的重点科学技术项目——《农业自然资源调查和农业区划》的要求,提出“水资源综合评价和合理利用研究”,回答了:①我国有多少水资源量,质量情况以及现状的时空分布情况;②水资源利用的现状和预期情况;③供需平衡存在的主要问题;④如何解决存在的问题等。

近年已完成的新一轮全国水资源评价是为了进一步贯彻国家新时期的治水方针,适应经济社会发展和水资源形势的变化,着力缓解水资源短缺、生态环境恶化等重大水问题。水利部、国家发展和改革委员会部署开展了全国水资源综合规划工作,于 2002 年印发了《全国水资源综合规划技术大纲》,其目标是为全国水资源统一管理和可持续利用提供规划基础,在查清各地水资源及其开发利用现状、分析和评价水资源承载能力的基础上,根据经济社会可持续发展和生态环境保护对水资源的要求,提出流域水资源合理开发、高效利用、有效节约、优化配置、积极保护和综合治理的总体布局及实施方案,促进各地区人口、资源、环境和经济的协调发展,以水资源的可持续利用支持经济社会的可持续发展。长江水利委员会(简称长委)负责“长江流域”和“西南诸河”两大片的评价协调工作。为统一各片水资源综合规划的技术要求,根据《全国水资源综合规划技术大纲》的规定编制“长江流域”和“西南诸河”的技术细则,以便明确各项规划任务开展的技术途径;

界定规划有关概念与术语的定义及确切内涵,明确采用的技术标准和要求;明确对基础资料和成果的要求,确保规划的统一性、一致性和可操作性。

(三)国内外评价工作进展

水资源评价是保证水资源的可持续开发和管理的前提,是进行与水有关活动的基础。1977年,联合国在阿根廷的马德普拉塔(Mardel Plata)召开的世界水会议的第一项决议中指出:没有对水资源的综合评价,就谈不上对水资源的合理规划和管理。其号召各国要进行一次专门的国家水平的水资源评价活动。为此,世界气象组织和联合国教科文组织组织了这项工作的开展。这一行动使全球水资源评价活动大大前进了一步。

现以美国为例介绍国外水资源评价的进展情况。美国早在1840年就对俄亥俄河和密西西比河进行过河川径流量的统计,在19世纪末和20世纪初编写了《纽约州水资源》《科罗拉多州水资源》《联邦东部地下水》等专著。这些工作可以看作是初期的水资源评价活动,其目的是为水资源开发的规划设计准备有关各类水文资料的汇总,包括观测资料系列、统计特征值,也包括各类水文特征值的图表以及区域水文的研究等。

1965年,美国国会通过了水资源规划法案,成立了水资源理事会,开始进行全美国的水资源评价工作,并于1968年完成了第一次国家级水资源评价报告。报告分析研究了美国水资源的现状和展望,比较了水资源供需情况,讨论了缺水地区的情况和问题,划分了美国主要的水资源分区,并提出了2000年全国需水展望。在1978年又开始进行全国第二次水资源评价活动。但这一次的内容与第一次评价有较大的差异,即对天然水资源情况的评价不再作为重点,而把分析可供水量和用水要求作为重点。在这次评价活动中,美国把用水分为河道内用水(如航运、水力发电用水)和河道外用水(如对工业、农业和城市生活的供水),重新分析了各类用水现状及对未来的展望。在评价中,对一些水资源的重要问题专门进行了研究,包括一些地区地表水供水不足、地下水超采、水质污染、饮用水的质量、洪水灾害、侵蚀和泥沙、清淤和清淤物的堆置、排水和洼地湿地、海湾和河口沿岸水质变坏等问题,提出了可能解决的途径。

我国的水资源评价工作是新中国成立后才逐渐发展起来的。1950年,水利部便专门建立水文局主管全国水文工作;1963年,水利水电科学研究院编制出版了《全国水文图集》,比较全面系统地整编了全国水文资料和统计图表,分析了全国的降水、河川径流、蒸散发、水质、侵蚀泥沙等水文要素的统计特征,编制了各种等值线图。

1979年,在中国农业区划工作的推动下,在全国开展了水资源调查评价,包括水资源基础评价和水资源利用评价。评价分两个阶段进行,第一阶段基本确定了水资源评价的内容和方法,吸收国外经验,把以统计水文资料为主的基础评价与水的利用和供需展望结合进行,提出了全国水资源调查评价的初步成果。初步评价阶段因配合全国农业区划的要求,时间较紧,因此在资料搜集和加工方面来不及细致进行,只能提出轮廓性成果。第二阶段全面搜集加工了已有的水文资料,进行了细致的分析研究,出版了《中国水资源评价》和《中国水资源利用》。同时,地质矿产部出版了《中国地下水资源评价》。1985年,国务院批准建立全国水资源协调小组,由各有关部门领导参加,于1987年以协调小组办公室名义,在各部门成果基础上,提出了《中国水资源概况和展望》成果,内容包括中国水资源数量的概况及其特点,水质和泥沙概况,水能、水运、水产资源概况,水资源利用概况及存在问题,水资源开发利用展望及供需分析等,分城乡供水、农田水利、内河航运、水能利用、水产养殖、防洪、水土保持和水源污染等方面分别进行阐述。报告中还提出了在水资源开发和管理方面的政策性建议。

2002 年,国家发展和改革委员会及水利部部署“全国水资源综合规划”,开展了新一轮的全国水资源评价工作。

从各国水资源评价工作可以看出,水资源评价的内容均有鲜明的时代特点。早期只统计天然情况下的河川径流及其时空分布特征,其后增加了水资源工程规划设计所需要的水文特征值计算方法及参数分析,然后又增加了水资源工程管理及水资源保护的内容,特别是对水资源供需的分析和展望,以及在此基础上的水资源开发前景展望逐渐成为主要的内容。对因水资源开发治理引起的环境影响评价,正在成为人们关注的新焦点。

三、世界和我国水资源概况

(一)世界水资源开发利用状况

当今世界面临着人口、资源与环境三大问题,其中水资源是各种资源中不可替代的一种重要资源,水资源问题已成为举世瞩目的重要问题之一。根据 2012 年 3 月联合国水机制(UN-water)发布的《世界水资源发展报告》,地球表面约有 70%以上面积为水所覆盖,其余约占地球表面 30%的陆地也有水存在,但只有 2.5%的水是供人类、动物和植物利用的淡水。由于开发困难或技术经济的限制,到目前为止,海水、深层地下水、冰雪固态淡水等难以被直接利用。比较容易开发利用的、与人类生活生产关系最为密切的湖泊、河流和浅层地下淡水资源,只占淡水总储量的 0.34%,还不到全球水总量的 1‰,因此地球上的淡水资源并不丰富。随着经济的发展和人口的增加,世界用水量也在逐年增加。《世界水资源发展报告》对 180 个国家和地区的水资源利用状况进行了排序,可以看出许多国家已处在水资源的危机状态之中。按年用水量统计,用水量最多的 5 个国家是:中国(5 198 亿 m^3)、美国(4 673.4 亿 m^3)、印度(2 800 亿 m^3)、巴基斯坦(1 534 亿 m^3)、俄罗斯(117 亿 m^3)。人均用水量排序倒数后 5 位国家(地区)是科威特、加沙地带、阿拉伯联合酋长国、巴哈马和卡塔尔,我国排在第 121 位。

对淡水资源构成压力的主要方面之一是灌溉和粮食生产对水资源的需求。目前农业用水在全球淡水使用中约占 70%,预计到 2550 年农业用水量可能在此基础上再增加约 19%。人类对水资源的需求主要来自于城市对饮用水、卫生和排水的需要。全球目前有 8.84 亿人口仍在使用未经净化改善的饮用水源,26 亿人口未能使用得到改善的卫生设施,有 30 亿~40 亿人家中没有安全可靠的自来水。每年约有 350 万人的死因与供水不足和卫生状况不佳有关,这主要发生在发展中国家。全球有超过 80%的废水未得到收集或处理,城市居住区是点源污染的主要来源。

2019 年 3 月 19 日,《2019 年世界水资源发展报告》提出水资源现状:压力与日俱增,自 20 世纪 80 年代开始,由于人口增长、社会经济发展和消费模式变化等因素,全球用水量每年增长 1%。随着工业量和社会用水量的增加,到 2050 年全球需水量预计还将保持同样的增速,相比目前用水量将增加 20%~30%。将有超过 20 亿人生活在水资源严重短缺的国家,约 40 亿人每年至少有一个月的时间遭受严重缺水的困扰,且将会有 22 个国家面临严重的水压力风险。随着需水量的不断增长以及气候变化影响愈加显著,水资源面临的压力还将持续升高,将会影响水资源的可持续利用,并增加使用者之间的潜在风险冲突。

从地区视角看,由于人口增长和气候变化,阿拉伯地区的人均水资源短缺将继续加剧。在冲突地区,水基础设施遭到破坏、损毁并成为摧毁目标,确保人们在缺水条件下获得供水服务面临的挑战更加严峻。2016 年,亚太地区 48 个国家中有 29 个国家因缺水和地下水超采而成为水不安全地区。气候变化的影响加剧了水短缺。自然灾害日益频繁和严峻,抗灾能力逐渐不敌灾害所产生的风险。由于水和卫生基础设施受损以及水质问题,上述风险严重影响了向受灾地区提供水、卫生设施和个人卫生服务的质量。欧洲和北美洲许多国家特别是农村地区,获得安全管理的卫生服务仍然是一项挑战。尽管对于东欧、高加索和中亚地区大部分人口来说获取卫生设施的情况不甚乐观,但西欧、中欧及北美的许多人口却仍缺乏足量或无法平等地获得水与卫生设施服务。拉丁美洲和加勒比海地区数亿人口仍无法获得充足的饮用水源,而受缺乏安全、体面的排泄物处理设施之苦的人数则更多。撒哈拉以南非洲农村人口约占总人口的 60%,其中许多人仍然生活在贫困之中。2015 年,该区域 3/5 的农村居民获得了最基本的供水,只有 1/5 的人口获得了最基本的卫生设施。约 10%的人口仍然饮用未经处理的地表水,许多农村地区的穷人,特别是妇女和女童,每天花费大量时间取水。

(二)我国水资源特点

我国地处欧亚大陆的东南部,濒临太平洋。地形上西部高、东部低。山脉、平原、丘陵、盆地相互交错,形成江河湖泊众多。据《第一次全国水利普查公报(2012 年)》统计,共有流域面积 50 km^2 及以上河流 45 203 条,总长度为 150.85 万 km;流域面积 100 km^2 及以上河流 22 909 条,总长度为 111.46 万 km,流域面积 1 000 km^2 及以上河流 2 221 条,总长度为 38.65 万 km;流域面积 10 000 km^2 以上河流 228 条,总长度为 13.25 万 km;全国湖泊常年水面面积 1 km^2 及以上湖泊 2 865 个,水面总面积约 7.80 万 km^2(不含跨国界湖泊境外面积)。这种地理条件决定了我国的气候有明显的季风性质,复杂多变。来自西伯利亚—蒙古高原寒冷干燥的大陆季风和来自太平洋、印度洋上温暖湿润的海洋季风,在我国国土上空往复交替。因此,降水的随机性很大,在时间分配上不均匀,季节性强;在地区分布上不平衡,经常出现局部性暴雨和连续干旱。我国水资源的特点包括以下几方面。

1. 降水的时空分布不均匀

在年内分配上,随着副热带高压北移,江南地区在 4 月、5 月进入梅雨季节,北方地区要到夏秋之间才进入汛期;沿海地区经常受台风登陆的影响,造成大范围的暴雨,大量降水集中在 6~9 月;在年际之间的分配也很不均匀,江南地区相差 2~3 倍,淮河以北地区相差 5~20 倍。

我国多年平均降水量约 630 mm,但在地区分布上很不平衡,东南沿海正常年份都在 1 500 mm 以上,淮河、秦岭以南大于 800 mm,华北和东北地区在 400~800 mm,西北地区在 250 mm 以下,新疆塔里木河盆地只有 10 mm 左右,从全国范围来看,少雨地区约占全国总面积的 50%。

2. 水资源总量大、人均占有量少

我国年平均降水量约6万亿 m^3,水资源总量约2.8万亿 m^3,其中河川径流量约2.7万亿 m^3,地下水补给量7 718亿 m^3(两者重复量为6 888亿 m^3),相当于全球年径流总量(47万亿 m^3)的5.6%,在全世界排第6位(仅次于巴西、苏联、加拿大、美国、印度尼西亚)。但按人均水资源占有量统计,每人只占2 700 m^3,居世界第88位,华北、东北地区人口密集,人均水资源占有量就更少。

3. 水资源供需不平衡

我国水资源的分布情况与国民经济各部门对水资源的需求很不平衡。

1)水资源与耕地布局极不相宜

南方四大水系(长江、珠江、浙闽台诸河、西南诸河)的水资源量约占全国的80%,而耕地面积只占全国的37.8%,北方六大水系(黄河、海滦河、淮河、辽河、黑龙江、额尔齐斯河和内陆诸河)的水资源量约占全国的20%,而耕地面积约占全国的62.2%,北方地区水资源紧缺已影响到灌溉农业的迅速发展。

2)水资源与矿藏资源布局不相适应

我国的煤炭、石油、铁矿等矿藏资源,大多数位于华北、东北、西北等水资源贫乏地区。缺水将给我国的重工业(特别是开采工业)发展带来困难。

3)水资源的开发利用难度大

由于水资源在时空分布上不均匀。年内降水大多数集中在雨季,因此必须修建蓄水工程。水资源供需不平衡,必须修建长距离的跨流域调水工程。兴建蓄水工程,会受到地质条件、移民困难所制约。调水工程要占大片耕地,在国民经济上投资较大。中华人民共和国成立以来,开发条件较好的水资源基本上都开发了,今后的工程项目,无论是交通条件,还是投资费用、施工条件等方面都比已建工程的难度要大得多。

(三)我国水资源开发利用状况

1. 我国水资源利用情况

我国年平均径流量2.8万亿 m^3,但人均占有径流量仅约为世界平均水平的1/4,如按耕地面积计算,单位耕地面积占有水量只相当于世界平均水平的一半,因此我国是人均占有径流量较少的国家。

据《2018年中国水资源公报》,2018年全国用水总量6 015.5亿 m^3。其中,生活用水859.9亿 m^3,占用水总量的14.3%;工业用水1 261.6亿 m^3,占用水总量的21.0%;农业用水3 693.1亿 m^3,占用水总量的61.4%;人工生态环境补水200.9亿 m^3,占用水总量的3.3%。与2017年相比,用水总量减少27.9亿 m^3,其中农业用水量减少73.3亿 m^3,工业用水量减少15.4亿 m^3,生活用水量及人工生态环境补水量分别增加21.8亿 m^3 和39.0亿 m^3。

我国已建水库9.8万多座,目前各类水利工程设施的供水能力为6 000多亿 m^3,已开发利用的水量约为水资源总量的21.9%。我国水资源开发利用程度并不高,但在水资源短缺的地区,如海河、辽河流域的开发程度已达到65%,其中京、津、冀、晋、胶东、鲁北、豫北和辽宁中南部地区及部分沿海城市是我国人口密集、经济比较发达的地区,在干旱年份,当地水资源几乎全部被利用,有的还留有很大缺口。我国用水量的一半由蓄水工程供给,另一半直接从河道引用,水资源调节程度不高,供水保证率较低。

2. 用水中存在的问题

1) 地区性缺水严重

我国水资源在地区上分布很不均衡,几乎占国土一半的北方地区属缺水地区,我国每年受旱面积3亿亩,主要分布在北方。近年来,工业城市迅速发展,一些以农业用水为主的水库转向以城市用水为主,也引起工农业用水的矛盾。为了解决用水的矛盾,我国兴建了南水北调(东、中线工程)、引滦入津、引碧入连等输水工程。由于华北地区缺水,例如京、津、冀地区遇干旱年,缺水量达100亿 m^3,靠超量开采地下水生存,以致出现区域性地下水位大幅度下降,一般地下水下降2~4 m,多者超过10 m,沧州地区地下水最深处达70多m,造成地面沉陷,生态环境不断恶化,水污染也日趋严重,使人民生活和健康受到了影响。缺水问题与水资源开发、工农业生产布局、用水管理等密切相关,须综合研究解决。

2) 用水管理不严格

我国一些地方和部门用水浪费的现象已普遍存在,用水管理水平低,我国农田灌溉亩均用水量365 m^3,田间工程不配套,渠道无衬砌,渗漏严重,喷、滴灌等节水灌溉技术还远未普及。

我国工业用水重复利用率为20%~30%,而发达国家为50%~60%,有的更大。2018年,我国一般工业万元产值用水量为66.8 m^3,城市用水也存在管理上的问题,不少单位生活用水实行“包费制”,没有分户水表,浪费严重,水价政策有待改进,以利节约用水。

3) 水源污染

我国主要江河、湖泊、水库都有不同程度的污染。2018年,对全国26.2万km的河流水质状况进行了评价,Ⅰ~Ⅲ类、Ⅳ~Ⅴ类、劣Ⅴ类水河长分别占评价河长的81.6%、12.9%和5.5%,主要污染项目是氨氮、总磷和化学需氧量。对124个湖泊共3.3万 km^2 水面进行了水质评价,Ⅰ~Ⅲ类、Ⅳ~Ⅴ类、劣Ⅴ类湖泊分别占评价湖泊总数的25.0%、58.9%和16.1%。主要污染项目是总磷、化学需氧量和高锰酸盐指数。121个湖泊营养状况评价结果显示,中营养湖泊占26.5%;富营养湖泊占73.5%。对1 129座水库进行了水质评价,Ⅰ~Ⅲ类、Ⅳ~Ⅴ类、劣Ⅴ类水库分别占评价水库总数的87.3%、10.1%和2.6%。主要污染项目是总磷、高锰酸盐指数和五日生化需氧量等。1 097座水库营养状况评价结果显示,中营养水库占69.6%,富营养水库占30.4%。全国评价水功能区6 779个,满足水域功能目标的4 503个,占评价水功能区总数的66.4%。其中,满足水域功能目标的一级水功能区(不包括开发利用区)占71.8%;二级水功能区占62.6%。

知识训练

1. 水资源的含义有那些?各有什么特点?
2. 水资源有哪些基本特性?我国水资源的特点是什么?
3. 什么是水资源评价?为什么要进行水资源评价?
4. 水资源评价在水资源规划、管理中有何作用?

项目1　降水量和蒸发量的计算

【学习指导】

1. 掌握《水资源评价技术导则》的有关要求。
2. 了解降水量与蒸发量资料收集的方法与途径。
3. 掌握降水量计算的方法与步骤。
4. 降水水资源评价报告编写的技术规范要求。

区域水资源分析计算的项目多、技术要求严格。为了保证水资源分析计算成果具有足够的精度，首先必须根据特定区域的实际情况，认真做好基本资料的搜集、整理与分析工作。

任务1-1　基本资料的搜集、整理与分析

一、基本资料的搜集与审查

(一)资料的搜集

区域水资源计算中，需要搜集的基本资料主要有以下几个方面：

(1)本区域与邻近区域的有关水文、气象资料。包括降水、蒸发、径流、冰情、水温、泥沙、气温、日照、云量等资料。

(2)本流域的流域特性资料。包括地形、地貌、土壤、植被以及河流、湖泊、沼泽特性等资料。区域面积应当采用国家统计部门确认的数值，并尽量与自然资源调查及其他部门相统一；流域面积一般采用水文年鉴刊印成果和《水文特征值统计》中建议的采用值。

(3)区域内水利工程概况。包括历年各级水库的有效库容及其灌溉面积，历年各类引、提水工程的引、提水量及其灌溉面积，并要搜集灌溉定额、渠系有效利用系数、田间回归系数等资料。

(4)区域水文地质特性资料。包括岩性分布，地下水平均埋深及补给、径流、排泄特性，地下水开采情况，地下水动态观测资料与分析成果。

(5)社会经济资料。包括耕地、林地、草牧场、荒地的面积与分布特点，总人口、农业人口、非农业人口及经济发展概况等。

(6)各部门的水质监测资料。包括区域内主要城镇和工业、企业的排污量，排放毒物，排放途径及影响范围，近年来各种农药的施用量，因水质污染引起的人畜中毒、农业减产、水生物死亡等事故资料。

(7)历史上发生的水、旱灾害年份及成灾面积，水利设施的防洪、排涝、抗旱能力等资料。

(8)以往水文、水资源分析计算成果。

(二)资料的审查

一般可从以下几方面对所搜集的资料进行合理性检查:

(1)历年降水量资料要着重分析年、月降水量的特大值、特小值及其成因。对区域内个别站降水量偏大或偏小的资料要认真分析,既要注意降水量在地区分布上的规律性,又要考虑局部暴雨造成的特殊性,不能轻易弃舍实测资料。降水量资料的审查重点是新中国成立前和委托雨量站资料。

(2)年径流资料要注意审查各站集水面积变动情况及变动原因,分清是断面迁移还是计量错误,按准确的面积核对后再计算逐年径流量。

当断面迁移或更改站名时,一般要采用最新站名。若断面迁移较远(如集水面积相差5%以上),则不能简单地按一个站处理。

对偏大、偏小的年径流资料,应当通过上、下游或相邻流域径流过程线的对比,水量平衡分析、极值的对比,年降水与年径流关系的对比等各种途径审查其合理性。

(3)水面蒸发观测资料既受气象因素影响,又受观测场周围的地形、地物,蒸发器结构、安装形式和材料等因素的影响。在搜集资料时,要做认真细致的考证工作(如哪年开始使用20 cm口径蒸发器或E-601型蒸发器等),对有关情况应予以说明,以便在分析统计和绘制等值线图时考虑资料的代表性与一致性。

(4)泥沙资料应重点核对输沙量的特大值、特小值,对输沙量较大的年份,要从上、下游沙量平均值、年径流量与年输沙量关系上检查其合理性。对明显偏大或偏小的数据,要通过区域内不同时期植被和降雨强度的变化情况,分析判断其偏大、偏小的原因,并决定对资料的取舍与纠正。

(5)对所搜集的水质监测资料,当出现特大值、特小值等突出点据时,应在分析其可靠程度后再参加计算和评价。对水质监测资料的取样次数、取样时间则须分析是否有代表性。

(6)对以往出版的《水文图集》《水文特征值统计》等成果应当进行必要的核对,若以往虽然做过合理性检查,但注明资料仅供参考者,则不能再据以选取极值,更不能选为典型年。对插补延长幅度较大的资料一般也只能作为参考。

二、分析代表站的选择

分析代表站的选择原则如下:

(1)雨量站。要选择资料质量好,实测年限较长,面上分布均匀和不同高程的测站作为代表站。站网密集度较大的区域,要优先选择实测年限较长并有代表性的测站,实测年限较短的站点只能作为补充或参考。边远地区缺少雨量站,只有几年观测资料的测站也应选为参考站。

(2)流量站。选择中等流域面积(300~5 000 km^2)、资料质量好、实测年限较长的测站作为主要分析代表站。为了补充站点不足,也可选择区域内小面积站或资料系列较短的站,必要时还可利用上、下游站径流量之差作为区间站,但它们只能作分析计算的参考。

当计算区域内无流量站,必须借用区域外的实测径流资料时,应当考虑流域自然地理条件是否接近,若二者差别过大,则不能随意移用。

(3)蒸发站与泥沙站。尽量选取面上分布均匀、资料质量较好的测站作为分析代表站。但是,蒸发站及泥沙站站点一般较少,资料系列不长,故资料系列较短的蒸发站也要充分加以利用。选择泥沙站时,一般应选中等流域面积的测站,在站点比较稀少的地区,面积较大的站也可适当选用。

(4)当区域内基本雨量站、径流站比较少时,应充分选用专用站或汛期雨量站、流量站资料,但必须进行必要的精度考证,插补延长,并要充分论证其合理性。

三、径流还原计算

由于人类活动的影响,许多河流的天然径流状况已经受到破坏,水文站的实测资料并不能真实地反映断面以上径流的固有规律,因此应当通过还原计算,把受人为影响的实测径流资料改正到接近天然状态,使水文资料系列具有同一基础,以便进行径流的统计分析和计算。

一般情况下,还原计算的径流量主要包括:测站以上大、中、小型灌区耗水量,城镇工业及生活用水耗水量,跨流域引水量,河道分洪口水量,测站断面以上大、中型水库蓄水量以及因扩大水面面积而增加的蒸发耗水量等。

为了满足不同用水部门的需要,上述各项应尽可能逐年逐月进行还原。处理用水量调查资料时,应注意将河水和井水(地下水)分开,还原时一般只计算河川径流量部分。

径流还原计算通常选用下列方法。

(一)分项调查法

1.水量平衡方程

还原计算时段内的水量平衡方程式可以写成:

$$W_{天然} = W_{实测} + W_{灌溉} + W_{工业} + \Delta W_{库蓄} + W_{库蒸} \pm W_{引水} + W_{分洪} + W_{库渗} \tag{1-1}$$

式中　$W_{天然}$——还原后的天然径流量,亿 m^3;

$W_{实测}$——水文站实测径流量,亿 m^3;

$W_{灌溉}$——灌溉耗水量,亿 m^3;

$W_{工业}$——工业耗水量,亿 m^3;

$\Delta W_{库蓄}$——计算时段始末水库蓄水变量,亿 m^3,增加为正,减少为负;

$W_{库蒸}$——水库水面蒸发量和相应陆地蒸发量之差,亿 m^3;

$W_{引水}$——跨流域引水量,亿 m^3,引出为正,引入为负,引水量若为农业灌溉之用,只计算引入水量中的回归量;

$W_{分洪}$——河道分洪水量,亿 m^3,分出为正,分入为负;

$W_{库渗}$——水库渗漏水量,亿 m^3。

式(1-1)中几个主要项目计算方法如下:

对有实灌面积灌溉定额及田间回归系数等资料的区域,一般可按下式计算灌溉耗水量:

$$W_{灌溉} = (1-\beta)MF \times 10^{-8} \tag{1-2}$$

式中　β——田间回归系数;

M——净灌溉定额,m^3/亩(1 亩=1/15 hm^2,全书同);

F——实灌面积,亩。

当灌溉引水口位置在测站控制断面以上、灌溉面积在测站断面以上时,灌溉耗水量即为灌溉引水还原量,其计算公式为

$$W_{灌溉} = M_{毛} F \times 10^{-8} \tag{1-3}$$

式中 $M_{毛}$——毛灌溉定额,m^3/亩;

其他符号意义同前。

灌溉定额的大小及其时间变化特点,一般受灌区作物种类、气候、土壤、水文地质、栽培技术、灌溉制度等多种因素的影响。在有毛灌溉定额试验资料的区域,净灌溉定额 M 可根据公式 $M=M_{毛}\eta$ 来计算(其中 η 为渠系有效利用系数);无试验资料的区域可以参照邻近区域的试验分析成果,我国部分省(区)净灌溉定额见表 1-1。

表 1-1 我国部分省(区)净灌溉定额 (单位:m^3/亩)

省(区)	水稻			旱田			
	丰水(P=20%)	平水(P=50%)	枯水(P=75%)	小麦	玉米	棉花	高粱
四川		250	450	60~120			
陕西		375	475				
贵州	277~360	303~417	325~471				
广西		400	600				
湖南		双季 520~660 单季 300~400					
湖北		双季 340~690 单季 180~430	双季 440~850 单季 270~460	150	90~240	90~240	
河南		212	233	200	140	99	
安徽		383	407	300		170~230	
江西		349	413			40~180	
福建	420~510	480~580	580~700				
黑龙江		320~586		200~300	120		120
吉林		350~450		200~300			
辽宁		340~750		200~300			
山东				120~220	140~320	130~190	200

田间回归系数 β 值应当通过灌区作物需水试验资料求得,缺乏试验资料的区域,可采用间接方法估算或参照邻区有关资料估定。旱田灌溉一般不考虑回归水量。我国部分省(区)田间回归系数 β 值见表 1-2。

表 1-2 我国部分省(区)田间回归系数 β 值

省(区)	四川	陕西	贵州	广西	湖南	湖北	河南
β	0.15~0.40	0.31~0.41	0.15~0.36	0.15~0.38	0.20~0.32	0.15~0.25	0.10
省(区)	江西	福建	广东	甘肃	青海	山西	黑龙江
β	0.14~0.25	0.23~0.29	0.21~0.26	0.30	0.25	0.20	0.15~0.20

渠系有效利用系数 η 值的大小与各级渠道的长度、流量、渠道工程质量、沿途土壤和水文地质条件等有关。工程质量好、各级渠道长度较短、灌溉管理水平较高的渠道，η 值大;黏性土壤的 η 值比沙土大。无试验资料的区域,可参照邻近区域试验资料合理选定。我国部分灌区渠系有效利用系数 η 值见表 1-3。

表 1-3 我国部分灌区渠系有效利用系数 η 值

灌区名称	湖南		四川			湖北		
	韶山	澧县	都江堰	东风渠	解放渠	漳河	徐家河	蛮河
η	0.66	0.90	0.40~0.55	0.60	0.62	0.45~0.60	0.65	0.65

灌区名称	广东		山东			河北	
	松涛	流溪河	打渔张	位山	冶源	石津	王快沙河
η	0.65	0.70	0.49	0.43	0.62	0.50	0.40

灌区名称	河南				安徽		
	人民胜利渠	红旗渠	鸭河口	白沙	淠河	史河	杭埠河
η	0.30~0.40	0.65	0.25	0.65	0.69	0.70	0.60

灌区名称	陕西			辽宁		吉林	黑龙江	新疆
	宝鸡峡引渭(上)	引泾	东方红电站	浑沙	大注	梨山	查哈阳	玛纳斯河
η	0.52	0.58	0.62	0.70	0.65	0.60	0.59	0.68

2. 水库蓄变量

水库蓄变量等于时段末与时段初水库蓄水量差,即

$$\Delta W_{库蓄} = W_{末} - W_{初} \tag{1-4}$$

式中 $\Delta W_{库蓄}$——水库蓄变量,亿 m^3;

$W_{末}$——时段末水库蓄水量,亿 m^3;

$W_{初}$——时段初水库蓄水量,亿 m^3。

根据实测资料情况,水库蓄变量的计算可分别采用下列方法:

(1)大中型水库一般都有实测流量资料,可直接按式(1-4)计算水库蓄变量。只有水位记载而无流量记录的水库,可借助于水位—库容曲线,分别计算时段始、末水位查得库容再计算水库蓄变量。对于泥沙淤积严重、库容变化较大的水库,要注意历年水位—库容

曲线的变化。

(2)对缺乏实测资料的小型水库群,可在本区域或邻近区域选择气候与下垫面条件基本一致,并有实测资料的大中型水库作为典型,用典型水库的蓄变量估算水库群的蓄变量,计算公式为

$$\Delta W_{群} = \Delta W_{典} V_{群} / V_{典} \tag{1-5}$$

式中 $\Delta W_{群}$、$V_{群}$——水库群的蓄变量、库容,亿 m^3;

$\Delta W_{典}$、$V_{典}$——典型水库的蓄变量、库容,亿 m^3。

(3)因修健水库,库区范围内原来的陆地变为水域,蒸发量由陆地蒸发变为水面蒸发,其蒸发增量为

$$\Delta W_{库蒸} = (E_{水} - E_{陆}) F_{水} \times 10^{-5} \tag{1-6}$$

式中 $E_{水}$——计算时段内库区水面蒸发量,可用 E-601 型蒸发器观测资料代替,mm;

$E_{陆}$——计算时段内库区陆地蒸发量,mm,可近似由式 $E_{陆}=P-R$ 求得,其中 P、R 分别为计算时段内库区平均降水量、径流量;

$F_{水}$——计算时段内增加的水面面积,km^2,可由水位—面积曲线查得。

在缺乏实测资料的小型水库群区域,库面蒸发增量也可参照小型水库群蓄变量的计算方法来推求。

工业耗水量、跨流域引水量、河道分洪水量和水库渗漏水量可由实测资料或通过调查估算求得,在此不详述。

(二)径流双累积法

根据人类活动影响前的资料建立降水径流模型,计算逐年(包括人类活动影响后)径流量 $R_{计}$ 并推求其累积值,其与逐年实测径流量 $R_{实}$ 的累积值绘制的相关线,称为径流双累积曲线。在下垫面条件未改变的情况下,实测径流量等于天然径流量,径流双累积曲线为45°直线。在人类活动的影响下,实测径流往往小于天然径流,径流双累积曲线偏离45°直线,根据逐年偏离幅度即可推求相应年份的还原水量。径流双累积法又称降水径流模式法,其计算步骤是:

(1)建立流域下垫面改变前的降水径流模型。最简单的降水径流模型是降水、径流两个因子的单相关关系。为了提高模型精度,还应考虑影响径流的其他因子,例如反映降水集中程度的平均汛期降水量 $P_{汛}$,反映流域蒸发量的年平均气温 T,反映前期降水影响的前一年10~12月区域降水量 $P_{上}$ 等,从而建立如下关系:

$$R = f(P, P_{汛}, T, P_{上}) \tag{1-7}$$

式中 R——区域平均年径流深,mm;

P——区域平均年降水量,mm;

$P_{汛}$——区域平均汛期降水量,mm;

T——年平均气温,℃;

$P_{上}$——前一年10~12月区域降水量,mm。

通过多元回归分析,推求各因子的回归系数 a、b、c、d,从而得到下垫面改变前的降水径流模型,其回归方程如下:

$$R = aP + bP_{汛} + cT + dP_{上} \tag{1-8}$$

(2)由式(1-8)计算逐年(包括人类活动影响后)径流深 $R_{i,计算}$,累积得 $\sum_{i=1}^{n} R_{i,计算}$。

(3)由逐年实测年径流深 $R_{i,实测}$,累积得 $\sum_{i=1}^{n} R_{i,实测}$,点绘对应年份的 $\sum_{i=1}^{n} R_{i,计算}$,$\sum_{i=1}^{n} R_{i,实测}$ 与 $\sum_{i=1}^{n} R_{i,计算}$ 的相关关系,即为径流双累积曲线,见图 1-1。

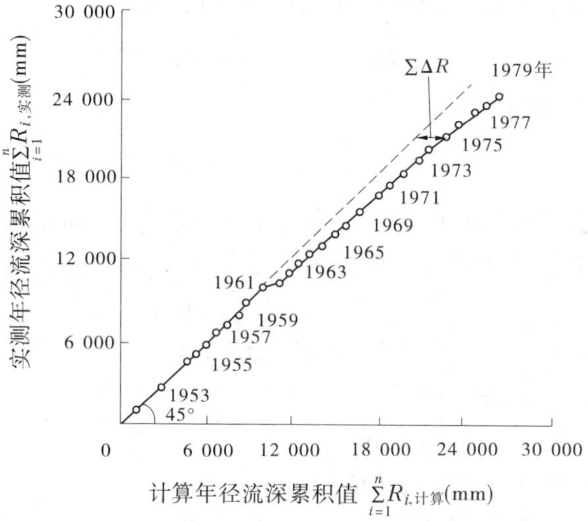

图 1-1　江西省抚河李家渡站径流双累积曲线

(4)在图 1-1 中,人类活动影响前径流双累积曲线呈 45°直线,逐年偏离幅度就是相应年份的累积还原总水量,分别除以累积的年数,即得相应各年份的还原水量。

径流双累积曲线法要求流域内受人类活动影响前具有一定的实测径流资料。降水径流模型的精度取决于优选因子的精度。选用因子要少而精,因子过多常会给多元回归分析带来较大工作量。

(三)流域蒸发差值法

在天然状况(人类活动影响前)和现状(人类活动影响后)条件下,流域多年平均年降水、径流、蒸发三要素的水量平衡式分别为

$$\overline{P}_{天然} = \overline{W}_{天然} + \overline{E}_{天然} \tag{1-9}$$

$$\overline{P}_{现状} = \overline{W}_{现状} + \overline{E}_{现状} \tag{1-10}$$

式中　$\overline{P}_{天然}$、$\overline{W}_{天然}$、$\overline{E}_{天然}$——天然情况下的多年平均年降水量、径流量、陆地蒸发量,亿 m^3;

$\overline{P}_{现状}$、$\overline{W}_{现状}$、$\overline{E}_{现状}$——现状条件下多年平均年降水量、径流量、陆地蒸发量,亿 m^3。

若近似认为人类活动影响前、后的多年平均年降水量相等($\overline{P}_{天然}=\overline{P}_{现状}$),则有:

$$\overline{W}_{天然} - \overline{W}_{现状} = \overline{E}_{现状} - \overline{E}_{天然}$$

那么,多年平均年还原水量 $\overline{W}_{还原}$(亿 m^3)即为

$$\overline{W}_{还原} = \overline{E}_{现状} - \overline{E}_{天然} \tag{1-11}$$

式(1-11)表明,多年平均年还原水量等于人类活动影响前、后多年平均年陆地蒸发量的差值。在年水量平衡方程中流域蓄变量忽略不计的情况下,也可以按式(1-11)推求年还原水量。

对于山丘区及一般平原区流域,人类活动影响后的陆地蒸发量 $\overline{E}_{现状}$ 可用实测多年平均降水量 $\overline{P}$ 与多年平均年径流量 $\overline{R}$ 的差值来代替,人类活动影响前的陆地蒸发量 $\overline{E}_{天然}$ 可用相应经验公式计算,于是,还原水量 $R_{还原}$ 可按下式求得:

$$\overline{R}_{还原} = \overline{P} - \overline{R} - \overline{E}_{天然} \tag{1-12}$$

式中 $\overline{R}_{还原}$——多年平均年还原水量,mm;

$\overline{P}$、$\overline{R}$——人类活动影响后的实测多年平均年降水量、径流量,mm;

$\overline{E}_{天然}$——人类活动影响前的多年平均年陆地蒸发量,mm。

我国南方湿润地区人类活动影响前的陆地蒸发量,可以参照凯江公式计算:

$$E_{天然} = (\alpha T + \beta)Q/L \tag{1-13}$$

式中 $E_{天然}$——人类活动影响前的陆地蒸发量,mm/d;

T——2 m 高百叶箱内日平均气温,℃;

Q——太阳总辐射,J/(cm^2·d);

L——蒸发潜热,J/g,取为 2 470 J/g;

α、β——系数和常数,凯江地区 $\alpha=0.19$、$\beta=0.8$。

四川省安县地区计算太阳总辐射采用如下公式:

$$Q = Q_0[0.65 - 0.35(n - s)] \tag{1-14}$$

式中 Q_0——碧空无云时的太阳总辐射,J/(cm^2·d),可查表 1-4;

n——平均云量,以小数计,全天无云为 0,全天密云为 1.0;

s——日照率,即该日的日照时数与当日可能日照时数的比值,以小数计,可能日照时数可查中央气象局编印的《气象常用表》第 3 号里日照时间表(见附表 1)。

上述经验公式曾在四川、湖北、湖南、广西、浙江等地应用,取得了一定的效果。依据式(1-13)不难推得人类活动影响前多年平均年陆地蒸发量,详见项目 2 任务 2-1。

对于我国北方干旱半干旱地区,可参照黑龙江省得出的经验公式计算人类活动影响前的陆地蒸发量,即

山丘区 $$\overline{E}_{天然} = \overline{P} \times 10^{-a+0.1553\theta/(L\overline{P})} \tag{1-15}$$

平原区 $$\overline{E}_{天然} = (-0.246 + 0.524)\theta/(L\overline{P}) \tag{1-16}$$

式中 $\overline{E}_{天然}$——人类活动前多年平均陆地蒸发量,cm;

$\overline{P}$——多年平均降水量,cm;

θ——由《中国物理气候图集》查得的太阳辐射的平均值,J/(cm^2·a);

L——蒸发潜热,J/g,取为 2 512 J/g;

a——随流域平均高程而变的系数,详见表 1-5。

表 1-4 四川省安县地区碧空无云时的太阳总辐射 Q_0 值

（单位：cal）

日	月											
	1	2	3	4	5	6	7	8	9	10	11	12
1	279.9	336.3	419.6	525.8	601.2	643.6	654.2	619.7	555.7	467.2	368.8	300.7
2	281.4	338.3	423.5	528.9	603.3	644.4	653.6	618.2	553.2	463.9	365.7	299.1
3	282.9	340.4	427.4	531.9	605.3	645.2	653.0	616.6	550.7	460.3	362.7	297.5
4	284.4	342.5	431.3	534.9	607.4	646.0	652.4	615.1	548.2	457.2	359.7	295.9
5	286.0	344.5	435.2	538.0	609.4	646.8	651.8	613.6	545.7	453.9	356.6	294.3
6	287.5	346.6	439.1	541.0	611.5	647.6	651.2	612.0	543.2	450.5	353.6	292.7
7	289.0	348.7	443.9	544.1	613.5	648.4	650.5	610.5	540.6	447.2	350.5	291.1
8	290.5	350.7	446.9	547.1	615.6	649.2	649.9	609.0	538.1	443.9	347.5	289.6
9	292.0	352.8	450.8	550.2	617.6	650.0	649.3	607.5	535.6	440.5	344.5	288.0
10	293.5	354.9	454.6	553.2	619.7	650.8	648.7	605.9	533.1	437.2	341.4	286.4
11	295.0	356.9	458.5	556.2	621.7	651.6	648.1	604.4	530.6	433.0	338.4	284.8
12	296.6	359.0	462.4	559.3	623.8	652.4	647.5	602.9	528.1	430.5	335.3	283.2
13	298.1	361.1	466.3	562.3	625.8	653.2	646.9	601.4	525.6	427.2	332.3	281.6
14	299.6	363.1	470.2	565.4	627.9	654.0	646.3	599.8	523.1	423.8	329.2	280.0
15	301.1	365.2	474.1	568.4	629.9	654.8	645.7	598.5	320.6	420.5	326.2	278.4
16	303.2	369.1	477.1	570.5	630.7	654.8	644.2	595.8	517.5	417.5	524.6	278.4

续表1-4

日	月											
	1	2	3	4	5	6	7	8	9	10	11	12
17	305.2	373.0	480.2	572.5	631.5	654.8	642.6	593.3	513.9	414.4	523.0	278.4
18	307.3	376.9	483.2	574.6	652.3	654.8	641.1	590.8	510.6	411.4	321.4	278.4
19	309.4	380.8	486.3	576.6	633.1	654.8	639.6	588.3	507.3	409.3	319.8	278.4
20	311.4	384.6	489.3	578.7	633.9	654.8	638.1	585.8	503.9	405.3	319.2	278.4
21	313.5	388.5	492.4	580.7	634.7	654.8	636.5	583.3	500.6	402.3	316.6	278.4
22	315.6	392.4	495.4	582.8	635.5	654.8	635.0	580.7	497.2	390.2	315.0	278.4
23	317.6	396.3	498.4	584.8	636.8	654.8	633.5	578.2	493.9	398.2	313.4	278.4
24	319.7	400.2	501.5	586.9	637.1	654.8	631.9	575.7	490.6	393.1	311.9	278.4
25	321.8	404.1	504.5	588.9	637.9	654.8	630.4	573.2	573.2	487.2	390.1	278.4
26	323.8	408.0	507.6	591.0	638.7	654.8	628.9	570.7	570.7	483.9	387.0	278.4
27	325.9	411.9	510.6	593.0	639.5	654.8	927.5	568.2	568.2	480.6	384.0	278.4
28	328.0	415.8	513.6	595.1	640.3	654.8	625.8	565.7	565.7	477.2	381.0	278.4
29	330.1	417.7	516.7	597.1	641.1	654.8	624.5	563.2	563.2	473.9	377.9	278.4
30	332.1		519.7	599.2	641.9	654.8	622.8	560.7	470.6	374.9	302.3	278.4
31	334.2		522.8		642.7	654.8	621.2	550.2		371.6		278.4
月计	9 436.6	10 362.6	14 702.2	16 979.1	19 420.8	19 560.0	19 872.3	18 366.7	15 480.6	12 974.2	9 914.1	8 797.7
年总量	175 886.8											

应当指出,用经验公式法计算人类活动影响前陆地蒸发量时要注意两个问题:一是流域平均降水量的计算要有代表性,雨量站太稀、分布不均对还原计算成果会有一定的影响;二是要注意经验公式的适用性,无论是采用凯江公式、黑龙江省公式或是其他公式,都应做适用性的检验,一般要修正参数后才能应用。

表 1-5 黑龙江省山丘区 a 值取值条件

流域平均高程 G(m)	a 值	说明
200≤G<300	0.354	多年平均年径流深大于 330 mm 的暴雨中心区,a 值一律取 0.535
300≤G<450	0.404	
450≤G<750	0.427	
G≥750.354	0.475	

四、资料的插补延长

在区域水资源分析计算中,水平衡要素的统计参数一般采用数理统计法来计算。为了减少抽样误差,提高统计参数的计算精度,对短系列资料应尽量予以插补延长。但无论采用何种插补延长方法,其外延幅度和展延年数均不宜过大、过长。

(一)降水资料的插补延长

1. 地理内插法

1)算术平均法

将各参证站某时段的降水量标注在适当比例尺的地形图上,若各站降水量的数值较为接近,则说明其成雨条件大体一致,降水量在面上分布比较均匀,这时各参证站降水量的算术平均值即为设计站相应时段的降水量。

2)等值线法

在适当比例尺地形图上,根据各参证站的降水量绘制某时段降水量等值线,再根据设计站的地理位置,由相邻两条等值线内插推求设计站相应时段的降水量。这种插补方法的精度取决于等值线图的精度。勾绘等值线时,要参照地形的变化,注意水汽来向的影响,并要采用多种途径进行合理性分析。

3)加权平均法

当参证站点稀少,勾绘降水量等值线较困难并且区域地形变化不大时,可以根据各参证站的降水量及权重、计算区域平均降水量,重新计算包括设计站在内的各站权重,根据已算得的区域平均降水量和新权重数,反求设计站的降水量。具体做法举例说明如下:

(1)将各参证站标绘在水系图上,作两个相邻站间的垂直平分线,相交后构成泰森多边形,见图 1-2 实线部分。

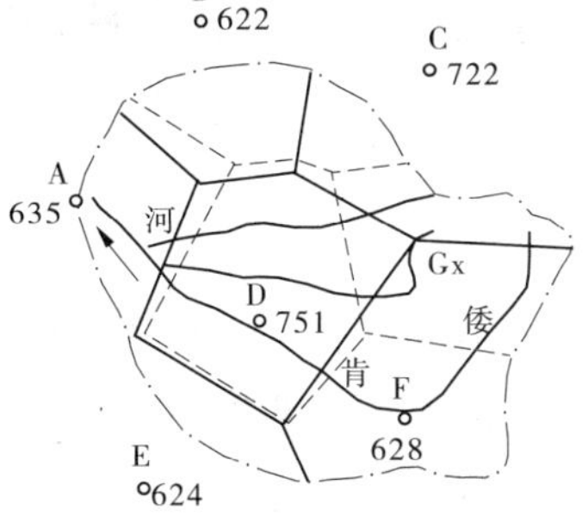

图 1-2 某区域某年降水量分布图 (单位:mm)

(2)量算各站控制面积并计算占区域总面积的百分数(权重),见表1-6。

表1-6 某区域各参证站权重计算

站名	A	B	C	D	E	F	全区
面积(km^2)	1 356	1 470	1 243	3 165	1 017	3 053	11 304
权重	0.12	0.13	0.11	0.28	0.09	0.27	1.00

(3)计算区域平均年降水量(见表1-7)。计算公式为

$$\overline{P} = a_A P_A + a_B P_B + \cdots + a_F P_F \tag{1-17}$$

式中 $\overline{P}$——区域平均年降水量,mm;

$a_A, a_B, \cdots, a_F$——各站权重(%);

$P_A, P_B, \cdots, P_F$——各站实测年降水量,mm。

表1-7 区域平均年降水量成果 (单位:mm)

站名	A	B	C	D	E	F	全区
实测年降水量	635	622	722	751	624	628	—
加权年平均降水量	76.2	80.9	79.4	210.3	56.2	169.6	672.6

(4)加入设计站G后,重新绘制泰森多边形,如图1-2中虚线所示,再计算各站权重 $a'_A, a'_B, \cdots, a_G$ 见表1-8。

表1-8 G站年降水量计算

站名	A	B	C	D	E	F	G	全区
年降水量(mm)	635	622	722	751	624	628	(654.7)	—
权重	0.14	0.08	0.11	0.24	0.09	0.17	0.17	1.00
加权平均年降水量(mm)	88.9	49.8	79.4	180.2	56.2	106.8	111.3	672.6

注:表中G站年降水量(654.7 mm)是根据式(1-18)计算而得的。

(5)利用区域平均年降水量 P 和各站新权重计算 G 站年降水量,见表1-8。计算公式如下:

$$P_G = \frac{\overline{P} - a'_A P_A - a'_B P_B - \cdots - a'_F P_F}{a_G} \tag{1-18}$$

这种方法的前提是假定加入设计站前、后的区域平均降水量不变,因此在地形复杂、降水量分布极不均匀的大面积区域不宜采用。

2. 相关法

相关法借助于设计站与参证站同步期短系列实测降水量相关图,利用参证站长系列的实测降水量资料,将设计站缺测的降水资料延长到同样的长度,选择参证站应当注意以下几个问题:

(1)参证站与设计站的降水成因具有一致性。

(2)参证站与设计站有较长的平行观测资料,以保证相关图有足够的点据。

(3)参证站必须有足够长的实测资料。

3. 比拟法

如果设计站实测降水量资料系列太短,为简便计,也可根据参证站长、短系列多年平均年降水量的比值,按下式推求设计站长系列多年平均年降水量:

$$\overline{P}_{设N} = \frac{\overline{P}_{参N}}{\overline{P}_{参n}}\overline{P}_{设n} \tag{1-19}$$

式中　$\overline{P}_{设N}$、$\overline{P}_{设n}$——设计站长、短系列多年平均年降水量,mm;

$\overline{P}_{参N}$、$\overline{P}_{参n}$——参证站长、短系列多年平均年降水量,mm。

在式(1-19)中,$\overline{P}_{参N}/\overline{P}_{参n}$ 称为气候系数,通常可根据参证站资料绘制其等值线图,以供查用。

(二)径流资料的插补延长

1. 年径流量的插补延长

1)流域平均年降水量与年径流量相关法

在大多数情况下,借助于简单的年降水—径流相关图插补缺测期年径流量,可以取得足够的精度。当相关图上点据比较散乱时,也可考虑加入前期影响雨量,连续最大 7 d 或连续最大 15 d 降水量等因子,使年降水—径流关系得到改善,见图 1-3。

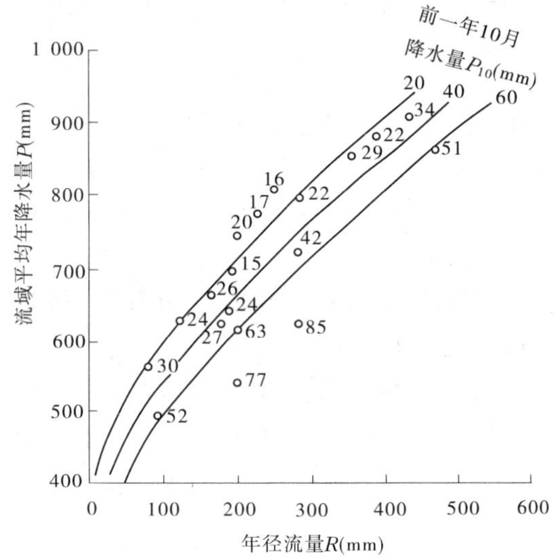

图 1-3　某流域以前一年 10 月降水量为参数的年降水—径流相关图

2)上、下游站年径流量相关法

在同一河流上、下游两站的距离接近(或区间来水量较小)的情况下,一般可以直接建立两站年径流量相关图。若上游几条支流都有水文站控制,则应建立上游站合成年径流量与下游站年径流量相关关系,见图1-4。

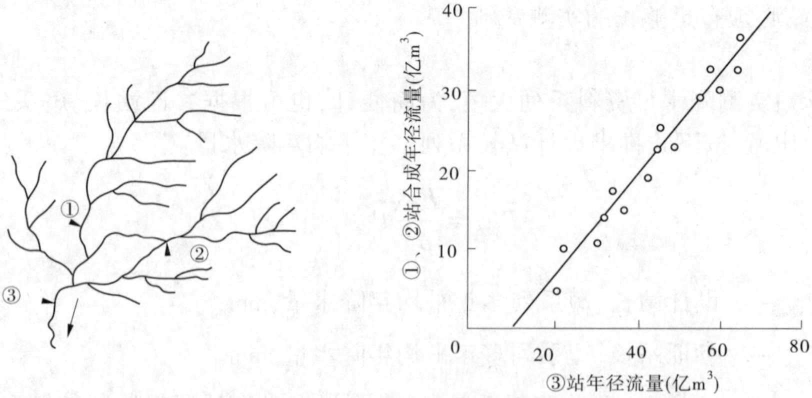

图1-4　某河上游站合成年径流量与下游站年径流量相关图

3)相邻流域年径流量相关法

相邻流域年径流量相关法是借助邻近流域长系列实测年径流资料插补延长本流域短系列年径流量的方法。当两个流域气候及下垫面条件比较一致时,这种方法一般能够取得满意的插补精度。

4)汛期径流量与年径流量相关法

北方河流汛期径流比较集中,可以建立汛期径流量与年径流量相关图,供插补仅有汛期观测资料年份的年径流量之用。

2. 月径流量的插补延长

1)汛期缺测月份径流量

插补延长汛期缺测月份的径流量,应当注意下列几个问题:

(1)只有水位资料而未推流的月份,可借用水文情势相似年份的水位—流量关系,由逐日平均水位推求逐日平均流量,再计算月平均流量。这种方法在水位—流量关系比较稳定的测站,能够取得比较满意的精度。

(2)当同一河流上、下游或相似流域内有充分实测径流资料时,可用上、下游站或两个流域月径流相关图进行插补,见图1-5。

(3)当建立的月降水量与月径流量相关点据比较散乱时,可以考虑将影响月径流量大小的前期雨量、前期降雨分配特性等指标作为参数,建立多要素相关关系,见图1-6。

面积较大的狭长流域汇流时间长,本月降水产生的径流本月不能流出。建立月降水量与月径流量相关关系时,要充分考虑两者的对应性。

2)非汛期缺测月份径流量

插补延长非汛期缺测月份的径流量,应当注意下列几个问题:

(1)非汛期径流量不大时,缺测月份径流量可用同月径流量的多年平均值来代替。

(2)封冻期径流量较大时,可借用邻近年份 K 值过程线(或建立以气温等为参数的相关图进行插补),K 值过程线是冰期流量与同一水位下畅流期流量比值随时间的变化曲线,由 K 值过程线查得封冻期逐日 K 值,乘以相当于封冻期逐日平均水位的畅流时日平

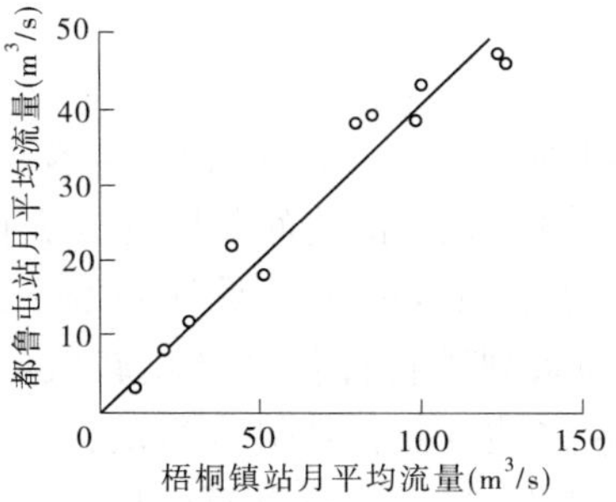

图1-5 都鲁屯站与梧桐镇站历年6~9月流量相关图

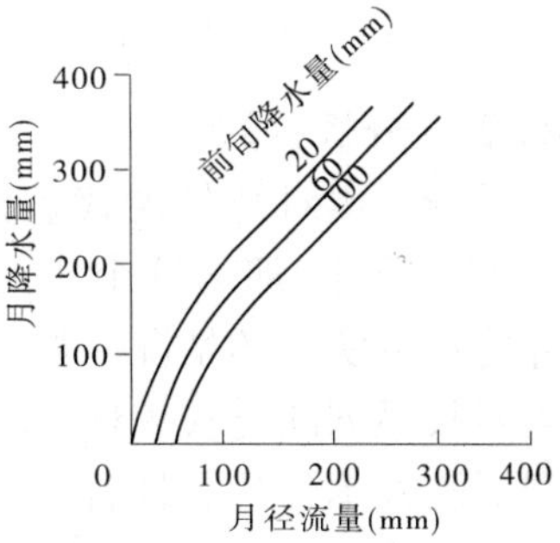

图1-6 某站月降水量与前旬降水量、月径流量相关图

均流量,即得封冰期日平均流量。

(3)当枯水期降水量较小、河川径流退水过程比较稳定时,也可根据前后月径流量变化趋势进行插补。

(三)泥沙资料的插补延长

1. 年输沙量

径流资料较长而沙量资料比较短缺的站,可以采用年径流量与年输沙量相关法插补泥沙资料。这种相关图下部点据一般比较散乱,定线时应对沙量测验、水样处理方法、计算精度等进行详尽的分析。例如,某站1965年以前采用滤纸法处理水样,所有滤纸化学可溶质含量较大,使沙量测验成果偏小,从1966年开始用烘干法处理水样,故应另定一条相关线(见图1-7)。

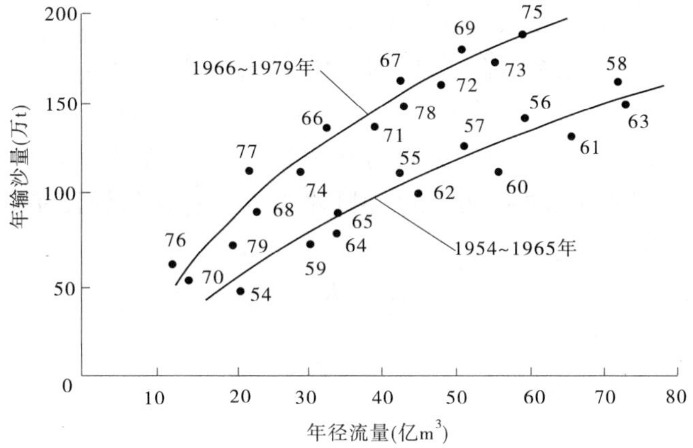

图1-7 某站年径流量与年输沙量相关图

2. 月输沙量

依据月径流量与月输沙量相关图,或者上、下游站月输沙量相关图均可插补月输沙量资料,此处不详述。

五、年降水、年径流系列代表性分析

(一)系列代表性分析目的

系列代表性是指样本对总体的代表性,如果实测年降水、年径流样本系列是长系列(总体)中的一个平均样本,那么这个实测样本系列对长系列而言是有代表性的,据此计算的统计参数才能接近实际的情况。如果实测样本系列处于长系列的偏丰或偏枯时期,则说明样本系列对长系列缺乏代表性,用这样的系列进行计算会产生较大的误差。一般来说,资料年限越长,样本的代表性就越好,用它来估计总体统计参数的误差也越小,但也不能排除短期样本的代表性高于长期样本的可能性,只不过这种可能性较小而已。那么,对特定区域而言,年降水、年径流样本系列究竟取多长年限才能代表总体?样本和总体统计参数的差别如何?这些都是系列代表性分析所要解决的问题。

(二)系列代表性分析方法

1. 长、短系列统计参数的对比

为了检验设计站短系列年降水、年径流资料的代表性,可以在邻近地区选择具有长系列资料的参证站(该站与设计站资料的序列变化应具有一致性),计算参证站长系列和不同时段短系列的统计参数。若其中某一个短系列的统计参数与长系列接近,则认为参证站这个短系列对长系列具有一定的代表性,从而认为设计站的短系列也具有代表性。

在黑龙江省年径流系列代表性分析中,选择4个具有60~80年长系列资料的测站为参证站,分析1956~1978年(或1977年)短系列对长系列的代表性,计算长、短系列的统计参数列入表1-9。由表1-9可见,年径流短系列均值与长系列相比偏大2%~10%,C_v值有的偏大,有的偏小。由此可以认为,就年径流均值而言,1956~1978年(或1977年)短系列是具有一定代表性的。

2. 年降水量、年径流量模比系数累积平均过程线分析

年降水量、年径流量模比系数随着当年降水、径流的丰枯程度而变动,但其多年平均值却渐近于1。根据这一特点,如果从参证站长系列终点向前依次计算模比系数累计平均值K'_n,那么该值稳定趋近的年份即为具有代表性的短系列起始年,由此认为设计站相应的短系列也具有一定的代表性。参证站年降水量或年径流量模比系数累计平均值的计算公式为

$$K'_1 = K_1$$

$$K'_2 = \frac{K_1 + K_2}{2}$$

$$K'_3 = \frac{K_1 + K_2 + K_3}{3}$$

$$\vdots$$

$$K'_n = \frac{K_1 + K_2 + K_3 + \cdots + K_n}{n}$$

式中 $K'_1, K'_2, K'_3, \cdots, K'_n$——逐年年降水量或年径流量模比系数累计平均值;

$K_1, K_2, K_3, \cdots, K_n$——逐年年降水量或年径流量模比系数;

n——系列年数。

表 1-9　黑龙江省年径流长、短系列统计参数对比

站名	系列起讫年份	$\overline{Q}$	$\frac{\overline{Q}_{短}-\overline{Q}_{长}}{\overline{Q}_{长}}$(%)	C_v	$\frac{C_{v短}-C_{v长}}{C_{v长}}$(%)	$\frac{\sigma Q}{\overline{Q}}$(%)	$\frac{\sigma C_v}{C_v}$(%)
大兴安岭区间	1956~1977	632	1.9	0.52	(13.0)	11.0	17.0
	1896~1977	620		(0.46)		5.1	(8.6)
洮南	1956~1978	40.2	5.2	0.80	8.1	16.7	18.9
	1916~1978	38.2		0.74		9.4	11.2
秦家	1956~1978	73.4	2.8	0.40	-25.9	8.4	15.9
	1910~1978	71.4		0.54		6.8	10.2
兴凯湖	1956~1977	70.2	9.5	0.39	-4.9	8.3	16.2
	1914~1977	64.1		0.41		5.1	9.6

注：括号中数字有一定误差。

黑龙江省 6 个参证站年径流量模比系数累计平均过程线见图 1-8。由图 1-8 可见，富拉尔基站、蔡家沟站从 1960 年左右开始，年径流量模比系数累计平均值始终大于 1，说明这两个站任何一个短系列年径流均值都大于长系列，短系列缺乏代表性；而兴凯湖站模比系数累计平均值从 1950 年开始即在 1.0 附近稳定下来，该站从 1950~1979 年短系列均值大体上接近长系列；大兴安岭区间、洮南站、秦家站模比系数累计平均值也从 1956~1959 年稳定在 1.0 附近，这说明短系列具有较好的代表性。

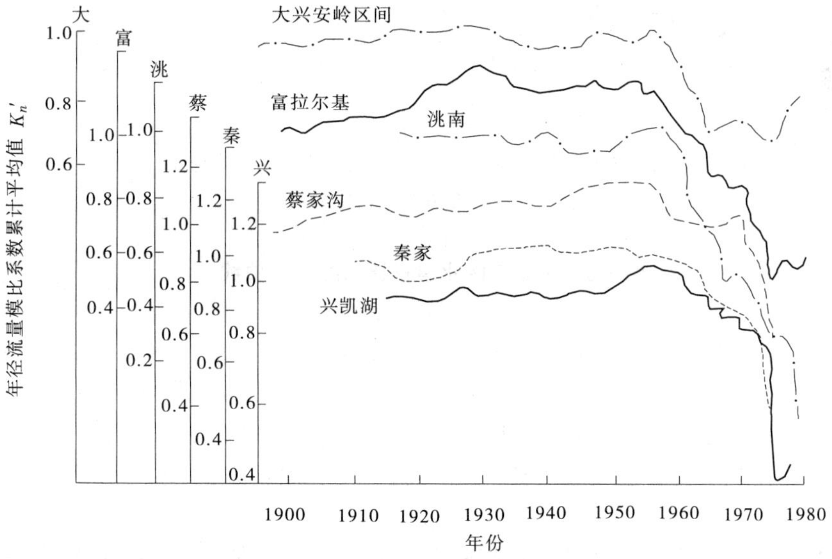

图 1-8　黑龙江省 6 个参证站年径流量模比系数累计平均过程线

3. 差积曲线分析

差积曲线能够反映年降水、年径流的丰枯变化。差积曲线的形状不同,反映了年降水、年径流的周期亦不同,绘制参证站年降水量模比系数差积曲线的具体做法是:

(1)计算多年平均年降水量 P,则各年降水量模比系数 $K_i = P_i \sqrt{P}$;

(2)将逐年(K_i-1)从资料开始年份累积到终止年,绘制逐年(K_i-1)与对应年份的关系曲线,即为年降水量模比系数差积曲线,见表1-10、图1-9。

表1-10 某站年降水量模比系数差积曲线计算

年份	P_i	K_i	K_i-1	$\Sigma(K_i-1)$
1901	458	1.191	0.191	0.191
1902	302	0.785	-0.215	-0.024
1903	286	0.744	-0.256	-0.280
1904	283	0.736	-0.264	-0.544
1905	317	0.824	-0.176	-0.720
⋮	⋮	⋮	⋮	⋮
1979	279	0.725	-0.275	0
平均	384.6			

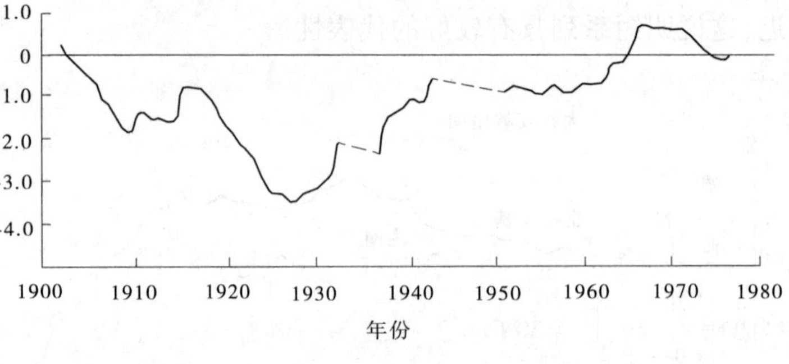

图1-9 某站年降水量模比系数差积曲线

由图1-9可见,该站年降水量模比系数差积曲线在1927年出现最低点,1967年出现最高点,同时反映出1927年以前为枯水期,1927~1934年为丰水期,1944~1962年为平水期,1963~1970年又为丰水期,1970以后又为枯水期,这说明参证站年降水量大体60年为一周期,设计站年降水量也应具有相同的周期变化规律。据此,便可分析设计站年降水量的系列代表性。

用大气环流、太阳黑子、历史旱涝记载等资料,也可对年降水、年径流系列进行周期分析,进而对年降水、年径流的系列代表性进行分析与论证。

任务1-2 降水量和蒸发量的计算

在闭合流域内，天然情况下的大气降水是水资源的总补给源，总径流量（地表、地下径流量之和）与总蒸发量之和则为总排泄量，总补给量与总排泄量之差则为地表、土壤和地下的蓄水变量，其水量平衡方程可表示为

$$P = R + E \pm \Delta V \tag{1-20}$$

式中 P、R、E、ΔV——一定时段内闭合流域的降水量、总径流量、总蒸发量和蓄水变量，亿 m^3。

在多年平均情况下，流域蓄水变量可以忽略不计，式(1-21)可以简化为

$$\overline{P} = \overline{R} + \overline{E} \tag{1-21}$$

式(1-21)表明，如果把总径流量作为水资源数量的衡量指标，那么水资源的数量直接与降水量、总蒸发量的大小有关，水资源的分布特点，还可通过降水、蒸发等水平衡要素的时空分布来反映。

一、降 水

降水量的分析与计算，通常要确定区域水汽的输送量、区域年降水量的特征值，绘制多年平均降水量及年降水量变差系数等值线图，研究年降水量特征值，一般用年降水量的多年平均值 $\overline{P}$、变差系数 C_v 和偏态系数 C_s 三个统计参数来表示。据此，便可推求区域不同频率的年降水量。

（一）区域水汽输送量的计算

1. 大气中的水汽含量

联合国教科文组织根据国际水文计划（IHP）的成果，公布了全球上空大气水汽含量的分布。从中可以了解到，南美洲上空的水汽含量最丰富，折合水深29.5 mm；非洲次之，为28.7 mm；南极洲由于全年气温低，平均水汽含量为全球最少，仅1.5 mm。就各大洋而言，以太平洋上空水汽含量最为丰沛，其次为印度洋和大西洋，北冰洋上空水汽含量最少。

热力条件是影响水汽地理分布的首要因素，一般而言，气温越高，则大气从地面获得的水汽越多。夏季和低纬度地区（热带沙漠地区除外），大气中水汽含量最多，而冬季及高纬度地区水汽含量较少。实际上，水汽含量的地理分布受到综合因素（如纬度、海陆分布、大气环流、洋流和大地形屏蔽以及海拔高度等）的影响，其分布形式较复杂。

在研究中，水汽含量的表示方法是任一单位面积大气柱中所含的水汽质量，或称为可降水量，单位为 g/cm^2 或 mm。它表示如果气柱内的水汽全部凝结降落后，在气柱底部所形成的水层深度。

在气柱内任意截取一段 dz，其中所含水汽含量为 $dw = \rho w dz$，由流体静力学方程 $dp = -\rho g dz$，以及公式 $q = gw/p$，则可得到自地面（气柱底部）至任一高度 z 的气柱内水汽含量 W 为

$$W = g^{-1}\int_{p_z}^{p_s} q\mathrm{d}p \tag{1-22}$$

式中　g——重力加速度,$\mathrm{m/s^2}$;

p_s——地面气压,hPa;

p_z——z 高度处的气压,hPa。

当取比湿 q 的单位为 g/kg、重力加速度的单位为 $\mathrm{cm/s^2}$ 时,则式(1-22)可以写成:

$$W = 0.01\int_{p_z}^{p_s} q\mathrm{d}p \tag{1-23}$$

实际应用时,采用式(1-23)的差分形式,如图1-10所示,计算层一般取地面、850 hPa、700 hPa、400 hPa 等高度。在实际的大气层中,水汽含量是随时间而变化的,以 $W(t)$ 表示某气柱在任一时刻 t 的水汽含量,则该气柱在时段 $\Delta t = t_2 - t_1$ 的平均水汽含量 $\overline{W}$ 为

$$\overline{W} = \frac{1}{t_2 - t_1}\int_{t_1}^{t_2} W(t)\mathrm{d}t \tag{1-24}$$

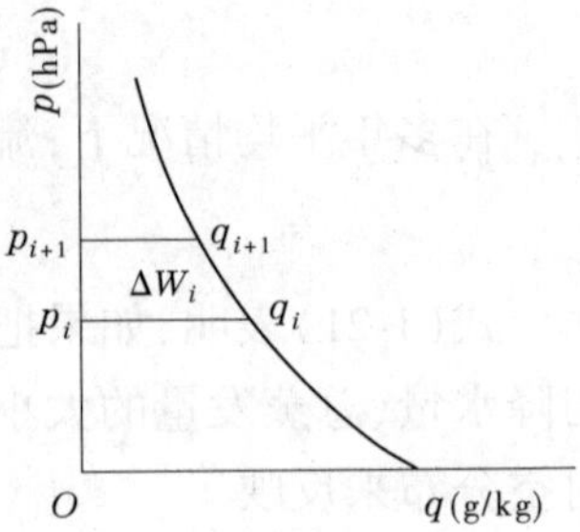

图1-10　气柱水汽含量计算

当 Δt 分别取为月、年或 n 年时,$\overline{W}$ 分别称为月平均水汽含量、年平均水汽含量和多年平均水汽含量。

2. 大气中的水汽输送

以水汽、水滴和冰晶形式存在于大气中的水称为大气水。全球大气中的水汽总量约为12.9万 $\mathrm{km^3}$,如将它折算后均匀地散布于整个地球表面,则相当于25 mm 水深的水量。大气水是降水量的来源,亦即水资源的初始来源,它通过降水形式补给地表水、土壤水和地下水。

水汽是形成降水的必要条件,一次持续降水过程,不仅取决于大气中的水分含量,而且要求有不断的水汽供应,包括平流输送和垂直输送。这种输送是由风场、湿度场和气压场的相互作用决定的,根据质量输送方程,在 $t_1 \sim t_2$ 的时段内通过某一单位宽垂直剖面输送的水汽量,其计算公式为

$$Q = \frac{1}{g}\int_{p_2}^{p_s}\int_{t_1}^{t_2} qv\mathrm{d}t\mathrm{d}p \tag{1-25}$$

式中　p_2——计算剖面上界气压,hPa;

v——风速矢量,m/s;

其他符号意义同前。

计算时,先将流域概化为平行于经度和纬度的多边形,然后将实测的风分解为垂直计算边界的纬向分量 u 和经向分量 v,则可利用式(1-25)求出通过边界 z 的纬向水汽输送量 Q_u 和经向水汽输送量 Q_v。

$$Q_u = \frac{1}{g}\int_{l_u}\int_{p_2}^{p_s}\int_{t_1}^{t_2} qv\mathrm{d}t\mathrm{d}p\mathrm{d}l \tag{1-26}$$

$$Q_v = \frac{1}{g}\int_{l_v}\int_{p_2}^{p_s}\int_{t_1}^{t_2} qv\mathrm{d}t\mathrm{d}p \tag{1-27}$$

式中 l_u、l_v——纬向和经向边界长度。

为便于计算,可规定输入计算区域边界为正,输出计算区域边界为负。

设 u、v 为风速纬向、经向的分量,先算出各月的均值。

$$\overline{uq}=\frac{1}{N}\sum_{i=1}^{N}(uq)_i,\quad \overline{vq}=\frac{1}{N}\sum_{i=1}^{N}(vq)_i$$

式中 N——一个月的观测次数。

然后绘制各层次的 $\overline{uq}$、$\overline{vq}$ 等值线。按上述流域概化边界插值得流域边界上的 $\overline{uq}$ 和 $\overline{vq}$ 值。再按上述公式积分计算。

通过典型年计算得知:长江流域年输入水汽量达 67 800 亿 m^3,年输出水汽量为 59 600 亿 m^3,年净输入量为 8 200 亿 m^3,见表 1-11。

表 1-11 平均输入、输出量及各边、各层水汽量占年输入、输出量的百分数

边界	层次(hPa)	输入 春	输入 夏	输入 秋	输入 冬	输入 全年	输出 春	输出 夏	输出 秋	输出 冬	输出 全年
		百分比(%)									
东	p_s~800	0.09	1.81	3.00	0	4.90	3.01	3.51	0	1.73	8.25
	800~600	0	0.79	0.22	0	1.01	13.64	7.64	4.99	10.14	36.41
	600~400	0	0.06	0	0	0.06	11.39	5.79	7.09	8.67	33.75
	小计	0.09	2.66	3.22	0	5.97	28.04	16.94	12.08	20.54	78.41
南	p_s~800	5.66	8.07	0.40	2.27	16.40	0	0.12	1.70	0.10	1.93
	800~600	8.79	9.84	4.73	5.63	28.99	0	0	0.09	0	0.09
	600~400	1.84	1.89	1.48	1.01	6.22	0	0.11	0.33	0.07	0.51
	小计	16.29	19.80	6.61	8.91	51.61	0	0.23	2.12	0.17	2.53
西	p_s~800	0.87	0.74	0	0.42	2.03	0	0.42	1.21	0.01	1.64
	800~600	5.36	2.41	1.76	3.62	13.15	0	0.37	0.10	0	0.47
	600~400	7.11	3.63	5.53	5.23	21.50	0	0.08	0	0	0.08
	小计	13.34	6.78	7.29	9.27	36.68	0	0.87	1.31	0.01	2.19
北	p_s~800	0.11	0	0.58	0.45	1.14	1.71	5.80	0.74	0.09	8.34
	800~600	0.81	0.68	0.52	0.60	2.61	0.97	3.31	0.94	0.42	5.64
	600~400	0.49	0.98	0.38	0.14	1.99	0.50	0.63	1.13	0.64	2.90
	小计	1.41	1.66	1.48	1.19	5.74	3.18	9.74	2.81	1.15	16.88

续表 1-11

层次边界(hPa)		百分比(%)									
		输入					输出				
		春	夏	秋	冬	全年	春	夏	秋	冬	全年
合计	P_s~800	6.73	10.62	3.98	3.14	24.47	4.72	9.85	3.65	1.93	20.15
	800~600	14.96	13.72	7.23	9.85	45.76	14.61	11.32	6.12	10.56	42.61
	600~400	9.44	6.56	7.39	6.38	29.77	11.89	6.61	9.36	9.38	37.24
	合计	31.13	30.90	18.60	19.37	100.0	31.22	27.78	19.13	21.87	100.0

水汽输送以春、夏两季最盛,秋、冬两季较少。净输送量以夏季最多,约占年输入总量的59%。

全年水汽主要从南界输入,占全年的51.61%,加上西界的输入量全年可达88.29%,因此长江流域的水汽主要由西、南两边输入。南界进入的水汽主要集中在春、夏两季,从600 hPa以下空中进入。而西界输入主要从600 hPa以上输入,这与西边地势高有关。长江中下游水汽主要来自南海,其次来自孟加拉湾及西太平洋;长江上游水汽主要来自孟加拉湾,其次是南海。

如果以输入的水汽为100%,则有25%变为降水量,而降水量的约50%成为径流,另有50%通过蒸发又成为水汽参加水汽输送,且有一部分变成降水,称为内部降水,约占总水汽输入量的2%。

输出水汽量占总输入量的86.7%,其中74.9%是输出外部水汽量,11.8%是输出由蒸发产生的内部水汽量。净输入的水汽量占总输入量的13.3%,以径流形式流入大海。

3. 水汽通量与通量散度的计算

单位气柱整层大气水汽输送通量矢量 Q 的计算公式如下:

$$Q = \frac{1}{g}\int_{p_t}^{p_s} Vq\mathrm{d}p \tag{1-28}$$

矢量 Q 可以分解成纬向水汽通量 Q_λ 和经向水汽通量 Q_ϕ:

$$Q_\lambda = \frac{1}{g}\int_{p_t}^{p_s} uq\mathrm{d}p \tag{1-29}$$

$$Q_\phi = \frac{1}{g}\int_{p_t}^{p_s} vq\mathrm{d}p \tag{1-30}$$

式中 V——该单位气柱内各层大气的风速矢量;

q——各层大气的比湿;

p_s、p_t——大气柱下界气压(即地面气压)和上界气压(取300 hPa);

g——重力加速度。

单位气柱整层大气的水汽通量散度计算公式为

$$\Delta \cdot Q = \frac{1}{g}\int \Delta \cdot (Vq)\mathrm{d}p \tag{1-31}$$

根据式(1-31)可以计算出整层大气的水汽通量散度$\Delta \cdot Q$,用散度可以判断水汽的辐散、辐合。散度大于零表示辐散,为一个水汽源;散度小于零表示辐合,为一个水汽汇。

(二)单站降水量的计算

目前,我国普遍采用图解适线法确定统计参数,首先要计算参数的初试值。参数初试值的计算方法很多,如矩法、三点法等。由于是初试值,方法应力求简便。以下先介绍矩法和三点法,然后介绍图解适线法。

1. 矩法

对连续系列或不连续系列进行特枯水年处理时,均值$\overline{P}$的计算公式为

$$\overline{P} = \frac{1}{n}\sum_{i=1}^{n} P_i \tag{1-32}$$

变差系数C_v的计算公式为

$$C_v = \frac{\sigma}{\overline{P}} \tag{1-33}$$

式(1-33)中:

$$\sigma = \sqrt{\frac{\sum_{i=1}^{m}(P_i - \overline{P})^2}{n-1}} \tag{1-34}$$

则

$$C_v = \sqrt{\frac{\sum_{i=1}^{m}(K_i - 1)^2}{n-1}} \tag{1-35}$$

式中　$\overline{P}$——多年平均年降水量,mm;

P_i——各年年降水量,mm;

σ——均方差,mm;

K_i——年降水量模比系数,$K_i = P_i/\overline{P}$;

n——系列年数。

偏态系数C_s的计算公式为

$$C_s = \frac{\sum_{i=1}^{n}(K_i - 1)^3}{(n-3)C_v^3} \tag{1-36}$$

2. 三点法

三点法计算统计参数的步骤是:在目估的经验频率曲线上读取对称的三个点,其频率为P_1、P_2、P_3,相应的降水量为P_{P1}、P_{P2}、P_{P3}(见图1-11),然后用下式计算参数:

$$S = \frac{P_{P1} + P_{P3} + P_{P2}}{P_{P1} - P_{P3}} \tag{1-37}$$

$$\sigma = \frac{P_{P1} - P_{P3}}{\phi_{P1} - \phi_{P3}} \tag{1-38}$$

$$\overline{P} = P_{P2} - \sigma\phi_{P2} \tag{1-39}$$

式中　S——偏度系数,是频率 P 及 C_s 的函数,当频率 P 取定值时,S 是 C_s 的函数,已制定有专用表备查(见附表2);

ϕ_{P1}、ϕ_{P2}、ϕ_{P3}——相应于 P_1、P_2、P_3 的离均系数,已制定有 C_s 与 ϕ_{P2}、C_s 与 $\phi_{P1}-\phi_{P3}$ 的关系表备查(见附表3)。

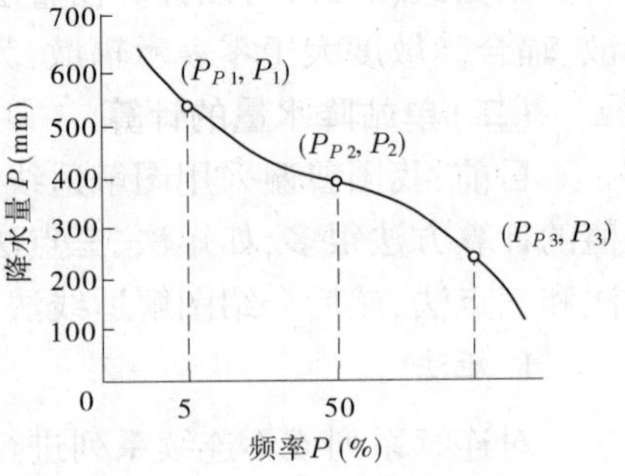

图 1-11　三点法示意图

三点中的频率 P_2 一般取50%,P_1 和 P_3 应取对称值。由式(1-37)求得 S 可查附表2,得到相应的 C_s 值,再由附表3查得 $\phi_{P1}-\phi_{P3}$ 和 ϕ_{P2},代入式(1-38)和式(1-39),得出 σ 和 $\overline{P}$,则 $C_v=\sigma/\overline{P}$ 即可求得。

按上述矩法和三点法计算数存在抽样误差,根据理论分析,C_s 值抽样误差最大,C_v 值次之,均值最小,故常采用图解适线法最后确定统计参数。

3. 图解适线法

图解适线时要绘制经验频率曲线,常用的经验频率公式为

$$P = \frac{m}{n+1} \times 100\% \tag{1-40}$$

式中　m——按大小排列序号;

n——资料年数。

按矩法或三点法计算统计参数初始值后,再假定不同的 C_s 值,查皮尔逊Ⅲ型曲线模比系数 K_P 值表(见附表4),得出不同的皮尔逊Ⅲ型曲线,其中与经验点配合最好的曲线相应的统计参数 $\overline{P}$、C_v、C_s 即为所求。若均配合不好,则应调整 $\overline{P}$ 和 C_v 值,再假定不同的 C_s,重新进行适线,直至配合较好。

根据国内大多数地区的实践,对降水量经验点据进行适线时,一般应考虑全部点据,使拟合的典型线通过点群中心,并侧重于中下部点据。实用上,C_v 值可取略大于计算值或等于计算值;C_s 与 C_v 比值一般采用2.0,但仍以适线最佳为最后确定统计参数的准则。

(三)等值线图的绘制与分析

1. 年降水量及变差系数等值线图的绘制

绘制多年平均年降水量及年降水量变差系数等值线图的原则、方法如下:

(1)将由频率分析求得的均值和 C_v 值,分别标注在带有地形等高线的工作底图上,根据实测资料的可靠程度、系列长短等因素,把分析代表站划分为主要站、一般站和参考站,分类条件可参照项目2任务2-1有关内容。

(2)绘图前,要了解本地区水汽来源、降水成因、降水分布趋势及其量级变化等。勾图时要重数据,但不拘泥于个别点据;要充分考虑气候和下垫面条件,并要参考以往分析成果。

(3)绘制山区降水量等值线时,应当考虑地形对水量的影响,一般来说,随着高程的增加,降水量也存在逐渐增大的趋势,如图1-12所示。由图1-12可见,高黎贡山1站高程

为920 m、雨量为1 653. 1 mm,2、3、4、5站雨量随着高程的增大而增大,6站高程达2 100 m,雨量增加至2 915. 8 mm。蒙化大山地同高黎贡山雨量随高程的变化规律颇为接近。但从我国一些山地代表性剖面的降水量与高程的关系(见图1-13)可以看出,降水量虽然随着高程的增加而增加,但达到某一高程时,降水量反而随着高程的增加而减小。这一临界高程,据一些研究成果表明约在山腰偏上,亦即相对高度的1/3处。

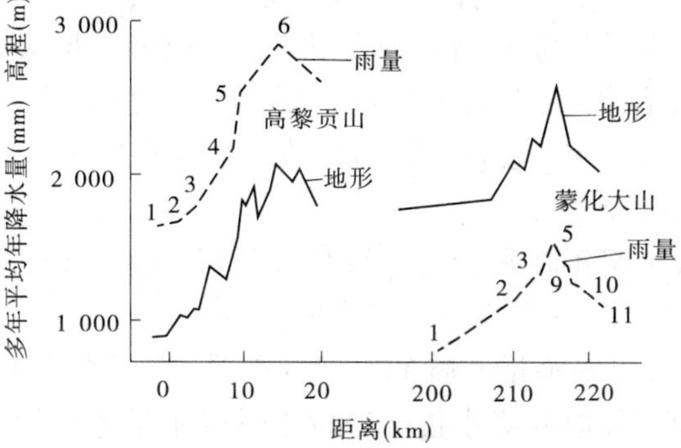

图1-12　云南省高黎贡山及蒙化大山地地形剖面与雨量观测剖面图

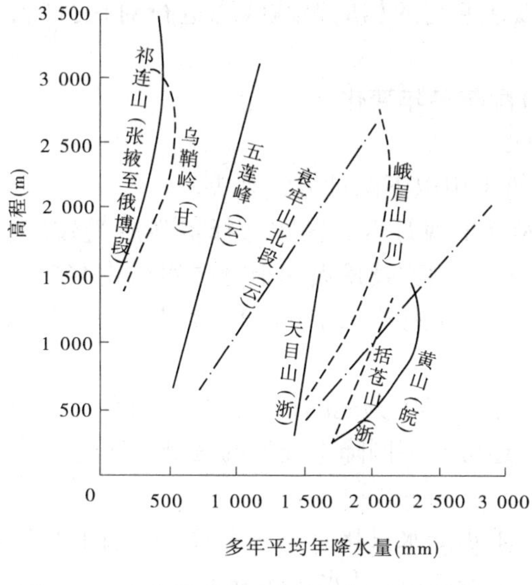

图1-13　多年平均降水量与测站高程的关系

基于上述原因,绘制山区降水量等值线时,必须研究各地区降水量与高程的关系,主要是在山脉的各段,再就是山间盆地的四周、方向一致的河谷地带,并应再分小区建立降水量与高程的关系,使绘制的等值线与大尺度地形分水岭的走向保持一致,避免出现降水量等值线横穿山脉的不合理现象。

为了进一步了解降水量的地区分布规律,在地形变化较大的地区,可选择若干站点较多的年份,绘制其短期(三五年均可)平均年降水量等值线图,作为勾绘多年平均年降水量等值线图的参考。

(4)年降水量变差系数 C_v 值,一般在地区分布上变化不大,但由于各站代表性可能不尽相同,特别是多年系列参差不齐,一般应以长系列测站为主要依据绘制等值线图。对突出点据要分析是否包括丰、枯年的资料,并要与邻站资料进行对比协调。有的区域幅员较大,开始难以绘制 C_v 等值线图,可以采用分区适线法确定各分区的 C_v 值,然后据以绘制全区域 C_v 等值线图。分区时,以年降水量均值相差在±(5%~10%)为原则,并要充分考虑自然地理特点。全区可划分为若干分区,取分区内各站同频率雨量的均值(或中值)作为分区降水量系列。在气候条件有差别的山区,可取各站同频率雨量模比系数 K_P 值的均值(或中值)作为代表系列,然后根据这个系列进行适线,即可求得分区年降水量的 C_v 值。分区年降水量的 C_v 值一般有比较明显的地区分布规律。

2. 等值线图的合理性分析

对多年平均年降水量及年降水量变差系数等值线图进行合理性分析时,应注意考虑下列几点:

(1)自然地理因素对年降水量影响的一般规律是:靠近水汽来源的地区,迎风坡大于背风坡,高山背后的平原、谷地的降水量一般较小。降水量大的地区 C_v 值相对较小。

(2)多年平均年降水量等值线图与陆地蒸发量、年径流深等值线图对照比较,具体分析方法参见项目2任务2-1。

(3)对邻近区域及以往编制的相应等值线图进行对比分析,发现差异应作进一步分析论证。

四、降水量的年内分配与多年变化

1. 降水量的年内分配

降水量的年内分配可采用以下两种方式来表示:

(1)降水量百分率及其出现月份分区图选择资料质量较好、实测系列长且分布比较均匀的代表站,分析其多年平均连续最大四个月降水量占多年平均年降水量的百分率及其出现时间,绘制连续最大四个月降水量占年降水量百分率等值线图。出现月份可用分区的形式加以表达。

(2)代表站典型年降水量年内分配的计算在绘制连续最大四个月降水量占年降水量百分率等值线的基础上,还可对不同降水类型的区域分区选择代表站,分析不同典型年年降水的月分配过程。

选择典型年时,除要求年降水量接近某一频率(如偏丰水年频率 $P=20\%$,平水年频率 $P=50\%$,偏枯水年频率 $P=75\%$,枯水年频率 $P=95\%$等)的年降水量外,还要求降水量的月分配对供水和径流调节不利。

除上述以年降水量为控制的年内分配计算方法外,还可计算以供水期(如灌溉区)降水量为控制的年内分配。这种方法考虑了具体服务对象和目的,实用意义更大。

典型年降水量年内分配的计算方法,与项目2任务2-2内容类同,此不赘述。

2. 降水量的多年变化

年降水量变差系数 C_v 值表示某站年降水量的相对变化幅度,C_v 值等值线图则反映了年降水量多年变化的地区分布,年降水量变差系数 C_v 值大的地区,其多年变化幅度也大,对该处水资源的开发利用是不利的。

除绘制年降水量变差系数 C_v 等值线图外，还可选择一定数量具有长系列资料的代表站，分析旱涝周期、连旱连涝和大范围的旱涝出现年份及其变化规律。这时，可将降水量划分为5级：丰水年（$P<12.5\%$）、偏丰年（$P=12.5\%\sim37.5\%$）、平水年（$P=37.5\%\sim62.5\%$）、偏枯年（$P=62.5\%\sim87.5\%$）、枯水年（$P>87.5\%$），着重分析20世纪实测长系列的旱涝变化情况，也可利用中央气象局和北京大学等单位编制的《全国近五百年旱涝史料》进行分析。

（五）区域多年平均及不同频率年降水量的计算

在实测降水资料短缺的较小区域内，计算区域多年平均及不同频率年降水量时，一般需要从下列几方面入手。

1. 补充计算工作

为了能比较详尽地反映年降水量在区域内的分布规律，特别是在地形变化较大的区域，可以进一步搜集区域内系列相对较短的降水观测资料（包括非国家水文、气象基本站的资料），进行单站年降水量的补充计算和分析工作。有条件时，可编绘短系列年降水量等值线图，作为补充和内插大面积相应等值线图的参考。

2. 多年平均年降水量等值线图的转绘与补充

将大面积多年平均年降水量和 C_v 值（包括原始点据），转绘到特定区域较大比例尺的地形图上。如本区再无新资料补充，且认为大面积等值线图能够反映本区降水量的变化情况，则可按原等值线的梯度变化适当加密引距，作为本区多年平均年降水量量算的依据。如本区有补充资料或大面积的等值线图与本区实际情况出入较大，则对原等值线要加以调整或补充。在这种情况下，可将本区经审查认为可靠的数据，点绘在同一张底图上，然后根据补充资料及原有资料的可靠性、代表性等，考虑地形、地貌、气候等因素对年降水量的影响，综合分析等值线的合理性，对原等值线图进行必要的调整。

3. 区域降水量的计算

当特定区域面积较大时，可将该区域按行政分区、水资源分区或水利区划再分为若干分区，分别计算分区和全区的多年平均及不同频率的年降水量。具体计算步骤如下：

（1）计算各分区的多年平均及不同频率的年降水量。将特定区域的分区界限，标绘在该区域年降水量均值和 C_v 等值线图上，用求积仪量算各分区所包围的等值线间的面积，采用面积加权法计算出各分区的年降水量多年平均值（见项目2任务2-1）。然后，确定分区面积重心处的 C_v 值和 C_s/C_v 值，在皮尔逊Ⅲ型曲线模比系数 K_P 值表上查得各种频率的 K_P 值，按下式计算各种频率的年降水量。

$$P_P = \overline{P}K_P \tag{1-41}$$

式中 P_P——某一频率的年降水量，mm；

$\overline{P}$——多年平均年降水量，mm；

K_P——某一频率的年降水量模比系数。

将不同频率的年降水量（mm）乘以相应各分区的面积（km^2）即得各分区（以亿 m^3 表示）的不同频率年降水量。

（2）计算全区域多年平均及不同频率年降水量，全区多年平均年降水量等于各分区多年平均年降水量之和,但全区域不同频率的年降水量,不能用各分区不同频率的年降水量相加来计算。这时,需要推求全区域年降水量系列,经频率计算后方得全区域不同频率的年降水量,具体方法如前述。

应当指出,只有当需要计算特定区域内各分区的多年平均及同频率的年降水量时,才需按上述两个步骤进行计算,这种方法并不能提高全区域降水量的计算精度。当不需给出分区降水量的数值时,只参考第二个步骤方法计算即可。

二、蒸 发

蒸发是特定地区水量支出的主要项目之一。蒸发量的分析计算通常包括水面蒸发和陆地蒸发两个方面。

(一)水面蒸发

水面蒸发的分析计算,是研究陆地蒸发能力,探讨陆地蒸发量的时空分布规律,为水量平衡要素分析和水资源总量的计算提供依据。

一个地区水分消耗的潜力一般用蒸发能力来表示。在充分供水的条件下,湿润土壤的蒸发能力 E_0,可以根据蒸发器观测的水面蒸发量 E 间接估算而得,即

$$E_0 = aE \tag{1-42}$$

式中 E_0——陆地蒸发能力,mm;

E——某种蒸发器测得的水面蒸发量,mm;

a——经验系数。

式(1-42)是现行确定陆地蒸发能力的一种途径。在一般情况下,陆地蒸发能力与天然大水体的水面蒸发量是比较接近的。后者又可通过不同型号蒸发器的水面蒸发观测值,统一折算成E-601型蒸发器值进行分析与计算。

1.不同型号蒸发器水面蒸发量折算系数

我国水利部门水面蒸发观测仪型号不尽一致。据不完全统计,全国不同类型蒸发观测站,使用E-601型蒸发器的约占25%,使用直径80 cm套盆式蒸发器的约占25%,使用直径20 cm蒸发器的则占50%(其他少量型号未计在内)。另外,同样使用E-601型蒸发器,仪器改进前、后的性能不同,测得的水面蒸发量也不相同。

分析不同型号蒸发器水面蒸发量折算系数,应当选择资料质量较好,至少有3~5年不同型号蒸发器与E-601型蒸发器同步期对比观测资料的站点。

水面蒸发量的大小除受温度、湿度和风速等气象因素影响外,还受地形、地物、蒸发器几何尺寸(口径和水深)、结构材料等因素的影响。因此,必须对水面蒸发观测资料进行认真的审查与考证,以便在统计分析和绘制蒸发量等值线图时,充分考虑观测资料的代表性和一致性。

我国部分蒸发试验站水面蒸发折算系数(标准蒸发器水面蒸发量与其他型号蒸发器水面蒸发量的比值)见表1-12。由表1-12可见,E-601型蒸发器的折算系数最大,直径80 cm蒸发器的折算系数次之,直径20 cm蒸发器的折算系数最小。其中,E-601型蒸发器水面蒸发量最接近于标准蒸发量。

表 1-12 我国部分蒸发试验站水面蒸发折算系数

地区或单位	标准蒸发器	蒸发器类型	折算系数												
			1月	2月	3月	4月	5月	6月	7月	8月	9月	10月	11月	12月	年
北京(官厅)	100 m^2	E-601				0.82	0.81	0.87	0.96	1.06	1.02	0.93			
		Φ80 cm				0.69	0.71	0.74	0.82	0.85	0.98	0.92			
		Φ20 cm				0.44	0.45	0.50	0.53	0.62	0.63	0.54			
黄委(三门峡)	20 m^2	E-601				0.84	0.84	0.88	0.87	0.97	1.02	0.96	1.06		
		Φ80 cm				0.65	0.61	0.62	0.65	0.72	0.85	0.82	0.97		
		Φ20 cm				0.44	0.43	0.45	0.46	0.47	0.52	0.56			
辽宁(营盘)	20 m^2	Φ20 cm					0.52	0.57	0.67	0.77	0.85	0.76			0.69
		E-601					0.94	0.90	1.01	1.06	1.11	1.07			1.02
		Φ80 cm					0.70	1.00	1.00	1.30	1.50	1.85			1.23
长办(重庆)	100 m^2	E-601	0.71	0.71	0.73	0.76	0.89	0.90	0.87	0.91	0.94	0.94	0.90	0.85	0.85
		Φ80 cm	0.70	0.62	0.53	0.53	0.62	0.60	0.58	0.66	0.73	0.83	0.89	0.88	0.68
		Φ20 cm	0.55	0.50	0.46	0.48	0.56	0.56	0.56	0.63	0.68	0.74	0.78	0.72	0.60
长委(宜昌)	20 m^2	E-601	1.03	0.87	0.84	0.80	0.91	0.93	0.92	0.97	1.05	1.03	1.00	1.02	0.95
		Φ80 cm	1.15	0.80	0.72	0.63	0.72	0.74	0.77	0.85	0.96	1.02	1.06	1.19	0.84
		Φ20 cm	0.69	0.57	0.53	0.49	0.59	0.60	0.63	0.70	0.77	0.75	0.74	0.75	0.65
广东(广州)	20 m^2	E-601	0.85	0.86	0.81	0.90	0.92	0.98	1.03	1.02	1.05	1.03	0.98	0.93	0.96
		Φ80 cm	0.72	0.69	0.63	0.64	0.64	0.70	0.71	0.74	0.76	0.84	0.85	0.81	0.73
		Φ20 cm	0.69	0.67	0.65	0.67	0.68	0.75	0.78	0.80	0.82	0.88	0.90	0.79	0.76

续表 1-12

地区或单位	标准蒸发器	蒸发器类型	折算系数												
			1月	2月	3月	4月	5月	6月	7月	8月	9月	10月	11月	12月	年
福建(古田)	20 m²	ГГИ3000	1.00	0.90	0.86	0.78	0.88	0.86	0.97	0.93	1.10	1.15	1.02	0.96	0.96
		Φ80 cm	1.25	1.03	0.88	0.75	0.90	1.01	0.93	0.99	1.07	1.26	1.07	1.03	1.01
		E-601	1.06	0.97	0.93	0.90	0.92	0.90	1.01	1.00	1.18	1.25	1.10	1.07	1.03
湖北(东湖)	10 m²	E-601	0.98	0.96	0.89	0.88	0.89	0.93	0.95	0.97	1.03	1.03	1.06	1.02	0.97
		Φ80 cm	0.92	0.78	0.66	0.62	0.65	0.67	0.67	0.73	0.88	0.87	1.01	1.04	0.79
		Φ20 cm	0.64	0.57	0.57	0.46	0.53	0.57	0.59	0.66	0.75	0.74	0.89	0.80	0.65
浙江(双林)	ГГИ3000(漂浮)	E-601	0.90	1.10	1.24	1.20	1.14	1.25	1.20	1.18	1.15	1.16	1.18	1.06	1.15
		Φ80 cm	1.11	1.10	0.91	0.95	0.92	0.94	0.94	1.09	1.21	1.23	1.50	1.47	1.11
		Φ20 cm	0.33	0.65	0.75	0.72		0.81	0.80	0.87	0.93	0.81	0.78	0.77	0.77
新安江(罗桐埠)	20 m²	Φ80 cm	1.12	1.41	0.91	0.81	0.76	0.83	0.83	0.89	1.09	1.42	1.51	1.40	1.08
		Φ20 cm	0.73	0.77	0.51	0.48	0.48	0.56	0.60	0.60	0.80	0.82	0.94	0.79	0.67
安徽(瓦屋刘)	1.21 m²	Φ80 cm	0.67	0.68	0.71	0.77	0.73	0.80	0.79	0.82	0.82	0.79	0.75	0.64	
		ГГИ3000	0.88	0.93	0.93	0.95	0.95	0.94	0.88	0.95	0.89	0.81	0.80	0.85	
安徽(阜阳单桥)	ГГИ3000(漂浮)	Φ80 cm	0.67	0.52	0.68	0.77	0.76	0.68	0.85	0.94	1.06	1.01	1.08	1.09	
		Φ20 cm	0.46	0.39	0.50	0.56	0.59	0.55	0.67	0.76	0.85	0.81	0.79	0.57	
江苏(太湖)	20 m²	E-601	1.02	0.94	0.90	0.86	0.88	0.92	0.95	0.97	1.01	1.03	1.06	1.07	0.97
		Φ80 cm	0.98	0.75	0.71	0.66	0.66	0.70	0.73	0.77	0.88	0.91	1.03	1.08	0.82
		Φ20 cm	0.81	0.68	0.63	0.50	0.56	0.62	0.63	0.69	0.79	0.79	0.83	0.72	0.69

续表 1-12

地区或单位	标准蒸发器	蒸发器类型	折算系数												
			1月	2月	3月	4月	5月	6月	7月	8月	9月	10月	11月	12月	年
新疆（哈地坡）	20 m^2	ГГИ3000							0.82	0.80	0.85	(0.77)			
		Φ80 cm							0.69	0.83	0.70	(0.61)			
		Φ20 cm							0.50	0.55	0.58	(0.52)			
辽宁（桓仁）	20 m^2	ГГИ3000					0.90	0.91	1.00	1.11	1.01	1.06			
		Φ80 cm					0.73	0.75	0.85	0.82	0.81	0.93			
		Φ20 cm					0.65	0.67	0.74	0.78	0.86	0.87			
吉林（丰满）	20 m^2	ГГИ3000					0.73	0.85	0.91	0.97	1.03	1.02			
		Φ80 cm					0.62	0.65	0.68	0.77	0.90	0.92			
		Φ20 cm					0.51	0.55	0.65	0.68	0.76	0.70			
吉林（二龙山）	ГГИ3000（漂浮）	ГГИ3000					1.08	1.06	1.11	1.21	1.47	1.55			
		Φ80 cm					0.86	0.85	0.91	1.02	1.30	1.56			
		Φ20 cm					0.66	0.64	0.75	0.82	1.04	1.07			
黑龙江（甘南）	ГГИ3000（漂浮）	Φ80 cm					0.86	1.08	1.09	1.11	1.16				
		Φ20 cm					0.61	0.65	0.85	0.86	0.78				
河南（薄山）	3 m^2	Φ80 cm			0.91	0.98	0.88	0.82	0.79	0.83	0.94	1.02	1.06		0.91
		Φ80 cm				0.64	0.65	0.67	0.69	0.73	0.78	1.03			0.74
甘肃（上铨）	9.6 m^2	Φ20 cm				0.55	0.58	0.59	0.59	0.62	0.66	0.92			0.05

注：括号内数值由上旬观测值分析得来。

2. 折算系数的时空变化

水面蒸发折算系数的时空变化,一般取决于天然大水体蒸发量和蒸发器蒸发量的影响因素[如辐射、水温、水汽压、风速、冷(热)平流,储热量等]之间的地区差别,分析成果表明:

(1)折算系数的稳定性随统计时段的增长而增加,因受辐射影响,折算系数随白昼、夜间、晴雨等不同情况而变,见表 1-13。月折算系数在年际变幅大,季、年折算系数相对比较稳定。

表 1-13 某蒸发站不同型号蒸发器水面蒸发折算系数变幅

分类	资料年限	20 m^2 蒸发池		E-601		Φ80 cm		Φ20 cm	
		平均	变幅	平均	变幅	平均	变幅	平均	变幅
白天	1960~1963	0.95	0.26	0.72	0.56	0.56	0.52	0.34	0.29
夜间	1960~1963	0.99	0.30	0.96	0.53	0.74	0.59	1.59	1.54
晴天	1961~1963	0.94	0.32	0.71	0.50	0.53	0.65	0.43	0.50
阴天	1961~1963	0.96	0.25	0.82	0.56	0.69	0.52	0.62	0.64
雨天	1961~1963	0.96	0.49	0.96	0.67	0.93	0.96	0.96	1.06

注:折算系数等于天然大水体水面蒸发量与不同型号蒸发器水面蒸发量的比例。

(2)折算系数的年内变化一般呈秋高春低型,比气温的年内变化(夏高冬低型)滞后 2~3 个月,南方部分地区多呈春低冬高型,如图 1-14 所示。

(3)我国水面蒸发折算系数存在从东南沿海向内陆逐渐递减的趋势。在一定区域内,为了反映折算系数的地区分布规律,可绘制不同型号蒸发器水面蒸发折算系数等值线图。当水面蒸发站点稀少或资料比较缺乏时,也可用折算系数分区图来表示。

(4)冰期折算系数。我国冰期水面蒸发量一般采用直径 20 cm 蒸发器进行观测。过去,冰期水面蒸发折算系数(E-601/Φ20 cm)一直采用 1.0,在进行全国水资源初步评价时提出了异议。1981 年冬,北方 8 个省(自治区)和黄河水利委员会(简称黄委)进行了冰期水面蒸发折算的分析与研究,从 3 年不完整的资料可以看出,冰期折算系数小于 1.0,一般变化在 0.50~0.65,冰封折算系数略小于非结冰期,初冰和解冻月份折算系数略大于全封冻的月份。

3. 多年平均年水面蒸发量等值线图的绘制与合理性分析

水面蒸发量的时空变化相对较小,一般具有 10 年以上的资料,即基本满足分析多年平均年水面蒸发量的要求。在资料缺乏地区,5 年以上的资料也可适当选用。

为了便于分析,需要绘制选定的统一型号蒸发器(如Φ80 cm 或Φ20 cm)和换算为改进后 E-601 型蒸发器的多年平均年水面蒸发量两张等值线图。绘图时,可先勾绘前者,然后勾绘后者。两张图的等值线走向高低值区的分布应当基本一致,只是量级有所差别。

对多年平均年水面蒸发量等值线图要做合理性分析。如前所述,影响水面蒸发量的主要有温度、湿度、风速和日照等气候因素,而气候因素又与地形及下垫面条件有关。在一般情况下,气温随高程的增加而降低,风速和日照则随高程的增加而增大,综合影响的结果是水面蒸发量随高程的增加而减小。云南省按不同气候区分类,得出水面蒸发量与高程的关系(见图 1-15)。由图 1-15 可见,水面蒸发量与高程的关系甚为密切。甘肃省长江流域部分水面蒸发量与高程的关系,初看起来比较散乱,但若按不同下垫面条件,划分出植被较好的白龙江流域和植被较差的西汉水流域后,关系则有所改善(见图 1-16)。此外,平原地区蒸发量一般要大于山区,水土流失严重、植被稀疏的干旱高温地区蒸发量要大于植被良好、温度较大的地区,利用水面蒸发量随着高程增大而减小的普遍规律,可对多年平均年水面蒸发量等值线图进行合理性检查。

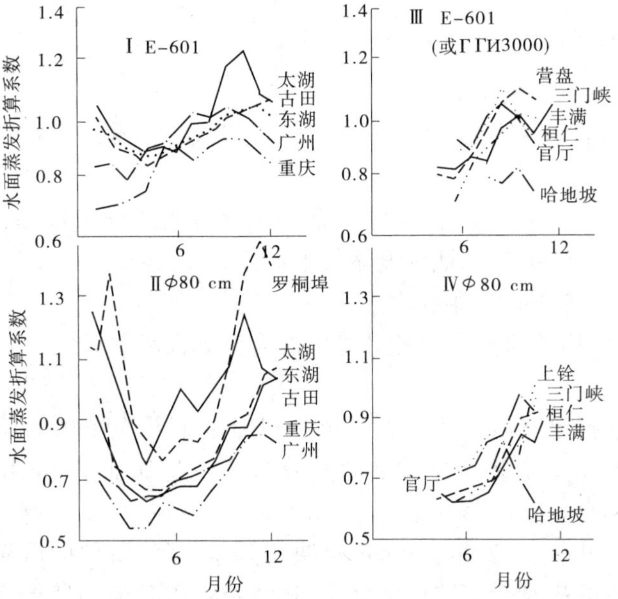

图 1-14 我国部分蒸发站水面蒸发折算系数年内变化过程

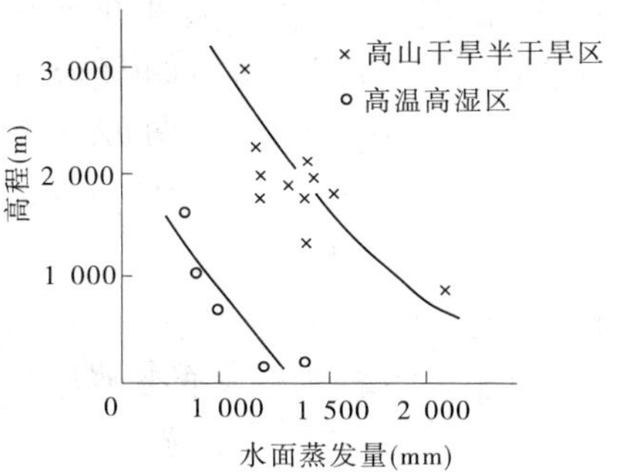

图 1-15 云南省不同气候区水面蒸发量与高程的关系

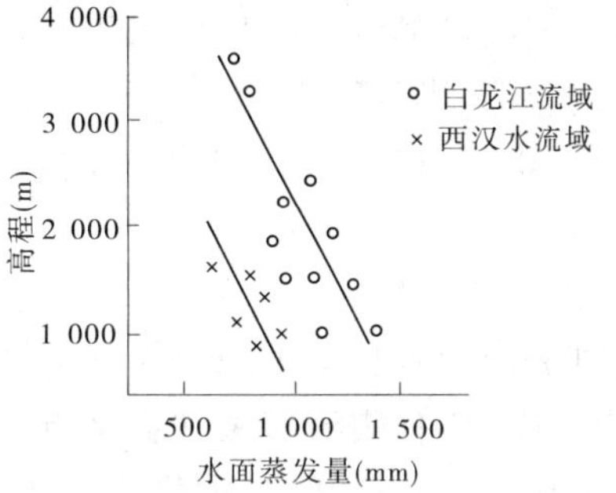

图 1-16 甘肃省长江流域部分水面蒸发量与高程的关系

(二)陆地蒸发

陆地蒸发又称流域蒸发,它是特定区域天然情况下的实际蒸发量。陆地蒸发量等于地表水体蒸发量、土壤蒸发量和植物散发量的总和。陆地蒸发量的大小一般受陆地蒸发能力与供水条件(降水量)的制约,在降水年内分配比较均匀的湿润地区,陆地蒸发量与陆地蒸发能力差别很小,但在干旱地区,陆地蒸发能力一般超过陆地蒸发量很多,陆地蒸发量的大小主要取决于降水量的大小。现行陆地蒸发量的估算方法有以下两大类:

(1)在闭合流域内,根据水量平衡原理,陆地蒸发量由多年平均降水量和多年平均径流量的差值间接求得,即

$$\overline{E} = \overline{P} - \overline{R} \tag{1-43}$$

式中 $\overline{E}$——多年平均陆地蒸发量,mm;

$\overline{P}$——多年平均降水量,mm;

$\overline{R}$——多年平均径流量,mm。

(2)根据水热平衡或热量平衡原理,通过对气象要素的分析,建立地区经验公式计算陆地蒸发量。

在水资源分析计算中,一般要求研究陆地蒸发量的地区分布规律,故应编制与年降水、年径流同步系列的多年平均陆地蒸发量等值线图。

1. 多年平均陆地蒸发量的计算

单站及区域多年平均陆地蒸发量的计算方法有下列几种。

1)代表流域法

在一定区域内,选择足够数量的代表流域分别用多年平均降水量减去多年平均径流量,即为各流域重心处的单站多年平均陆地蒸发量。在此基础上,采用加权法或等值线法,便可求得区域多年平均陆地蒸发量。

用这种方法推求的陆地蒸发量,其精度取决于降水、径流资料的可靠程度和代表流域是否闭合。因此,分析前应对代表流域的降水、径流资料以及流域地形、地貌、水文地质条件等情况进行深入了解与分析,从中选择比较可靠的资料作为计算依据。

2)交叉点法或网格法

将一定区域的多年平均降水量和径流量等值线图相重叠,等值线交叉点上降水量和径流量的差值,即为该点的多年平均陆地蒸发量;也可将多年平均降水量和径流量等值线图划分为若干网格,再在每个网格内选取若干特征点,每点均用上述方法算得相应的多年平均陆地蒸发量。在此基础上,采用加权法或等值线法推求区域多年平均陆地蒸发量。

3)水热平衡法

此部分内容参见本书项目2任务2-1,在此不再赘述。

国内在应用代表流域法和交叉点法或网格法方面积累了较为成功的经验,近年来开始尝试应用水热平衡法,也取得了初步成果。

2. 多年平均陆地蒸发量等值线图绘制

多年平均陆地蒸发量等值线图绘制的原则和方法主要有以下几点:

(1)用代表流域法计算各流域重心处的单站多年平均陆地蒸发量。由于它是以实测年降水、年径流资料作为依据的,成果精度较为可靠,故可作为勾绘等值线的主要依据。

(2)用交叉点法或网格法计算相应点的多年平均陆地蒸发量。这种数值是经过年降水、年径流等值线均化的结果,精度相对较差,只能作为绘图的辅助点据。

(3)平原水网区水文站稀少,实测径流资料短缺,难以用代表流域法或交叉点法推算陆地蒸发量,这时可应用水热平衡法计算成果作为勾绘等值线的辅助点据。

(4)根据资料点据,再参照影响陆地蒸发量的主要自然地理因素(如地形、土壤、植

被、地质及水面蒸发量)的地区分布图勾绘多年平均年陆地蒸发量等值线图。

(5)绘图时,应考虑多年平均降水量、径流深等值线图的趋势和高、低值区的分布,做到水平衡三要素相互协调,配合合理。

(6)本区域陆地蒸发量等值线应与邻近区域的等值线相互衔接。

3. 多年平均陆地蒸发量等值线图的合理性分析

如前所述,陆地蒸发量等值线是以代表流域法和交叉点法或网格成果为依据而绘制的。代表流域法根据降水量和径流量的差值推求陆地蒸发量,有可能导致所有的误差都反映在余项陆地蒸发量上,产生陆地蒸发量的地区分布不合理或出现不应有的特大值、特小值等现象;交叉点法或网格法成果,除存在上述同类误差外,还受年降水量、年径流量两种等值线精度的影响,也容易造成陆地蒸发量不合理现象。因此,应当采用多种途径对陆地蒸发量等值线图进行必要的合理性分析。

1)与年降水量、年径流量等值线图的总趋势相对照

在一般情况下,陆地蒸发量等值线与年降水量、年径流量等值线的总趋势应当是吻合的,其高、低值区的分布也应是基本相应的。但是,陆地蒸发量通常又受水量的限制(干旱区)和蒸发能力的影响(湿润区),使它们的关系不尽相符。例如,在气候湿润地区,山丘区陆地蒸发量一般要比平原和河谷盆地的小。干旱地则受降水量的制约,降水较多的山丘区陆地蒸发量反而比山前平原或盆地的陆地蒸发量大。

当局部地区陆地蒸发量明显不合理或缺乏一定的规律时,应检查所采用的资料数据是否可靠,年降水量和年径流量等值线图是否合理,通过分析找出原因,对等值线图作进一步修改。

2)与地形条件相对照

陆地蒸发量与地形的关系一般也是比较相应的,陆地蒸发量的大小取决于热能条件与供水条件。我国南方地区一般情况下供水条件较为充分,陆地蒸发量主要取决于热能条件,热能条件可用平均气温来代表,而平均气温又与高程有密切的关系,因此陆地蒸发量一般应随着高程的增加而减小,见图 1-17。

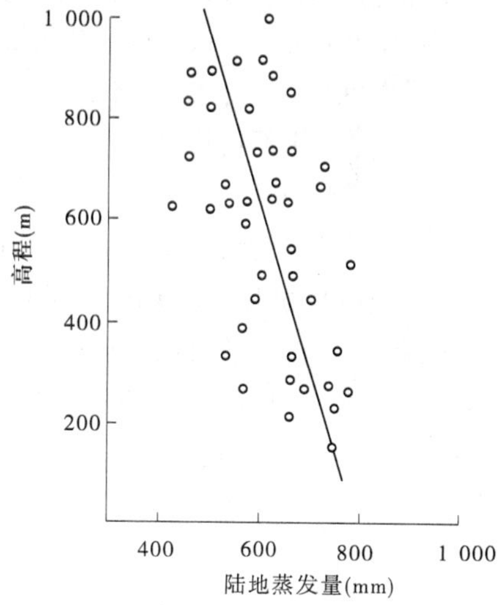

图 1-17 湖南省陆地蒸发量与高程的关系

3)与水面蒸发量等值线图相对照

水面蒸发量是在当地气候条件下水面上的蒸发能力。实测水面蒸发量较大的地区,一般应是实际蒸发量——陆地蒸发量较小的地区。陆地蒸发量等值线图应符合这一规律。

4)水量平衡三要素的平衡检查

多年平均降水量、径流量和陆地蒸发量,三者在数量上应当平衡,一般以多年平均年陆地蒸发量为平衡项,允许误差 $\Delta\overline{E}$ 按±10%来控制(详见项目 2 任务 2-1),黑龙江省用代表流域法、网格法和分区法进行了平衡三要素的

平衡检查,成果如表1-14所示。

表1-14 黑龙江省水量平衡三要素检查成果

$\lvert\Delta\overline{E}\rvert$ (%)	代表流域法(41个)		网格法(53个)		分区法(8个)	
	站数	占总数百分比(%)	个数	占总数百分比(%)	区数	占总数百分比(%)
≤3.0	23	56.1	47	88.7	7	87.5
≤6.0	33	80.5	52	98.1	8	100.0
≤10.0	41	100.0	53	100.0	—	—

三、干旱指数与旱涝分析

(一)干旱指数

干旱指数是反映气候干湿程度的指标,通常以蒸发能力与年降水量的比值来表示。如前所述,目前受资料的限制,暂以E-601型蒸发器的观测值近似作为蒸发能力。

根据选用站E-601型蒸发器多年平均水面蒸发量和多年平均降水量,即可算得多年平均干旱指数,也可绘制多年平均干旱指数等值线图。

若干旱指数小于1.0,则表示该区域的降水量满足蒸发所需后还有剩余,一般称为湿润气候,植被多为森林景观;干旱指数为1.0~3.0的地区,降水量虽然小于蒸发能力,但气候仍然较湿润,森林也可生长,称为半湿润气候;干旱指数为3.0~7.0的地区,不能生长森林,呈现草原景观,称为半干旱气候;干旱指数大于7.0的地区,呈荒漠和次荒漠景观,称为干旱气候。在我国,干旱指数和自然景观的分布是相当一致的。

根据本区域实际情况和不同需要,也可绘制多年平均季(月)干旱指数等值线图,方法与前类同,在此不再详述。

(二)旱涝分析

开展旱涝分析,对于深入认识水资源的变化规律和指导农业生产是颇为有益的。

受季风气候的影响,我国大部分地区降水量、径流量的年内分配不均匀,年际(季)变化也大,同时存在连续2~3年甚至4~5年旱涝交替出现的情况,这个特点是造成历史上水旱灾害频繁、农作物产量不稳定的主要原因。

据不完全统计,自公元前206年至公元1949年的2 155年中,我国发生过大范围的水灾1 092次,大范围旱灾1 056次。南京大学气象系对全国1470~1977年的旱涝史进行了统计分析,将史料按旱涝灾害的轻重程度分为五级,并基本以长江为界把全国分为南、北两部分。分析成果表明,在508年中,南方涝(包括洪)、北方偏旱的共64年,南方旱、北方偏涝的共40年,南方正常、北方偏涝的共33年,旱涝零星分布相互交叉的有170年,全国偏旱的有20年,全国偏涝的有21年,其余年份为其他类型灾害,全国正常的仅有7年,可见全国范围内几乎年年有灾情。

进行农业旱涝分析,首先要确定旱涝标准。我国目前采用的标准大体有两类:一类以受灾程度作为指标,另一类以水分条件与作物生长状态作为指标,现举例如下。

1. 湿润度与蒸散度法

以降水量与同期无降水时的最大可能蒸发量之比作为湿润度，以实际可能蒸发量与同期有效降水量之比作为蒸散度，以此表示干旱情况。

2. 旱涝指数指标法

旱涝指数指标法即标准差法，旱涝指数β用下式表示：

$$\beta = \frac{P - \overline{P}}{\sigma} \tag{1-44}$$

式中 β——某年（或季、月）旱涝指数；

P——某年（或季、月）降水量，mm；

$\overline{P}$——多年平均（或季、月）降水量，mm；

σ——均方差，$\sigma = \sqrt{\frac{\sum_{i=1}^{m}(P_i - \overline{P})^2}{n}}$；

n——年数。

一般规定，当$\beta<-2$时，为大旱；当$-2\leqslant\beta<-1$时，为旱；当$-1\leqslant\beta<1$时，为正常；当$1\leqslant\beta<2$时，为涝；当$\beta\geqslant2$时，为大涝。

3. 供需比指标法

供需比指标法是1961年北方7省1市旱涝技术座谈会提出的方法。该法以某一生长期内总有效供水量与总需水量之比r作为指标，即

$$r = \frac{P + G + W - R}{Y + W_m} \tag{1-45}$$

式中 r——某一生长期内总有效供水量与总需水量的比值；

P——生长期降水量，mm；

G——生长期地下水对根系活动层的补给量，mm；

W——生长期根系活动层含水量，mm；

R——无效降水量，包括径流量、深层渗漏量和其他损失量，mm；

Y——生长期作物必需的其他水量，mm；

W_m——生长期根系活动层最大含水量，mm。

一般规定，当$r<0.5$时，为旱；当$0.5\leqslant r<0.8$时，为偏旱；当$0.8\leqslant r\leqslant1$时，为正常；当$r>1.3$时，为偏涝。

知识训练

1. 为什么要对降水资料进行审查，从哪些方面进行审查？

2. 汛期月径流量缺测时如何插补展延？

3. 为什么要进行还原计算，一般采用什么方法？

4. 某县多年平均降水量等值线图如图1-18所示，试计算该县各分区及全县多年平均降水量，并计算95%保证率下（$K_P=0.63$）的全县平均降水量（各子区编号及面积见表1-15）。

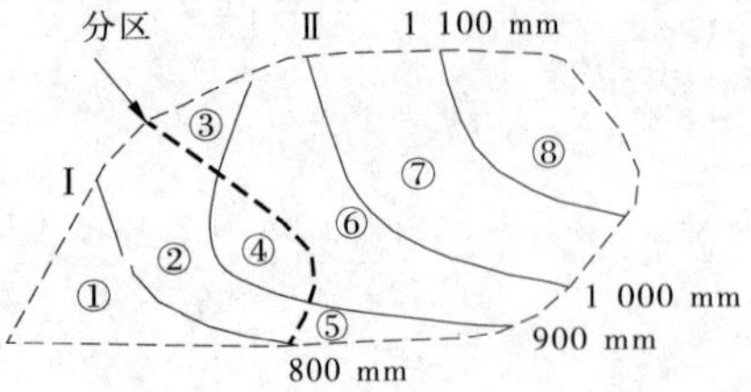

图 1-18

表 1-15

子区编号	面积(km^2)
①	50
②	90
③	15
④	20
⑤	18
⑥	80
⑦	120
⑧	100

5. 某水文站的典型年降水系列如表 1-16 所示,试分别用《水资源评价导则》规定的方法和不均匀系数法分析该站降水的年内分配情况。

表 1-16

年份	降水量(mm)												全年
	1月	2月	3月	4月	5月	6月	7月	8月	9月	10月	11月	12月	
1988	0.2	15.6	41.4	19.0	78.8	115.4	159.3	158.9	32.6	73.0	3.3	0.9	698.4
1989	9.4	9.2	22.2	65.4	45.2	56.0	134.5	109.8	88.2	33.0	16.8	7.0	596.7
1982	2.3	4.1	24.0	59.3	43.5	18.5	44.0	100.2	99.8	19.8	13.2	0.6	429.3
多年平均	3.6	5.6	18.4	41.5	60.6	77.6	116	115.8	92.3	49.6	13.9	3.1	598.0

6. 计算 3 月 25 日降水量。

表 1-17

月	日	起时:分	止时:分	降水量
3	25	0	2	1.0
		3	6	2.0
		7	8	1.5
		8	9	3.0
		14	17	3.5
		18	20	1.5
		20	22	3.0
		22	24	1.5
	26	0	2	4.0
		6	8	1.5
		8	9	2.5
		11	13	4.5
		13	14	3.5
		14	15	5.0
		15	17	4.0
		19	20	0.5

项目2　地表水资源量的计算

【学习指导】:

1. 掌握地表水资源资料的收集与整理。
2. 掌握地表水资源评价方法与步骤。
3. 掌握地表水资源评价报告的技术要求。

任务2-1　河川径流量计算方法

地表水资源主要包括河流水、湖泊水、冰川水和沼泽水,并把大气降水视为地表水体的补给源。通常把地表水体动态水量(即河川径流量)作为评价的主要对象。区域河川径流量包括地表水和河川基流量,它是区域水资源总量的重要组成部分,也是研究区域水资源时空变化规律的基本依据。

在大多数情况下,区域河川径流量的计算是针对非完整流域而言的。如前所述,非完整流域一般是指包含一个或几个不完整水系的特定行政区。区域河川径流量的计算,需要计算该区域多年平均径流量和不同频率的年径流量,同时需要研究河川径流的年内分配和年际变化规律等。

受日益频繁的人类活动的影响,天然状态下的河川径流特征一般已经发生了显著变化,依据水文站实测资料计算区域河川径流量,必须在用水量资料已经还原的基础上进行。

根据区域的气候条件及下垫面条件,综合考虑气象、水文站点的分布,实测资料年限与质量等情况,区域河流径流量可采用代表站法、等值线法、年降水径流关系法、水热平衡法等来计算。有条件时,也可以某种计算方法为主,而用其他方法计算成果进行验证,以保证计算成果具有足够的精度。当计算区域面积较小时,某河川径流量还应与包括该区在内的下垫面条件相近的大面积分析成果进行对比,特别要注意小区内局部地形因素(如河床切割深度、喀斯特现象等)的影响,切实做到两种计算成果相互衔接,水量平衡。

一、代表站法

在设计区域内,选择一个或几个基本能够控制全局、实测径流资料系列较长并具有足够精度的代表站,从径流形成条件的相似性出发,把代表站的年径流量按面积比或综合修正的方法移用到设计区域范围内,从而推算区域年平均及不同频率的年径流量,这种方法叫作代表站法。

(一)代表站法计算区域逐年及多年平均径流量

设计区域及代表流域示意图见图2-1(a)。图中,$W_{设}$、$F_{设}$ 分别表示设计区域的年径流量和面积,$W_{代}$、$F_{代}$ 分别表示代表流域的天然年径流量和集水面积。假定设计区域与代表流域面积相差不大,自然地理条件也相似,则可视为设计区域与代表流域的平均径流深是一致的,即 $R_{设}=R_{代}$。由于 $R_{设}=W_{设}/F_{设}$,$R_{代}=W_{代}/F_{代}$,则:

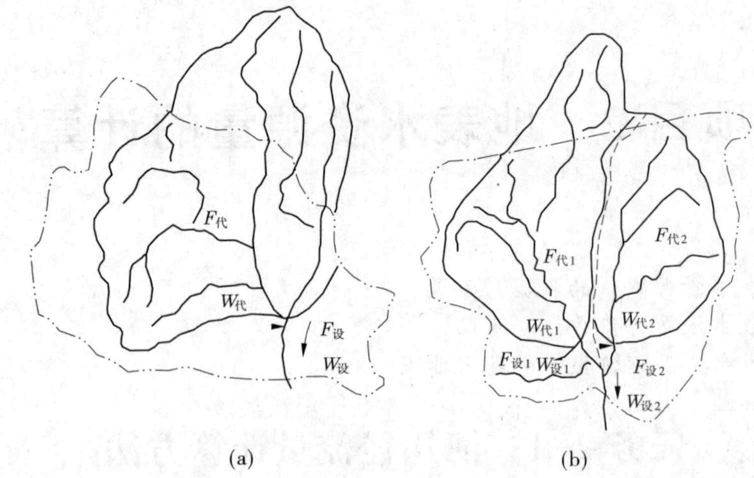

图 2-1 设计区域与代表流域示意图

$$W_{设} = F_{设} W_{代} / F_{代} \tag{2-1}$$

式中,$W_{设}$、$W_{代}$ 以亿 m^3 计,$F_{设}$、$F_{代}$ 以 km^2 计。

计算设计区域逐年径流量以后,其算术平均值即为多年平均径流量,当 $W_{代}$ 取为年平均值时,也可采用式(2-1)直接计算出设计区域多年平均径流量。

依据式(2-1)推求设计区域逐年径流量,通常要视代表站个数及其自然地理条件不同而采取不同的途径。

当区域内可选择一个代表站并基本能够控制全区,上、下游产水条件差别不大时,则可根据代表站逐年实测径流量,经还原计算后得天然年径流量 $W_{代}$,已知代表流域集水面积 $F_{代}$,量算设计区域面积 $F_{设}$,代入式(2-1)便可求得全区相应的逐年径流量。

若代表流域不能控制全区大部分面积,其上、下游产水条件又有较大的差别,则应采用与设计区域产流条件相近的部分代表流域的径流量与面积(如区间径流量与相应的集水面积)代入式(2-1)推求全区逐年径流量。

当区域内可选择两个(或两个以上)代表站时[见图 2-1(b)],全区逐年径流量可采用下列方法来推求:

(1)若设计区域内气候下垫面条件差别大,则可按气候、地形、地貌等条件,将全区划分为两个(或两个以上)设计区域,每个设计区域均按式(2-1)计算分区逐年径流量,相加后得全区相应的年径流量,即

$$W_{设} = \frac{F_{设1}}{F_{代1}} W_{代1} + \frac{F_{设2}}{F_{代2}} W_{代2} + \cdots + \frac{F_{设n}}{F_{代n}} W_{代n} \tag{2-2}$$

式中 $F_{设1}, F_{设2}, \cdots, F_{设n}$ 及 $F_{代1}, F_{代2}, \cdots, F_{代n}$——各设计区域及代表流域的面积,$km^2$;

$W_{代1}, W_{代2}, \cdots, W_{代n}$——各代表流域天然年径流量,亿 m^3。

(2)若设计区域内气候及下垫面条件差别不大,仍可将全区作为一个区域看待,其逐年径流量可按下式推求:

$$W_{设} = \frac{F_{设}}{F_{代1} + F_{代2} + \cdots + F_{代n}} \tag{2-3}$$

当设计区域与代表流域的自然地理条件差别过大，其产流条件也势必存在明显的差异。这时，一般不宜采用简单的面积比法计算全区年径流量，而应选择能够较好地反映产流强度的若干指标，对全区年径流量进行修正，计算如下：

(1)用区域平均年降水量修正。在面积比法的基础上，再考虑设计区域与代表流域降水条件的差别，其全区逐年径流量的计算公式为

$$W_{设} = \frac{F_{设}\,\overline{P}_{设}}{F_{代}\,\overline{P}_{代}} W_{代} \tag{2-4}$$

式中 $\overline{P}_{设}$、$\overline{P}_{代}$——设计区域和代表流域的区域平均年降水量，mm。

计算示例见表 2-1。

表 2-1 面积比法与区域平均降水量综合修正法计算某区逐年及多年平均径流量

年份	$W_{代}$（亿 m^3）	$F_{设}/F_{代}$	$P_{设}/P_{代}$	$\frac{F_{设}\,\overline{P}_{设}}{F_{代}\,\overline{P}_{代}}$	$W_{设}$（亿 m^3）
1956	10.83	2.399	0.928	2.171	23.62
1957	14.66				31.83
1958	6.02				13.07
1959	9.02				19.58
1960	10.76				23.36
⋮	⋮				⋮
1976	3.92				8.51
1977	2.46				5.34
1978	5.66				12.29
1979	5.70				12.37
平均	8.26				17.93

(2)用多年平均年径流深修正。采用式(2-4)计算全区逐年径流量，虽然考虑了设计区域与代表流域年降水量的不同，但尚未考虑下垫面对产流量的综合影响，于是可引入多年平均径流深，将式(2-4)改写为

$$W_{设} = \frac{F_{设}\,\overline{R}_{设}}{F_{代}\,\overline{R}_{代}} W_{代} \tag{2-5}$$

式中 $\overline{R}_{设}$、$\overline{R}_{代}$——设计区域与代表流域多年平均径流深，mm，一般可由平均年径流深等值线图来量算。

应当指出，采用多年平均径流深修正计算区域河川径流量计算方法简便，其成果有一

定的精度。但是,这种方法实质上只考虑了设计区域与代表流域历年产流条件(降水、下垫面)的平均情况,对某些年份的全区径流量有时影响较大,以致给全区年径流系列及计算的不同频率年径流量带来一定误差。

当设计区域内实测年降水、年径流资料都很缺乏时,可直接借用与该区域自然地理条件相似的典型流域的年径流深系列,乘以设计区域与典型流域多年平均年径流深的比值,再乘以设计区域面积得逐年年径流量,其算术平均值即为多年平均年径流量。这时,设计区域的多年平均年径流深可采用等值线图量算,见表2-2。

表2-2 借用典型流域年径流资料推求某区逐月及多年平均年径流量

年份	$R_{典}$(mm)	$\overline{P}_{设}/\overline{P}_{典}$	$R_{设}$(mm)	$F_{设}$(km^2)	$W_{设}$(亿 m^3)
1956	70.1	0.944	66.2	5 974	3.95
1957	114.8		108.4		6.48
1958	91.2		86.1		5.14
1959	195.3		184.4		11.0
⋮	⋮		⋮		⋮
1976	86.6		81.8		4.89
1977	47.5		44.8		2.68
1978	88.2		83.3		4.98
1979	41.3		39.0		2.33
平均	101.2		95.5		5.71

注:$R_{设}$ 由平均年径流深等值线图量算而得。

(二)代表站法计算区域不同频率年径流量

用代表站法求得的设计区域逐年径流量构成了该区域的年径流系列,在此基础上进行频率计算,即可推求设计区域不同频率的年径流量。

二、等值线法

在区域面积不大且缺乏实测径流资料的情况下,可以借用包括该区在内的较大面积的多年平均径流深及径流变差系数等值线图,计算该区域多年平均及不同频率的径流量。

(一)多年平均年径流深及年径流变差系数等值线图的绘制

在编绘等值线图之前,应广泛搜集已有的《水文特征值统计》《水文图集》《水文年鉴》和其他水文分析成果,同时注意搜集气候、地形、地貌、植被、土壤及水文地质资料,以供绘图时应用或参考。

1.代表站的选择

绘制多年平均径流深及径流变差系数等值线图,应以中等流域面积的代表站资料为主要依据,其集水面积一般控制在300~500 km^2 范围之内,在站网稀少的地区,条件可以适当放宽。代表站选定以后,应按资料精度、实测系列长短、集水面积大小等,将代表站划分为主要站、一般站、参考站三类,其分类条件见表 2-3。

表 2-3 代表站分类条件

代表站	分类条件
主要站	资料可靠,还原水量精度可靠,实测资料超过 25 年,插补精度高,集水面积为 300~500 km^2
一般站	资料可靠,还原水量成果合理,实测资料为 20~25 年,插补精度较高,集水面积超过不多
参考站	还原水量精度较差,实测资料不足 20 年,插补具有一定精度,集水面积超过较多,区间径流深(具备上述一条者即为参考值,可不计算 C_v 值)

注:本表参考水利部水文局《地表水资源调查和统计分析细则》,1981 年 8 月。

如前所述,在集水面积过大的流域,上、下游不同下垫面条件流域的径流模数也不同,它往往使大面积站推求的径流深缺乏足够的代表性,因此应当根据大面积站及同水系的上游站多年平均径流量相减求得区间多年平均径流量,除以区间面积得区间多年平均径流深,供勾绘等值线时参考。

2. 统计参数的计算

单站多年平均径流深,一般采用按日历推求的算术平均值。

采用矩法计算的年径流变差系数 C_v 值一般均偏小,故应视理论频率曲线与经验点据的拟合情况,按适线方法确定。

在大比例尺地形图上,勾绘全部分析代表站及区间站集水范围,并分别确定其面积形心。当自然地理条件较一致且高程变化不大时,面积形心基本是径流分布的重心;当高程变化较大,径流分布不均匀,或者面积形心位于河谷平原时,径流分布重心则应根据面积形心与径流的分布综合修正确定。将计算的各代表站多年平均径流深及年径流变差系数分别标注在径流分布重心处,并用不同的符号表明其精度,作为勾绘等值线的基本依据。

3. 多年平均径流深等值线图的绘制

在具有充分实测径流资料的情况下,绘制年径流均值等值线主要考虑下列原则。

1)注重成因分析

径流的主要补给来源是降水,降水量的地区分布基本上可以决定径流深的分布特点。绘制年径流均值等值线之前,首先应当分析区域的主要水汽来源,地形对降水的影响因素,绘出多年平均年降水量等值线并论证其合理性,以此作为框绘年径流均值等值线总趋势和确定高、低值区位置的依据。

2)分析下垫面条件的影响

径流是降水和下垫面综合作用的产物,在相同的降水条件下,不同地形、地貌、土壤、水文地质等条件,对径流深的地区分布也有较大的影响,因此应当注意参考地形等高线绘制径流深等值线。对资料点据而言,要重点依据主要站和一般站的资料,其他站只作参考。

3)考虑径流深等值线平面上和垂直方向上的水量平衡

平面上的水量平衡,是指选定流域用等值线量算的径流深与天然径流深互相平衡。

垂直方向上的水量平衡,是指径流深等值线,或者分别调整三要素等值线,使其误差均保持在允许误差范围内,做到平面上和垂直方向上水量平衡。

4)掌握绘图技巧,通过综合分析最后定图

勾绘径流深等值线时,先绘主线(如100 mm、500 mm等),框绘等值线大趋势,然后绘其他线路,山丘区等值线梯度大,平原地区则较小。径流深等值线跨大江时不斜交,跨大山时不横穿。确定径流深等值线时,要充分考虑降水、径流、蒸发三要素等值线间的对应关系,同时要注意本区等值线和邻区相应等值线的衔接与吻合,在综合分析的基础上,最后定图。

在缺乏实测径流资料的情况下,或者区域产汇流条件比较特殊的平原水网区、岩溶地区等,可以首先采用适当的方法推求陆地蒸发量,然后用降水量减去蒸发量求得径流量,在此基础上框绘多年平均径流深等值线,经分析调整后定图。四川成都平原区、贵州省岩溶地区采用上述方法绘制平均年径流深等值线,取得了比较满意的效果。

4. 多年平均径流深等值线图的合理性分析

1)从年径流与年降水地区分布的一致性分析

在一般情况下,降水与径流的地区分布规律应大体一致。如果年径流深与年降水量等值线的变化总趋势和高、低值区的地区分布都比较吻合,在降水量等值线图已经进行了多方面合理论证的前提下,即可认为径流深等值线也是基本合理的。

2)从年径流与流域平均高程的关系来分析

一般来说,随着流域高程的增加,气温降低,蒸发损失减小,在同样降水条件下径流深加大。为了验证径流深等值线图是否符合上述一般规律,可根据若干流域实测资料绘制多年平均径流深与流域平均高程关系图,见图2-2。在本区范围内再选择几处无实测径流资料的天然流域,分别根据其流域平均高程,参照图2-2查读多年平均径流深,若其值基本在原等值线的范围内,即说明原等值线的走向、间距都是比较合理的。

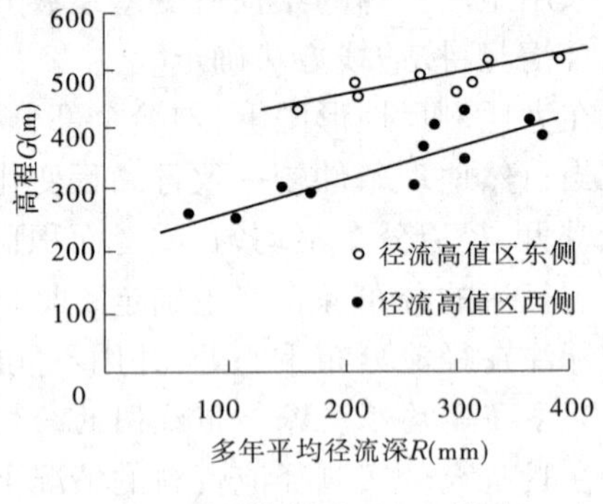

图2-2　某区域 R—G 关系

3)平面上的水量平衡检查

选择大支流或独立水系的主要控制站,自上游流向下游进行检查,其天然情况下的多年平均径流深与用等值线量算的径流深相对误差应不超过±5%,且无系统偏差。

4)垂直方向上的水量平衡检查

如前所述,垂直方向上的水量平衡检查是指年降水、年径流、年陆地蒸发量三要素之间的综合平衡分析。由于陆地蒸发量的地区分布具有相对稳定性,因此以陆地蒸发量作为平衡项,并按下式计算其相对误差:

$$\Delta\overline{E}(\%)=\frac{\overline{E}-(\overline{P}-\overline{R})}{\overline{P}-\overline{R}} \tag{2-6}$$

式中　$\overline{P}$——从降水量等值线图上量算的多年平均降水量，mm；

$\overline{R}$——从径流深等值线图上量算的多年平均径流深，mm；

$\overline{E}$——从陆地蒸发量等值线图上量算的多年平均陆地蒸发量，mm。

若年陆地蒸发量相对误差不大于±10%，且无系统偏差，即认为年径流深等值线及其他等值线均是合理的。

5）与以往绘制的多年平均径流深等值线图相互对照检查

要着重从等值线的走向，量级大小，高、低值区的分布及其与自然地理因素的配合等方面进行比较。如果发现两种成果有明显的差异，则应从代表站的选择、资料系列长短、还原水量大小、分析途径和勾绘等值线方法上找出原因，以确保资料基础可靠，分析计算方法合理，最大限度地提高等值线图的精度。

5. 年径流变差系数等值线图的绘制及合理性分析

年径流变差系数的大小及其地区分布与年降水量、年径流深、年径流系数和集水面积的大小密切相关，因此应把代表站按适线法确定的年径流变差系数 C_v 值，分别标注于各流域重心处，再参照年降水量变差系数、多年平均径流深和年径流系数等值线的趋势，框绘年径流变差系数等值线，经合理性分析，修正后定图。

年径流变差系数等值线可以从以下两方面进行合理性分析。

（1）检查年径流变差系数 C_v 值的地区分布特点是否符合一般规律。

一般情况下，湿润地区 C_v 值小，干旱地区 C_v 值大；高山冰雪补给型河流 C_v 值小，黄土高原及其他土层厚、地下潜水位低（地下水补给量小）的地区 C_v 值较大；西北高原湖群区及沼泽地区中等面积河流下游 C_v 值小，支流及上游 C_v 值大。

在同一气候区，年径流变差系数等值线与均值等值线应相互对应，变化相反。因为勾绘年径流变差系数等值线时，除依据实测点距外，还参考了均值等值线的走向，故年径流变差系数 C_v 值等值线与均值等值线的总趋势及高、低值区应当大体吻合，只是变化相反，即年径流深愈大，年径流变差系数则愈小，反之亦然。

（2）检查年径流、年降水、年陆地蒸发量变差系数是否合理。

水量平衡三要素的变差系数通常是相互影响、相互制约的。我国大部分地区年径流 C_v 值相对较大，年降水 C_v 值次之，年陆地蒸发量 C_v 值相对较小。但在某些地区，由于气候与下垫面条件的改变，三要素 C_v 值的配合也往往会出现其他情况。例如，我国东南沿海降水十分充沛的地区，年降水和年径流的 C_v 值差别相对较小，见图 2-3。相反，在华北干旱半干旱地区，降水的年际变化较大，径流的年际变化可较降水有成倍的差别，二者 C_v 值悬殊，这种情况尤以平原区为甚。这类地区的年陆地蒸发量 C_v 值也比湿润地区大得多，见图 2-4。但在我国西北某些干旱半干旱地区，其年降水量虽然不大，年际变化也较小，但河流受冰川或地下水补给与调节，年径流量与年降水量的 C_v 值接近，个别地区年径流量的 C_v 值反而比年降水量的 C_v 值小，见图 2-5。

6. 多年平均径流深及径流变差系数等值线图的补充

当区域面积较小，区内水文站比较稀少时，单纯依靠本区实测资料绘制等值线是比较困难的，在这种情况下，可将大面积多年平均径流深与径流变差系数等值线及所依据的资

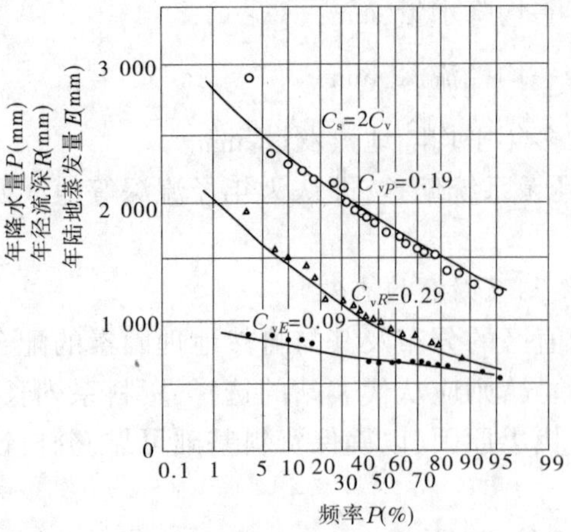

图 2-3　东南沿海降水十分充沛地区某流域水量平衡三要素变差系数的对比

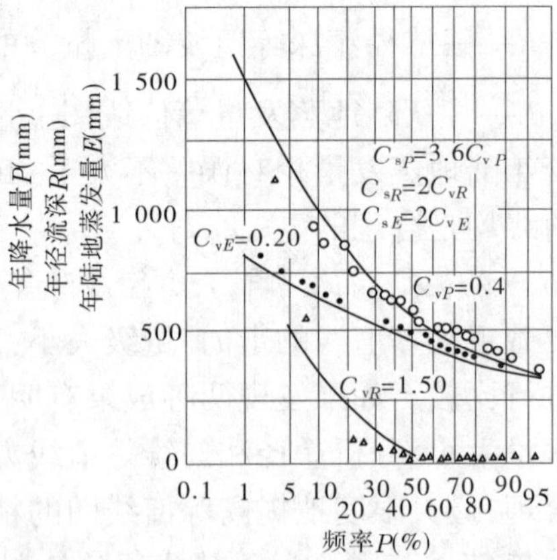

图 2-4　华北干旱半干旱地区某流域水量平衡三要素变差系数的对比

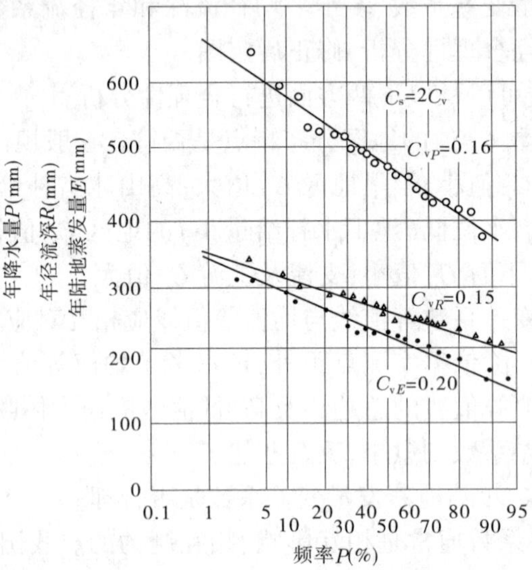

图 2-5　西北地区受冰川或地下水补给与调节河流某流域水量平衡三要素变差系数的对比

料点据转绘到本区地形图上。如果本区再无资料补充,且认为大面积等值线能够反映本区实际情况,则可按等值线间梯度变化情况适当加密线距,即得本区相应的等值线图。但是,大面积年径流深等值线一般间距较大,不便考虑局部地形影响,因此当本区具有补充资料或大面积等值线图与本区实际情况有出入时,对大面积等值线图则要进行必要的补充。这时,可将经过审查认为可靠的资料点绘在同一张图上,根据前述原则与方法,补充大面积等值线并论证其合理性。当需要调整大面积等值线的定向或增或减高、低值区时,更应慎重地进行。

在一般地区,中等流域面积年径流量的 C_v 值与面积的关系不很明显,但有些地区年径流量的 C_v 值随着流域面积的减小而明显加大。因此,在补充区域内年径流量 C_v 值点据时,应尽量少地考虑面积过大或过小的点据。同时,可以分析年径流量 C_v 值与流域面积之间的关系,建立经验公式,以作比较,经验公式类型如下:

$$\left.\begin{aligned} C_{vR} &= \frac{rC_{vP}}{\alpha^n + m\lg F} \\ C_{vR} &= a - b\overline{R} - c\lg F \\ C_{vR} &= a - b\lg F \end{aligned}\right\} \tag{2-7}$$

式中　C_{vR}、C_{vP}——年径流、年降水变差系数;

α——年径流系数;

$\overline{R}$——多年平均径流深,mm;

F——流域面积,km^2;

r、n、m、a、b、c——地区性经验参数。

(二)用等值线图计算区域多年平均与不同频率年径流量

某区域多年平均径流深等值线图如图2-6所示。采用等值线图推求区域多年平均径流量的方法、步骤如下:

(1)在本区域范围内,用求积仪分别量算相邻两条等值线间的面积 f_i。为简便起见,f_i 用求积仪读数 n_i 表示,求积仪总读数为

$$N = \sum_{i=1}^{n} n_i$$

(2)计算相应于 f_i 的平均年径流深 R_i,R_i 可取相邻两条等值线的算术平均值。

(3)依据公式

$$\overline{R} = \frac{R_1 n_1 + R_2 n_2 + \cdots + R_m n_m}{N}$$

计算出区域多年平均径流深,再乘以区域面积即为多年平均径流量。

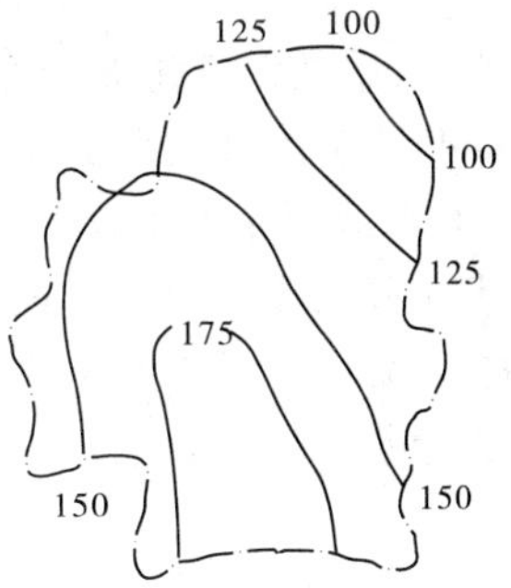

图2-6　某区域多年平均径流深等值线图　(单位:mm)

应当指出,对于面积不同的区域,应用等值线图计算多年平均径流量的精度是不同的。例如,区域面积为5万~10万 km^2 的,等值线法计算成果精度相对较高。但对这种区域,等值线的实用意义并不大,因为较大区域往往具有较充分的实测资料。对于中等面积区域,使用等值线图的误差最小,一般不超过10%~20%,因为等值线主要是依靠中等面积代表站资料勾绘的。这种区域等值线法的实用意义最大。对于面积小于300~500 km^2 的小区域,等值线法计算误差可能大大超过上述范围。因此,小面积区域应用等值线图计算多年平均径流量时,一般还要结合实地考察资料,充分论证成果计算的合理性。

算得区域多年平均径流量以后,若区域面积较小,则可再根据年径流变差系数 C_v 等值线图,参照上述方法推求全区域年径流变差系数,并推求指定频率的年径流量。若区域

面积较大,则应参照本书项目1任务1-2介绍的推求区域多年平均及不同频率年降水量的方法,求出全区域的年径流系列,经频率计算后得全区不同频率的年径流量。

三、年降水径流关系法

在代表流域内,选择具有充分实测年降水、年径流资料的分析代表站,统计逐年面平均降水量 P、年径流深 R,建立年降水径流关系。如果设计区域与代表流域的自然地理条件比较接近,那么可依据设计区域实测逐年面平均降水量在年降水径流关系图上查得逐年径流深,乘以区域面积得逐年径流量,其算术平均值即为多年平均径流量。

在设计区域逐年径流量的基础上进行频率计算,便可求得不同频率的径流量。

应当指出,年降水径流关系和次降水径流关系是不同的。年降水径流关系表明了年降水总量与年河川径流总量的关系,次降水量径流关系通常是反映次降水量、前期影响雨量与相应的次洪水河川径流量的关系。在降水量充沛及供水、植被条件较好的山地丘陵区,年降水径流关系一般比较稳定,因此绘制年降水径流关系图时,还可以45°直线为控制,通过实测点群中心定为单一线。但是,在平原地区或者降水量较小的干旱半干旱地区单一的年降水、年径流关系点据往往比较散乱,这时则应根据实际情况设法改善年降水径流关系。

由闭合流域任意时段的水量平衡方程 $R=P-E\pm\Delta\overline{V}$($R$ 为河川径流量,P 为降水量,E 为陆地蒸发量,ΔV 为时段始、末流域蓄水变量)可知,陆地蒸发量 E 和流域蓄水变量 ΔV 对降水径流关系有直接的影响。一般来说,短时段次降水径流关系的主要影响因素是 ΔV,而年降水径流关系的主要因素则是陆地蒸发量 E。于是,改善年降水径流关系的关键是,恰当地寻求能够间接反映陆地蒸发量 E 的若干因素,并且以此为参数,再由年降水量推求年径流量。例如,本书项目1式(1-7)给出了以汛期降水量、年平均气温、前一年10~12月降水量为参数的年降水径流关系。也有更简单的方法,如点绘以汛期雨量集中程度为参数的年降水径流关系,即

$$R_{年}=f(P_{年},\beta) \tag{2-8}$$

式中 $R_{年}$、$P_{年}$——年径流深、年降水量,mm;

β——连续最大四个月降水量占年降水量的比例。

依据式(2-8)绘制的年降水径流关系,见图2-7。

在一般情况下,上述经验相关图中参数的选择及定量均需经过试算或优选来确定。在比较干旱的地区,由于年陆地蒸发量占年降水量的比重较大,试算或优选出精度较高的年降水径流模式及参数是有一定困难的。

改善年降水径流关系,也可采用连续计算逐次径流量,累加得全年径流量的方法,计算公式为

$$R_{年,计算}=\sum_{i=1}^{n}(P_i+P_{ai}-E_i-I_m) \tag{2-9}$$

式中 $R_{年,计算}$——计算的年径流量,mm;

P_i——次降水深,mm;

P_{ai}——降水前期流域土壤蓄水量,mm;

E_i——降水期陆地蒸发量(用水面蒸发量代替),mm;

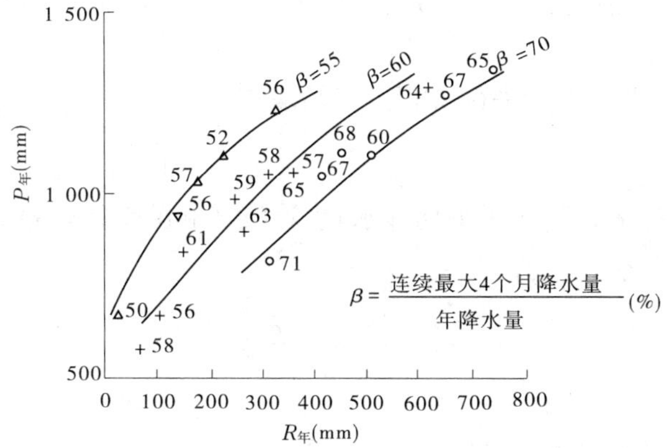

图 2-7 某流域 $P_年$~β~$R_年$ 关系

I_m——流域平均土壤最大蓄水容量,mm;

n——降水次数。

这种计算年径流量的方法,采用的参数都有明确的物理概念,应用比较方便,为了提高计算精度,还可以采用流域模型的概念,进一步改进式(2-9)右端的表达方式。

四、水热平衡法

在代表流域内,依据降水、径流和太阳辐射平衡值实测资料,综合考虑下垫面因素,建立计算陆地蒸发量的经验公式,由设计区域降水量减去上述经验公式算得的设计区域陆地蒸发量,即得设计区域的天然年径流量,这种方法叫作水热平衡法。

(一)基本原理

在气候并不十分湿润的地区,陆地蒸发量常随着降水量 P 和太阳辐射平衡值 θ 而变化,并且 E 和 P、θ 均呈正比关系,在边界条件 $\theta/(LP)\to 0$ 和 $\theta/(LP)\to\infty$ 的情况下,E/P 和 $\theta/(LP)$ 之间的关系可用下式来表达:

$$\frac{E}{P}=\Phi\left(\frac{\theta}{LP}\right) \tag{2-10}$$

式中 Φ——某种函数符号;

L——蒸发潜热,J/g,可取为 2 512 J/g;

其他符号意义同前。

式(2-10)即为综合考虑陆地蒸发量、降水量和太阳辐射平衡值的经验关系。在代表流域内,P 为已知项,L 为定值,太阳辐射平衡值 θ 可由《中国物理气候图集》查得,有条件时也可采用适当的公式计算,陆地蒸发量 E 则可按代表流域的水量平衡方程来推求。

对于山丘区,选择若干具有充分降水和径流资料的代表站(断面以上流域应无引水量或引用水量极小),多年平均水量平衡方程为

$$\overline{E}_山=\overline{P}_山-\overline{R}_山 \tag{2-11}$$

式中 $\overline{E}_山$、$\overline{P}_山$、$\overline{R}_山$——山丘区多年平均年陆地蒸发量、降水量、径流量。

据此计算 $\overline{E}/\overline{P}$、$\theta/(L\overline{P})$，并建立二者之间的经验关系，进而推求设计区域的多年平均陆地蒸发量和年径流量。

对于平原区，多年平均水量平衡方程可以写成：

$$\overline{P}_{平} = \overline{R}_{平} + \overline{E}_{平} \tag{2-12}$$

式中 $\overline{P}_{平}$、$\overline{R}_{平}$、$\overline{E}_{平}$——平原区多年平均降水量、径流量和陆地蒸发量。

式(2-12)右端 $\overline{E}_{平}$ 又可解为

$$\overline{E}_{平} = \overline{E}_{平潜} + \overline{E}_{平包}$$

式中 $\overline{E}_{平潜}$——多年平均潜水蒸发量；

$\overline{E}_{平包}$——多年平均包气带蒸发量。

于是，式(2-12)便可改写为

$$\overline{P}_{平} = \overline{R}_{平} + \overline{E}_{平潜} + \overline{E}_{平包} \tag{2-13}$$

即

$$\overline{E}_{平潜} + \overline{E}_{平包} = \overline{P}_{平} - \overline{R}_{平} \tag{2-14}$$

比较式(2-11)与式(2-14)可知，山丘区与平原区多年平衡方程式虽然相似，但其物理意义却有所差别。山丘区陆地蒸发量 E 主要反映了包气带蒸发量，而平原区的陆地蒸发量则指包气带蒸发量与潜水蒸发量之和(不包括外地径流流入平原时的蒸发量)，即总蒸发量。

综上所述，当依据实测资料建立代表流域的水热平衡经验关系后，便可在缺乏实测径流资料的设计区域，只根据降水量、太阳辐射平衡值及下垫面特征直接推算区域多年平均陆地蒸发量和径流量。如果降水量等均以年(月)为计算时段，也可计算逐年(月)陆地蒸发量和径流量。

(二)水热平衡经验关系的建立

1. 北方干旱半干旱区

以黑龙江为例，说明建立水热平衡经验关系的方法如下。

1)山地丘陵区

在大面积区域内，降水量、径流量和陆地蒸发量通常存在较大的地区差异，这种差异往往与地形、植被、土壤等下垫面条件紧密相关。在水热平衡法中，除考虑水分、热力条件外，黑龙江省又选用流域平均高程这一综合指标，对水热平衡经验关系及其公式进行了必要的修正。

在山丘区35个用水量很小的水文站，根据1956~1979年实测年降水、年径流系列，逐站采用式(2-10)、式(2-11)计算 $\overline{E}/\overline{P}$ 和 $\overline{E}$ 值，查读各流域重心处的 θ 值并计算 $\theta/(L\overline{P})$ 值，量算各流域平均高程 G，点绘 $\overline{E}/\overline{P}$~$G$~$\theta/(L\overline{P})$ 关系，如图2-8所示。

由图2-8可见，$\overline{E}/\overline{P}$ 和 $\theta/(L\overline{P})$ 之间呈非线性关系，其变化特点与流域平均高程密切相关，其中：

Ⅰ线——流域平均高程200 m左右，接近于平原区；

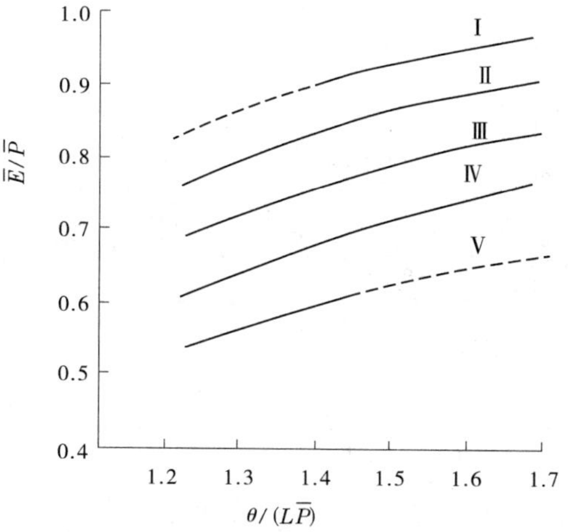

图 2-8 黑龙江省山丘区 $\overline{E}/\overline{P}\sim G\sim\theta/(L\overline{P})$ 关系图

Ⅱ线——流域平均高程为 200~300 m;

Ⅲ线——流域平均高程为 300~450 m;

Ⅳ线——流域平均高程为 450~750 m;

Ⅴ线——流域平均高程大于 750 m。

如果把图 2-8 的关系绘到单对数格纸上，$\overline{E}/\overline{P}\sim\theta/(L\overline{P})$ 关系线即可变为直线形式，据此选配计算山丘区多年平均年陆地蒸发量的经验公式为

$$\overline{E}=\overline{P}\times 10^{-a+0.1553\theta/(L\overline{P})}$$

式中各项符号意见义见式(1-15)，a 值高程变化情况见表 1-5。

2) 平原区

平原区地势平坦、下垫面条件相对较为单一，因此平原区的 $\overline{E}/\overline{P}\sim\theta/(L\overline{P})$ 关系不必以高程作参数，选择松嫩平原、三江平原及其邻近区域若干代表站，绘制 $\overline{E}/\overline{P}\sim\theta/(L\overline{P})$ 关系，如图 2-9 所示。由图 2-9 可见，平原区的 $\overline{E}/\overline{P}\sim\theta/(L\overline{P})$ 关系基本呈一条直线，由此可得计算多年平均陆地蒸发量的经验公式为

$$\overline{E}=-0.246\overline{P}+0.642\theta/L$$

式中各项符号意义见式(1-16)。

2. 南方供水条件充分的湿润地区

以四川省凯江流域为例，说明建立水热平衡经验关系的方法如下。

陆地蒸发所需要热量的热平衡方程式可写成:

$$Q-\upsilon Q-F_0\pm A-LE-\rho=0 \tag{2-15}$$

式中 Q——太阳总辐射，J/(cm² · d);

υ——反射率，无因次;

F_0——长波有效辐射，J/(cm² · d);

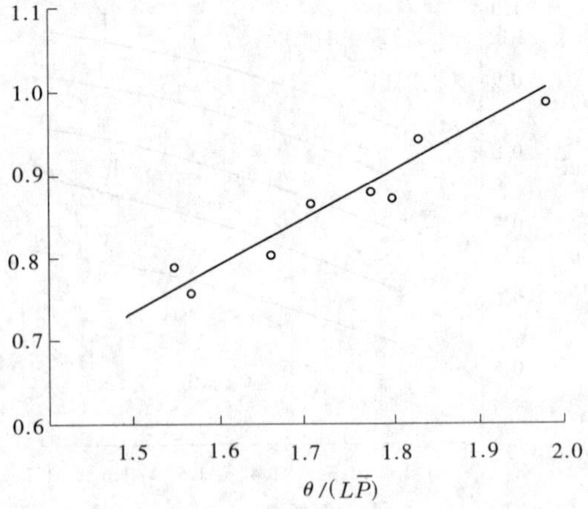

图 2-9 黑龙江省松嫩平原、三江平原 $\overline{E}/\overline{P}\sim\theta/(L\overline{P})$ 关系图

A——土壤储热量,J/(cm^2·d);

L——散发潜热,J/g,2 470 J/g;

E——陆地蒸发量,g/(cm^2·d);

ρ——近地层垂直流交换热量,J/(cm^2·d)。

在式(2-15)中,太阳总辐射 Q 与长波有效辐射 F_0 是两个重要因素,只要充分考虑 Q、F_0,适当考虑其他次要因素,计算的陆地蒸发量即能满足一般精度要求。

太阳总辐射是热平衡方程中的重要收入项,它主要取决于纬度、太阳高度和天空的云量。在碧空无云的情况下,只取决于纬度及太阳高度。依据四川省安县地区日辐射实测资料,每月选出二三日碧空无云的总辐射值,内插求得本地区碧空无云时全年各日总辐射值 Q_0,见表 1-4。经初步验证,此表在 29°00′N~34°00′N 的范围内都是适用的。另外,5 月、6 月、7 月数值可适用于 16°30′N~46°30′N 的广大地区。

有了碧空无云时的总辐射值 Q_0,再根据实测云量 n 与日照率 s 建立推求太阳总辐射值 Q 的经验公式见式(1-14)。

长波有效辐射是地面接受太阳总辐射(短波辐射)之后,温度增加,地面以长波形式向大气辐射的热量。它是热平衡方程中主要的支出项。在年际之间,长波与短波辐射的比值变化甚微,年内则呈如下抛物线规律变化:

$$3(F_0/Q) = 4t^2 + 0.72 \tag{2-16}$$

式中 F_0/Q——长、短波辐比值;

t——时间,以 7 月 1 日为 0,每月以 0.1 计,上半年为负,下半年为正,如 9 月 2 日为 0.2,而 5 月 1 日为-2。

根据式(2-16)及太阳总辐射资料,便可求得不易获得的长波有效辐射值 F_0。另外,从斯蒂芬定律可知,长波辐射与短波辐射的关系最终能以温度的变化反映出来,这就为以气温作为主要参数推求陆地蒸发量提供了必要的前提条件。

土壤储热量 A 的年际变化等于零,但它在年内各月间的变化却很有规律。2~8 月储热量为正,9 月至次年 1 月储热量为负。4 月、5 月储热量达到正储热量的 20%(年内最高),10 月、11 月储热量达负储热量的 20%(年内最低)。各月间最大的储热量变化只占总辐射的 10%,因此土壤储热量 A 可根据月份不同予以适当考虑,若其值不大也可忽略不计。

将式(2-15)每项都除以 Q,整理得:

$$L\left(\frac{E}{Q}\right) = 1 - \upsilon - \frac{F_0}{Q} \pm \frac{A}{Q} - \frac{\rho}{Q} \quad (2\text{-}17)$$

由于蒸发潜热 L 可视为常数,因此式(2-17)中的 E/Q 是反射长波、有效辐射、土壤储热量和近地层垂直乱流交换量的函数。又因其中主要因素 F_0 和次要因素 A 均同气温有密切的关系,故可点绘 $E/Q \sim T$(气温)关系图,见图 2-10。据此选配计算陆地蒸发量的经验公式如下:

$$E = (0.19T + 0.8)Q/2\ 470$$

式中各项符号意义见式(1-13)。

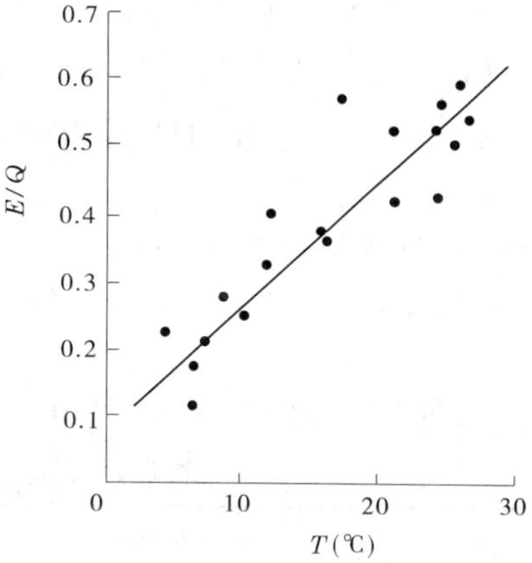

图 2-10 四川省安县地区 $E/Q \sim T$ 关系

五、计算实例

(一)北方干旱半干旱区

1. 山丘区

牤牛河大碾子沟站以上流域集水面积为 5 182 km^2,其流域重心位于 127°50′E44°50′N,用水热平衡法计算其多年平均年径流量步骤如下:

(1)根据《中国物理气候图集》查得大碾子沟站以上流域重心处的太阳辐射平均值 θ=228 180.6 J/(cm^2·a),计算该流域多年平均年降水量 $\overline{P}$=70.8 cm,由此得 $\theta/(L\overline{P})$=1.28。

(2)量标流域重心处高程 G=323 m,根据表 1-5 选定参数 a=0.404。

(3)由式(1-15)计算该流域多年平均年陆地蒸发量 E=44.2 cm,再由式(2-11)算得多年平均年径流深为 266 mm,合 13.78 亿 m^3。

2. 平原区

纳谟尔河山口至土泥浅站区间流域面积为 4 726 km^2,其流域重心位于 126°24′E48°35′N,用水热平衡法计算其多年平均年径流量步骤如下:

(1)在《中国物理气候图集》上查得该流域重心处的太阳辐射平均值 θ=203 059.8 J/(cm^2·a),并计算多年平均年降水量为 50.8 cm。

(2)将 θ、$\overline{P}$、L 值代入式(1-16)可得该流域多年平均年陆地蒸发量 E=39.4 cm,合 394 mm,再由式(2-12)算得多年平均年径流深为 144 mm,合 5.39 亿 m^3。

(二)南方湿润区

湖南龙潭试验流域集水面积为 188 km^2,地处 27°30′N;广西三门河流域集水面积为 504 km^2,地处 25°40′N,这两个流域都属于山区,降水量比较充沛。用水热平衡法计算上述流域逐年与多年平均年径流量步骤如下:

(1)根据流域内或流域附近同一气候区的气象站资料,按月统计平均云量、日照率和气温。

(2)参照式(1-13)、式(1-14)采用下列公式计算年陆地蒸发量:

$$E = \sum Q_{0,i}[0.65 - 0.35(\overline{n}_i - \overline{s}_i)][(0.19\overline{T}_i + 0.8)]/2\,470 \qquad (2\text{-}18)$$

式中 E——年陆地蒸发量,mm;

$Q_{0,i}$——各月碧空无云条件下太阳总辐射量,J/(cm^2·月),查表1-4而得;

$\overline{n}_i$、$\overline{s}_i$、$\overline{T}_i$——云量、日照率和气温的月平均值,单位同式(1-13)、式(1-14);

i——月份。

(3)计算逐年平均降水量 P。

(4)依据式 $R=P-E$ 计算逐年径流深(量),其算术平均值即为多年平均年径流深(量)。

上述两个流域计算成果见表2-4。

表2-4 龙潭、三门河流域年径流量计算成果

流域	年份	面平均雨量(mm)	计算年陆地蒸发量(mm)	计算年径流量(mm)	实测年径流量(mm)	相对误差(%)
龙潭试验流域	1967	1 660	564	1 906	1 026	6.8
	1968	1 705	597	1 108	1 098	0.9
	1969	1 910	592	1 318	1 328	-0.8
	1970	1 983	559	1 424	1 389	2.5
	平均	1 815	578	1 237	1 210	2.2
三门河流域	1977	1 803	588	1 215	1 219	-0.3
	1978	2 208	631	1 577	1 553	1.5
	1979	2 231	622	1 609	1 635	-1.7
	1980	2 180	628	1 522	1 515	2.4
	平均	2 106	617	1 489	1 481	0.5

注:采用式 $R=P-E$ 计算逐年径流量时,未考虑流域蓄水变量,故对计算成果精度有一定影响。

如前所述,用水热平衡法计算逐年或多年平均年径流量时,要特别注意陆地蒸发经验公式的适用性。本书所列公式中有关系数参数必须根据各地实测资料进行必要的检验与修正。一方面,在区域面积过大的情况下,也可分区选定经验公式,综合后求得全区域年径流量;另一方面,应注意分析选用雨量站的代表性,以保证计算的区域平均面雨量能够具有较高的精度。

任务2-2 河川径流量的年内分配

在不同地区或不同流域上,即使年径流量相差不大,但若年内分配形式不同,对水资源开发工程规模的选定、工农业及城市生活用水等也会造成很大的影响。因此,在多年平均及不同频率河川径流量计算的基础上,还要研究河川径流量的年内分配,并给出正常年或丰水年、平水年、枯水年等不同典型年的逐月河川径流量,为水资源的开发利用提供必要的依据。

受气候和下垫面因素的综合影响,河川径流的年内分配情势常常是很不相同的。我国绝大多数地区的河流属于降水补给型河流,径流的年内变化主要受降水年内变化的影响。但由于各河流补给形式和流域调蓄能力的差异,加之所处气候区域的不同,径流的年内分配往往呈现出不同的形式。以海湾河流域为例,该流域径流年内分配因受降水的影响,全年水量大部分集中在汛期6~9月4个月内,但由于自然地理因素的不同,径流年内分配表现为以下几种类型:

(1)山前砂卵石很深的河流水流渗漏严重,容易形成间歇性河道,非汛期往往河床干枯,故全年水量几乎都集中在汛期,年内分配极不均匀。

(2)发源于燕山南麓及太行山东麓的河流,流域调蓄能力小,水量比较集中,汛期水量占全年水量的70%~80%,年内分配也不均匀。

(3)上游位于黄土高原和盆地,中游穿过山地,流域面积较大,并且泉水补给占有相当比重的河流,汛期水量一般占全年水量的50%~60%,年内分配较为均匀。

(4)以泉水补给为主的河段,汛期水量占全年水量的40%以下,年内分配更为均匀。

在一般情况下,径流年内分配的计算项目、方法和时段,应当根据国民经济各部门对水资源开发的不同要求、实测资料情况、区域面积大小和河川径流量变化的幅度来确定。

一、有充分径流资料时河川径流量年内分配的计算

(一)正常河川径流量年内分配的计算

正常河川年径流量的年内分配近于多年平均情况,一般可用年径流的月分配过程、连续最大4个月径流量占年径流量百分率或枯水期径流量占年径流量百分率来反映。

1. 年径流的月分配过程

选择区域分析代表站,计算各月径流量的多年平均值,它与多年平均径流量的比值,即为相应月份年内分配的相对值,其分配过程可用柱状图或过程线来表示,见图2-11。

2. 连续最大4个月径流量占年径流量百分率等值线及其出现月份分区图

为了反映较大区域内径流的集中程度和出现时间的地区变化特点,可以选用资料质量好、分布均匀、资料系列较长的分析代表站,逐站逐月推求多年平均月径流量,再在月值中选取连续最大4个月径流量并推求其占多年平均年径流量的百分率,将其数值连同出现月份计算诸年流域重心处,绘制多年平均连续最大4个月径流量占年径流量百分率等值线图,并按出现月份分区。

多年平均连续最大4个月径流量出现月份的分区,应当尽量使同一分区内出现月份、分区内径流的补给来源相同,并且要保持天然流域的相对完整性。

3. 枯水期径流量占年径流量百分率等值线图

根据灌溉、养鱼、发电、航运等部门的不同需要,枯水期可分别选取不同时段,例如

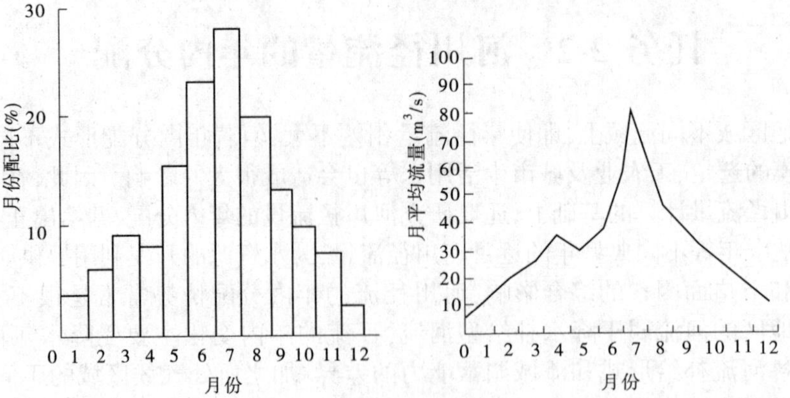

(a)柱状图　(b)过程线

图 2-11　某站年径流分配过程示意图

3~5月、5~6月、9~10月或11月至次年4月,用前述方法绘制相应时段径流量占年径流量百分率等值线图,以供生产部门应用。

(二)不同频率径流年内分配的计算

在水资源计算中,设计年径流的年内分配,一般采用典型年的年内分配形式,即从代表站实测资料中选出某一年作为典型年,以其年内分配形式作为设计年径流的年内分配形式。对一个设计流域,一般要选择三种典型年,即丰水年(设计频率 $P=20\%$)、平水年($P=50\%$)和枯水年($P=80\%$),并推求相应频率年径流的年内分配形式。

从实测资料中选择典型年时,应当考虑下列原则:一是典型年的年水量或供水期水量(或某时段水量)应与设计频率相应时的水量相近,这样才能使典型年与设计年年内分配的形成条件不致相差太远,用典型年的年内分配代表设计情况的可能性也比较大;二是应当选择对工程不利的年份作为典型年,因为目前对径流年内分配规律的研究还不充分,选择对工程不利的年份作为典型年,工程偏于安全。

指定频率径流年内分配的具体计算方法,可以分为以年水量为控制和以水库供水期水量为控制两种同倍比缩放法。

1. 年水量控制同倍比缩放法

某站实测年、月平均流量系列见表 2-5,用年水量控制同倍比缩放法计算指定频率径流年内分配的步骤如下:

表 2-5　某站实测年、月平均流量系列　(单位:m^3/s)

年份	年平均流量	月平均流量									
		4月	5月	6月	7月	8月	9月	10月	11月	12月	1~3月
1953	40.5	15.3	45.4	98.5	103	205	6.32	4.67	1.52	0.34	0
1954	6.85	2.26	4.38	63.7	5.03	1.02	2.12	3.17	1.02	0.015	0
1955	12.6	5.35	7.65	15.1	65.9	6.71	33.5	13.4	2.69	0.076	0
⋮	⋮	⋮	⋮	⋮	⋮	⋮	⋮	⋮	⋮	⋮	⋮
1964	6.76	8.88	11.2	7.59	4.33	26.7	15.8	5.17	1.13	0.11	0

续表 2-5

年份	年平均流量	月平均流量									
		4 月	5 月	6 月	7 月	8 月	9 月	10 月	11 月	12 月	1~3 月
1965	3.17	7.30	2.44	1.36	7.71	7.01	6.62	4.69	0.66	0.003	0
1966	10.1	9.35	3.34	11.4	15.4	22.9	44.9	9.58	3.98	0.35	0
1967	7.01	27.7	25.8	10.5	8.01	5.69	1.69	1.66	0.44	0.001	0.76
1968	1.68	5.24	1.92	1.23	1.28	2.00	2.52	4.43	0.78	0.005	0.17
⋮	⋮	⋮	⋮	⋮	⋮	⋮	⋮	⋮	⋮	⋮	⋮
1975	4.14	7.38	3.86	19.3	11.1	4.51	1.72	1.35	0.48	0.009	0
1976	1.88	1.41	1.03	8.02	0.71	1.32	0.38	0.14	0.53	0	
1977	1.70	1.42	2.77	9.01	4.70	1.67	0.14	0.16	0.50	0.001	0
1978	3.61	3.06	3.02	8.57	5.99	12.1	2.91	1.68	0.63	0.010	0
1979	4.47	18.0	4.78	7.56	5.17	6.35	8.65	2.85	0.40	0.005	0
1980	3.16	1.27	4.21	13.2	7.22	1.28	6.31	3.91	0.68	0.015	0
平均	11.6	10.1	14.3	17.8	33.0	34.7	17.8	8.71	1.72	0.072	0.033

(1)根据逐年平均流量系列求得多年平均流量 $Q=11.6\ m^3/s$,适线后得 $C_v=1.05$, $C_s=2.5C_v$,从皮尔逊Ⅲ型曲线模比系数表中查得不同频率的模比系数,并算得所需频率的年平均流量。例如,假定需水频率 $P=90\%$,算得 $Q_{90\%}=2.55\ m^3/s$。

(2)从实测资料中选择年平均流量最接近 $Q_{90\%}$ 的年份,即 1965 年、1980 年、1976 年,分别进行年、月平均流量缩放计算,见表 2-6。表 2-6 中,某年缩放比 $K=Q_{90\%}/$某年平均流量。由表 2-6 可见,1965 年缩小后的逐月平均流量最接近实测值,并且 5 月、6 月灌溉期径流量最小;经调节计算后,1965 年调节库容最大,故选定 1965 年为典型年。

表 2-6 某站用年水量控制的典型年径流过程计算($P=90\%$)

年份	缩放比 K	项目	月平均流量(m^3/s)										年平均流量(m^3/s)
			4 月	5 月	6 月	7 月	8 月	9 月	10 月	11 月	12 月	1~3 月	
1965	0.804	实测	7.30	2.44	1.36	7.71	7.01	6.62	4.69	0.66	0.003	0	3.17
		缩小后	5.87	1.96	1.09	6.20	5.64	5.31	3.77	0.53	0.002	0	2.55
		月分配率(%)	19.3	6.5	3.6	20.4	18.6	17.5	12.4	1.7	0	0	
1980	0.807	实测	1.27	4.21	13.2	7.22	1.28	6.31	3.91	0.68	0.015	0	3.16
		缩小后	1.02	3.40	10.6	5.83	1.03	5.09	3.16	0.55	0.012	0	2.55
1976	1.36	实测	1.41	10.3	8.02	0.71	1.32	0.38	0.14	0.05	0	0	1.88
		放大后	1.91	14.0	10.9	0.96	1.79	0.52	0.19	0.07	0	0	2.55

(3)根据1965年缩小后的逐月平均流量及其总和,推求各月平均流量占全年总量的百分率,即作为频率 $P=90\%$ 年径流的逐月分配过程。

2. 供水期水量控制同倍比缩放法

某站以4~6月春灌期水量为控制的同倍比缩放法计算步骤如下:

(1)统计历年4~6月天然来水量 $W_{4\sim6}$,计算4~6月多年平均来水量 $\overline{W}_{4\sim6}$ 为1.099亿 m^3,见表2-7。适线后,求得 $C_v=1.0$,$C_s=2.5C_v$,假定设计频率 $P=90\%$,由皮尔逊Ⅲ型曲线模比系数表查得 $W_{90\%}$ 为0.253亿 m^3。

表2-7 某站4~6月水量频率计算

年份	4~6月水量(亿 m^3)	序号	4~6月水量排队(亿 m^3)	K_i	$P(\%)$
1953	4.17	1	4.17	3.79	3.4
1954	1.83	2	2.68	2.44	6.9
1955	0.74	3	1.94	1.77	10.3
1956	1.35	4	1.90	1.73	13.8
1957	1.73	5	1.83	1.66	17.2
1958	1.90	6	1.73	1.57	20.7
1959	1.70	7	1.68	1.53	24.1
1960	1.94	8	1.68	1.53	27.5
1961	1.19	9	1.35	1.23	31.0
1962	0.57	10	1.19	1.08	34.5
1963	2.68	11	0.92	0.84	37.9
1964	0.54	12	0.87	0.79	41.4
1965	0.29	13	0.80	0.73	44.8
1966	0.63	14	0.79	0.72	48.3
1967	1.68	15	0.74	0.67	51.7
1968	0.22	16	0.70	0.64	55.2
1969	0.62	17	0.69	0.63	58.6
1970	0.87	18	0.63	0.57	62.1
1971	0.92	19	0.62	0.57	65.5
1972	0.36	20	0.57	0.52	69.0
1973	1.68	21	0.54	0.49	72.4
1974	0.69	22	0.52	0.47	75.9
1975	0.80	23	0.52	0.47	79.3
1976	0.52	24	0.49	0.44	82.8
1977	0.36	25	0.36	0.33	86.2
1978	0.58	26	0.35	0.31	89.7
1979	0.79	27	0.29	0.26	93.1
1980	0.49	28	0.22	0.20	96.6
平均	1.099				

(2)从 4~6 月实测水量系列中选择与 $W_{90\%}$ 水量相近的年份为 1965 年、1968 年,分别对 4~6 月平均流量进行缩放计算(缩放比分别为 0.872 和 1.150),测得频率为 $P=90\%$的两个设计年径流年内分配过程,见表 2-8。

表 2-8　某站典型年径流过程计算($P=90\%$)　(流量单位:m^3/s)

年份	缩放比 K	项目	月平均流量					
			4 月	5 月	6 月	7 月	8 月	9 月
1965	0.872	实测	7.30	2.44	1.36	7.71	7.01	6.62
		缩小后	6.37	2.13	1.19	6.72	6.11	6.77
		月分配率(%)	19.3	6.5	3.6	20.4	18.5	17.5
1968	1.150	实测	5.24	1.92	1.23	1.28	2.00	2.90
		放大后	6.03	2.21	1.42	1.47	2.30	2.25

年份	缩放比 K	项目	月平均流量				年平均流量
			10 月	11 月	12 月	1~3 月	
1965	0.872	实测	4.69	0.66	0.003	0	3.17
		缩小后	4.09	0.57	0.003	0	2.76
		月分配率(%)	12.4	1.8	0	0	
1968	1.150	实测	4.43	0.78	0.005	0.17	1.66
		放大后	5.09	0.90	0.006	0.20	1.91

(3)由表 2-8 可见,1965 年缩小后的 4~6 月平均流量较小并接近实测值,对 1965 年、1968 年径流年内分配过程进行调节计算后,1965 年调节库容相对较大,故选择 1965 年作为典型年。

(4)根据 1965 年缩小后的逐月平均流量及其总和,推求各月平均流量占全年总量百分率,以此作为 $P=90\%$年径流逐月分配过程。

一般来说,年水量与供水期控制的典型年径流的年内分配是不一致的,由于供水期水量控制同倍比缩放法考虑了直接与工程规模有关的供水期水量,因此要比年水量控制同倍比缩放法更为适用。

二、缺乏径流资料时河川径流量年内分配的计算

在缺乏径流资料时,可应用水文比拟法来确定设计年径流的年内分配。这时,需选择与特定区域自然地理条件相似的代表流域,将其典型年各月径流量占年径流量的百分比作为特定区域径流的年内分配过程。

当代表流域较难选定时,可以直接查用各省(市、自治区)编制的水文手册、水文图集中典型径流年内分配分区成果。

任务 2-3　河川径流量的多年变化

河川径流量的多年变化,较降水更为剧烈。我国代表性河流最大年径流量与最小年径流量倍比关系见表 2-9。由表 2-9 可见,长江以南各河流年径流量倍比一般小于 3;长江以北各河流年径流量倍比一般为 3~8,部分平原流域甚至更大。

在区域水资源分析计算中,河川径流量的多年变化一般可用年径流变差系数来反映,也可选择径流资料好、实测系列较长的代表站,通过丰水年、平水年、枯水年的周期分析和连丰、连枯变化规律分析等途径,深入研究河川径流量的多年变化情况。

一、年径流变差系数分析

一般来说,年径流变差系数越大,年径流多年之间变幅也就越大,反之亦然。以降雨补给为主的河流,年径流变差系数也有随着多年平均年径流深的增大而减小的趋势。我国长江以南诸河年径流变差系数一般在 0.5 以下,淮河、海河可达 1.0 以上,其中平原区又大于山区。干旱地区、盆地周围间歇性河流也在 0.8 以上,内蒙古中部和阴山北坡间歇性河流的变差系数可达 1.2 以上。但在我国西北、东北部分地区,特别是以冰雪融水或地下水补给为主的河流,年径流的年际变化较小,变差系数 C_v 一般为 0.1~0.3,西北部地区以冰川、融雪补给为主的河流,还具有干旱高温年份多水、湿润多雨年份少水的特点。

二、年径流的周期变化规律分析

水量研究成果表明,我国主要江河的年径流存在着一定的丰枯连续交替出现的周期性变化特点。我国主要江河年径流周期差积曲线分析成果见表 2-10。这种周期并不像数学周期函数那样规则,周期长度并不固定,振幅往往也有变动,这是因为年径流的多年变化除受各种周期性作用外,还受多种随机性因素的影响。在一般情况下,年径流多年变化周期分析可采用差积分析、方差分析、累积平均过程线分析和滑动平均过程线分析等方法,在此不再赘述。

三、年径流连丰、连枯变化规律分析

选择实测资料系列较长的代表站,对年径流系列进行频率计算,并将年径流分为丰($P<12.5\%$)、偏丰($P=12.5\%\sim37.5\%$)、平($P=37.5\%\sim62.5\%$)、偏枯($P=62.5\%\sim87.5\%$)和枯($P>87.5\%$)五级,进而分析年径流丰、枯连续出现的情况。例如,黄河在 60 年中,出现过连续 11 年(1922~1932 年)的枯水期,这一段的平均年径流量比正常年份少 24%;也出现过连续 9 年(1943~1951 年)的丰水期,这一段的平均年径流量比正常年份多 19%。松花江在近 80 年中也出现过连续 11 年(1898~1908 年)和连续 13 年(1916~1928 年)的枯水期,平均年径流量比正常年份少 40%;也出现过连续 7 年(1960~1966 年)的丰水期,平均年径流量比正常年份多 32%。海河近 60 年来连枯、连丰更是频繁,如 1919~1923 年、1927~1931 年、1941~1943 年、1946~1948 年、1965~1968 年、1971~1972 年等连续二三年甚至五年的干旱,也出现过 1954~1956 年、1963~1964 年连续二三年的洪涝。

表 2-9　我国代表性河流最大、最小年径流量倍比关系

河名	站名	集水面积（km^2）	系列年数		最大		最小		平均径流量（亿 m^3）	C_v	C_s/C_v	最大径流量与最小径流量倍比
			实测	延长后	径流量（亿 m^3）	年份	径流量（亿 m^3）	年份				
松花江	哈尔滨	390 526	42	82	847	1932	123	1920	385	0. 43	2. 0	6. 9
辽河	巨流河	129 311	41	41	111	1954	21. 1	1943	49. 5	0. 44	2. 0	5. 3
浑河	沈阳	7 919	40	42	43. 6	1960	8. 85	1943	22. 3	0. 42	2. 0	4. 9
太子河	辽阳	8 082	40	40	50. 1	1964	10. 8	1978	26. 7	0. 41	2. 0	4. 6
滦河	滦县	44 100	50	51	128	1959	16. 1	1936	47. 5	0. 54	2. 5	8. 0
潮白河	苏庄	17 595	58	62	64. 7	1939	3. 35	1941	18. 4	0. 74	2. 5	19. 3
北运河	通县	2 650	58	62	15. 1	1956	0. 86	1965	3. 84	0. 80	2. 5	17. 6
永定河	官厅	43 402	47	61	32. 5	1939	7. 16	1930	17. 8	0. 35	2. 5	4. 5
滹沱河	黄壁庄	23 272	52	56	65. 2	1954	7. 90	1931	22. 0	0. 58	3. 0	8. 3
漳河	观台	17 800	40	40	47. 4	1963	6. 93	1979	17. 9	0. 49	3. 0	6. 8
黄河	兰州	222 551	45	61	517	1967	163	1928	326	0. 22	2. 0	3. 2
黄河	三门峡	688 421	61	61	823	1964	242	1928	504	0. 25	2. 0	3. 4
黄河	花园口	730 036	31	61	1 004	1964	284	1928	564	0. 25	2. 0	3. 5
长江	寸滩	841 291	87	87	4 650	1949	2 560	1942	3 590	0. 12	2. 0	1. 8
长江	宜昌	1 005 501	100	100	6 037	1954	3 345	1942	4 530	0. 12	2. 0	1. 8

续表 2-9

河名	站名	集水面积（km^2）	系列年数		最大		最小		平均径流量（亿 m^3）	C_v	C_s/C_v	最大径流量与最小径流量倍比
			实测	延长后	径流量（亿 m^3）	年份	径流量（亿 m^3）	年份				
长江	大通	1 705 383	37	37	13 727	1954	7 321	1972	9 470	0. 13	2. 0	1. 9
金沙江	屏山	458 592	40	40	1 950	1965	1 070	1942	1 430	0. 16	2. 0	1. 8
岷江	高杨	135 378	40	40	1 300	1949	735	1972	944	0. 13	2. 0	1. 8
嘉陵江	北碚	166 142	37	37	993	1964	499	1959	685	0. 21	2. 0	2. 0
乌江	武隆	83 331	23	28	737	1954	325	1966	513	0. 19	2. 0	2. 3
赣江	外洲	80 918	30	30	1 091	1973	265	1963	682	0. 81	2. 0	4. 1
西江	梧洲	329 705	37	37	3 470	1915	1 070	1963	2 240	0. 21	2. 0	3. 2
柳江	柳州	40 785	37	37	539	1968	222	1963	410	0. 20	2. 0	2. 4
衙江	衙县	5 124	42	49	101	1954	31. 1	1963	56. 9	0. 30	2. 0	3. 2
富春江	芦茨埠	31 485	37	41	543	1951	173	1970	299	0. 29	2. 0	3. 1
闰江	竹岐	54 500	42	44	842	1987	276	1971	564	0. 23	2. 0	3. 1
富屯溪	洋口	12 669	40	40	221	1954	72. 3	1963	141	0. 28	2. 0	3. 1
健溪	七里街	14 787	40	40	247	1975	68. 9	1971	160	0. 31	2. 0	3. 6

表 2-10 我国主要江河年径流周期差积曲线分析成果

河名	站名	上升段		下降段		波动段		周期(a)	最大相对变幅
		起讫年份	年数	起讫年份	年数	起讫年份	年数		
嫩江	富拉尔基	1928~1974	46	1898~1928	30			76	13.6
松花江	哈尔滨	1929~1974	45	1898~1929	31			76	9.4
乌苏里江	兴凯润	1955~1975 1927~1939	20 12	1939~1955 1919~1927	16 8			28~36	4.1
滦河	滦县	1954~1960	6	1960~1977	17	1929~1954	25	周期不明显	3.2
潮白河	苏庄	1954~1960 1922~1926	6 4	1960~1977 1926~1949	17 23			27~34	
永定河	官厅	1949~1970	21	1919~1949	30			>50	5.0
滹沱河	黄壁庄	1944~1968	24	1918~1944	26			>50	9.5
黄河	三门峡	1933~1977	44	1919~1933	14			58	3.4
淮河	中渡	1937~1976	39	1917~1937	20			59	5.3
长江	寸滩					1893~1979	86	周期不明显	1.2
长江	宜昌					1878~1979	101	周期不明显	1.2
郁江	贵县	1904~1953	48	1952~1978	26			74	6.1
西江	梧州	1911~1953	42	1953~1979	26			68	3.9
伊犁河	雅马渡	1952~1961	9	1972~1979 1943~1952	7 9	1961~1972 1924~1943	11 19	周期不明显	1.2

注:本表摘引自《中国地表水资源》1984 年 4 月。

当缺乏长系列径流资料时,也可借用年降水量的多年变化分析成果,近似代替河川径流量的多年变化情况。有条件时,还应结合历史旱涝记载进行综合分析论证。

知识训练

1. 用等值线图如何推求多年径流量?

2. 有充分径流资料时河川径流量年内分配如何计算?

3. 已知河流某测站控制的流域面积 $F=1\ 000\ km^2$,年径流模数 $M=30\ L/(s\cdot km^2)$,年降水量 1 880 mm,试求年平均流量、年径流总量、年径流深和径流系数(一年以 365 天计)。

项目3　地下水资源量的计算

【学习指导】:

1. 了解地下水补给来源及影响因素。
2. 掌握水文地质参数的确定方法。
3. 掌握地下水资源评价方法与步骤。
4. 掌握水资源总量的计算方法。

地下水是水资源的重要组成部分。在区域水资源分析计算中,查清地下水资源的数量、质量及其时空分布特点,掌握地下水资源的循环补给规律,了解地下水与地表水之间的转化关系,不仅能为农业生产、水利规划提供科学依据,而且能为城市规划、工业布局及国防建设等提供可靠的依据。

任务3-1　评价类型区的划分与资源量的计算

地下水是埋藏在地下的一种自然资源,它具有与其他矿藏资源(石油、天然气、煤矿、铁矿等)显然不同的特点,主要表现在以下几个方面:

(1)地下水分布广泛,开采取用之后能够得到恢复。地下水分为浅层地下水和深层地下水。浅层地下水储存和运移在地下第一个不透水层以上的岩层中,主要接受大气降水和地表水的直接补给或间接补给,在合理开采利用的情况下,它可以通过不断补给而得到恢复,是工农业用水的理想水源。深层地下水储存在第一个不透水层以下的岩层中,埋藏较深,并且只受远处山区径流的补给,开采取用后恢复较慢。无论浅层地下水还是深层地下水,就其补给来源和可恢复性这一点来说,它们都是取之不尽的。

(2)地下水运动缓慢,调节能力强,水量稳定,有利于开发利用。地下水不断地被开采与消耗,继而又经常得到补给和恢复,这种循环不止的运动是相对缓慢的。如果开发利用得当,一年内可以自相调剂。或者在一定允许年度(二三年或多年)内,以丰补歉。地下水的这种调节作用,使其水量无论在年内还是在年际间变化都比较稳定,而它是工农业生产和国民经济建设有实用价值和宝贵的资源。

(3)地下水开采容易,但认识地下水开发利用的动态特征,要做长期的工作,地下水动态是地下水开采、补给、排泄等因素综合作用的结果,由于地下水的开采和消耗,水位下降,又由于地下水的补给和恢复,水位上升,这种盈亏相间式的天然或人为调节,实际上相当于地下水库的作用。地下水库是天然形成的,不像建造地面水库那样需集中大量的人力、物力、财力,开采地下水只要建造适当的取水建筑物就可以了。但是,要认识地下水的动态规律,往往要比认识地表水的规律困难得多。

区域地下水资源分析计算的对象一般指浅层地下水,评价的重点是水量。多数地区以分析矿化度不大于2 g/L的淡水资源为主,有些地区对矿化度2~5 g/L的微咸水及大于5 g/L咸水也进行计算与评价。

地下水资源计算的基本方法主要有四大储量法、地下水动力学法、数理统计法及水均衡法等。四大储量即地下水静储量、动储量、调节储量和开采储量。四大储量法由于没有考虑大气降水和地面水对地下水的补给,孤立地用地下水储量来评价,因而不能揭示地下水资源的组成,近年来已很少采用;地下水动力学法只能用于水力坡度变化较大和面积较小的地区,区域地表水资源计算应用比较困难;数理统计法不需要事先建立严格而复杂的成因公式,而直接建立各因子之间的相互关系,并通过数理统计方法获得所需成果,因此该法只能在特定条件下和观测试验数据范围内(或外延幅度不大)应用;水均衡法建立在地下水各补给项、排泄项和地下含水层蓄变量等区域水平衡分析的基础上,是平原区地下水资源学使用的计算方法,本项目主要介绍这种方法。

一、评价类型区的划分

评价类型区可以分为计算分区及成果汇总分区两大类。

(一)计算分区

为了正确地计算和评价地下水资源,应当根据地形地貌特征、地下水类型和水文地质条件等,将评价区划分为若干计算分区,以便对不同计算分区地下水资源采用不同的计算方法。

1. 一级区与一级亚区

在区域面积较大时,可按地形地貌特征和地下水类型,将评价区划分为山丘区、平原区、沙漠区和内陆闭合盆地平原区,称为一级区。其中,山丘区按次级地形地貌特征、含水层岩性及地下水类型又可划分为一般山丘区、岩溶山丘区、黄土高原区、山间盆地平原区,还可划分为淡水区(矿化度小于 2 g/L)、微咸水区(矿化度为 2~5 g/L)、咸水区(矿化度大于 5 g/L),均称为一级亚区。

山丘区一般由基岩构成,地形为绵延起伏的高地,与周围平地的交界处有一明显的坡度转折。其中,一般山丘区是由非可溶岩构成的山地或丘陵,地下水类型以基岩裂隙水为主;岩溶山丘区是由可溶岩构成的山地,地下水类型以岩溶水为主;黄土高原区海拔较高,边缘地带坡度陡,周围沟谷环绕,顶部较为平坦,地下水类型以黄土孔隙水为主;山间盆地平原区山谷开阔,四周被群山环抱,多是椭圆形盆式地形,分布于江河两岸,地下水类型以第四系孔隙水为主。

平原区包括高平原和低平原两类。海拔高度为 200~500 m,顶面平坦的高地为高平原,如内蒙古呼伦贝尔高平原等。海拔高度低于 200 m,地面起伏很小,切割微弱(相对高度一般在 50 m 以下),或略有起伏,边缘无陡坡的宽广平地为低平原,如黑龙江省兰江低平原,穆棱与兴凯低平原等。平原区地下水类型以第四系孔隙水为主。

沙漠区发育在降水量小、蒸发量大的干旱气候区,植被稀疏矮小,地表波状起伏,广泛分布松散、裸露的砂和砾石,故又称“荒漠”。地下水类型以沙漠孔隙水为主。

内陆闭合盆地平原区具有山丘区山间盆地的特征,所不同的是,前者盆地闭合、规模巨大,盆地内的河流均为内流水系,如青海柴达木盆地、新疆准噶尔盆地。地下水类型以第四系孔隙水为主。

2. 二级区与三级区

根据区域内的水文地质条件,可将平原区、沙漠区、内陆闭合盆地平原区及山间盆地平原区划分为若干水文地质区(二级区),根据地表水系二级流域界线和次级地形地貌特征,可将一般山丘区、岩溶山丘区和黄土高原区划分为若干二级区。在二级区内,根据地下水埋深、包气带岩性、植被及地质构造特征等,又可划分为若干平衡计算区,称为三级区,它是确定地下水各种计算参数和资源量的最小单元。

(二)成果汇总分区

1. 按流域分区

为了便于计算总水资源量,满足水资源规划和地下水开发利用的基本要求,也可按流域、水系进行分区。例如,我国按主要流域水系划分为十大流域片(一级区),又进一步划分了若干亚区、二级区等,详见表3-1。

表3-1　我国地下水资源调查和评价分区

一级区	亚区	二级区
黑龙江流域	黑龙江	①额尔古纳河;②黑龙江干流;③乌苏里江(包括绥芬河)
	松花江	④嫩江;⑤第二松花江;⑥松花江干流
辽河流域及鸭绿江、图们江流域		①辽河(包括浑太河);②鸭绿江;③图们江;④黄海、渤海沿海诸河
海滦河流域(包括海河、滦河、冀东沿海诸河)		①滦河(包括冀东沿海诸河)
	海河	②海河南系;③海河北系;④徒骇河、马颊河
黄河流域	黄河上游	①湟河;②洮河;③兰州以上干流区间;④兰州至河口镇干流区间
	黄河中游	⑤河口镇至龙门干流区间;⑥汾河;⑦泾河;⑧洛河;⑨渭河;⑩龙门至三门峡干流区间;⑪伊洛河;⑫沁河;⑬三门峡至花园口干流区间
	黄河下游	⑭花园口以下
附:		黄河闭流区
淮河流域	淮河	①洪泽湖以上;②淮河下游平原
		③沂沭泗河;④山东沿海诸河
长江流域	长江上游	①金沙江;②岷沱江;③嘉陵江;④乌江;⑤长江上游干流区间(宜宾至宜昌)
	长江中游	⑥洞庭湖;⑦汉江;⑧鄱阳湖;⑨长江中游干流区间(宜昌至湖口)
	长江下游	⑩太湖区;⑪长江下游干流区间(湖口至河口)
珠江流域	西江	①南北盘江;②红柳黔江;③左右郁江;④西江下游干流
		⑤北江;⑥车江;⑦珠江三角洲;⑧韩江;⑨粤东沿海;⑩桂南粤西沿海
浙闽台诸河		①钱塘江;②浙东沿海诸河;③灵江、瓯江及浙南沿海诸河;④闽江;⑤闽东沿海诸河;⑥闽南诸河;⑦台湾诸河

续表 3-1

一级区	亚区	二级区
西南诸河		①雅鲁藏布江；②藏西诸河；③藏南诸河；④怒江；⑤澜沧江；⑥无江；⑦滇西诸河
	新疆内陆诸河	①内蒙古内陆河；②河西内陆河
		③准噶尔；④中亚西亚内陆河；⑤塔里木河
		⑥青海内陆河；⑦羌塘内陆诸河
附：		额尔齐斯河

2. 按行政界限分区

在地下水资源分析计算中，当需要根据行政区划进行水资源成果汇总时，省（市、自治区）可列为一级区，地（盟、自治州）为二级区，县（旗）为三级区，其下依次类推。

二、计算的资源量

地下水资源量的计算项一般包括补给量和排泄量，有时也需计算地下水的可开采量。

如前所述，不同计算分区内地下水的补给、排泄特性差别很大，地下水资源计算的项量、方法也应有所不同。总的来说，一般山丘区、岩溶山丘区及黄土高塬丘陵沟壑区（以下称为山丘区）地下水资源的计算项量、方法大体相同；平原区、山间盆地平原区及黄土高原塬台阶地区（以下称为平原区）地下水资源的计算项量、方法相近似；沙漠区及内陆闭合盆地平原区地下水资源的计算项量、方法与平原区类同。

目前，直接计算山丘区地下水补给量的资料还不充分，因此可根据多年平均总补给量等于总排泄量的原理，用地下水的排泄量近似作为补给量。山丘区地下水的总排泄量包括河川径流的山前泉水出露总量、山间盆地潜水蒸发量和浅层地下水实际开采的净消耗量等。

平原区地下水的总补给量包括降水入渗补给量、河道渗漏补给量、山前侧向流入补给量、渠系渗漏补给量、水库（湖泊、闸坝）蓄水渗漏补给量、渠灌田间入渗补给量、越流补给量、人口回灌补给量。平原区地下水的总排泄量包括潜水蒸发量、人工开采净消耗量、河道排泄量、侧向流出量和越流排泄量等。

任务 3-2　山丘区地下水补给量（排泄量）的计算

一、河川基流量计算

（一）基本概念

山丘区河流坡度陡、河床切割较深，水文站测得的逐日平均流量过程线既包括地表径流，又包括河川基流，加之山丘区下垫面的不透水层相对较浅，河川基流基本是通过与河流无水力联系的裂隙水补给的，因此河川基流量可以用分割流量过程线的方法来推求，见图 3-1。

我国北方河流封冻期较长，10 月以后降水很少，河川径流基本由地下水补给，其变化

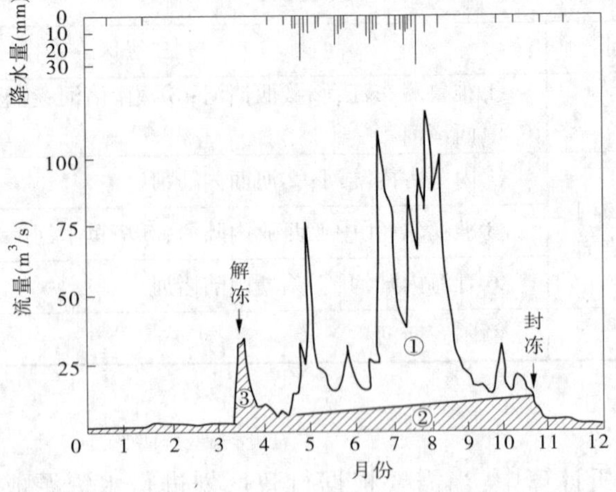

①—本流域降水所产生的地表径流;②—降水对本流域浅层地下水补给的河川基流量;③—凌汛水量

图3-1 某站退水转折点分析及分割示意图

较为稳定。因此,稳定封冻着的河川基流量,可以近似用实测河川径流量来代替。

在冬春季水量较小的情况下,凌汛水量主要是冬春季被拦蓄在河槽里的地下径流因气温升高而急剧释放形成的,因此可将凌汛水量近似作为河川基流量。

(二)分析代表站的选择

河川基流量由分割区域内代表站的实测流量过程线后计算得来。选择代表站时应当满足下列条件:

(1)代表站控制的流域为闭合流域,即地表水与地下水的分水线基本一致。

(2)选定的代表站在地形、地貌、植被和水文地质条件上,应具有足够的代表性。

(3)代表流域面积一般应大于200 km^2、小于5 000 km^2。水文站稀少的区域,超出一定面积界限的水文站也可适当选用。所选站点应力求面上分布均匀。

(4)代表站实测流量资料系列较长,至少应具有包括丰、平、枯典型年在内的10年以上实测流量资料。

(5)代表站以上流域不受人类活动影响,或影响较小。

(三)目前常用的几种水文分割法

1.直线平割法

将枯季(畅流期)最小平均(最小日平均、最小月平均、连续几个月最小平均等)流量视作基流平行分割全年流量过程线,直线以上部分为地表径流,直线以下部分即为河川基流量。

直线平割法的精度取决于所选最小流量是否合适。在降水比较集中的情况下,枯水期持续时间一般较长,河川径流量往往降低到最小值,用最小日平均流量分割得出的河川基流量偏小,可作为河川基流量的下限值,在降水年内分配比较均匀的情况下,河川径流量始终较大,用最小月平均流量分割得出的基流量也往往偏大,可作为河川基流量的上限值。直线平割法是一种简化方法,工作量较小,但精度不高,尤其是面积较大的区域,宜与其他比较精确的方法比较后采用。

2. 直线斜割法

在逐日平均流量过程线上，自起涨点至峰后无雨情况下退水段的转折点（又称拐点）处，以直线相连，直线以下部分即为河川基流量，退水转折点可用下列几种方法确定。

1）综合退水曲线法

绘制历年或包括丰水、平水、枯水年在内的逐年日平均流量过程线、降水量过程线（流量过程线纵坐标、横坐标比例尺要历年一致）。选择峰后无雨、退水时间较长的退水段若干条，将各退水段在水平方向上移动，使其尾部重合，做出外包线，即为综合退水曲线。把综合退水曲线绘在透明线上，再在欲分割的流量过程线上水平移动，使其与实测流量过程线退水段尾部相重合，两条曲线的分叉处即为退水转折点。

北方河流常有春汛、夏汛之分，二者退水规律有较大的差别。在这种情况下，可以根据不同月份、不同流量、连续洪峰或孤立洪峰等因素，分别组合求出不同情况下的综合退水曲线和退水转折点，以备分割基流时应用。

2）消退流量比值法

最简单的退水曲线方程为

$$Q_i = Q_0 e^{-\beta t} \tag{3-1}$$

式中 Q_i——退水开始后 t 天的流量，m^3/s；

Q_0——退水开始时的流量，m^3/s；

e——自然对数的底；

β——消退系数，d^{-1}；

t——时间，d。

根据式（3-1）分别计算各时段末与时段初流量比，即

$$\frac{Q_1}{Q_0} = e^{-\beta_1(t_1-t_0)}$$

$$\frac{Q_2}{Q_1} = e^{-\beta_2(t_2-t_1)}$$

$$\frac{Q_n}{Q_{n-1}} = e^{-\beta_n(t_n-t_{n-1})} = e^{-\beta_n \Delta t}$$

取 $\Delta t = t_n - t_{n-1}$ 为定值，当 $\beta_1 = \beta_2 = \cdots = \beta_n = \beta$ 时，$e^{-\beta\Delta t}$ 为常数，自退水开始，逐时段计算时段始、末的流量比，其值由小变大，并且逐渐趋于稳定。如发现相邻几个时段的比值都接近常数，则认为接近常数的开始时间即为退水转折点。

3）消退系数比较法

地表径流与地下径流有不同的消退系数，地表径流消退快，β 值大；地下径流消退缓慢，β 值小。将流域综合退水曲线点绘在半对数格纸上，常呈现坡度不同的两条直线，坡度大的一段为地表径流的消退过程，两条直线的交叉点便为地表径流与地下径流的分界点，即退水转折点，见图3-2。由图3-2可以看出，因该站春、秋季退水规律不同，其退水转折点也不相同（春季退水转折点流量为4.8 m^3/s，秋季退水转折点流量为9 m^3/s）。

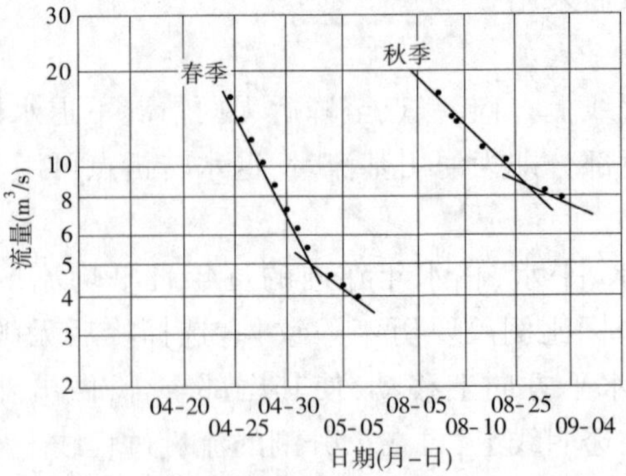

图 3-2 某站退水转折点分析示意图

3. 经验关系法

我国北方地区降水量相对较小,年内分配比较集中,流量过程线多为单峰型,退水段比较规则,容易绘制流域综合退水曲线,进而确定退水转折点。但在南方湿润地区,降水量和降水日数均较多,峰后无降水的时段不长,流量过程线多呈复式峰,很难用上述方法分析、确定综合退水曲线和退水转折点。在这种情况下,可采用经验公式确定退水转折点,例如:

美国 $$N=A^{0.2} \tag{3-2}$$

我国鲁北地区 $$T=F^{0.22}$$

$$Q_{基}=0.003R_{河川}\ F^{0.75} \tag{3-3}$$

江西省 $$Q_{基}=0.11F^{0.7} \tag{3-4}$$

式中 N——洪峰至退水转折点的天数,d;

A——集水面积,$mile^2$,1 $mile^2$ = 2.59 km^2;

T——洪峰起涨点至退水转折点的天数,d;

F——集水面积,km^2;

$Q_{基}$——退水转折点处流量,m^3/s;

$R_{河川}$——次洪水径流深,mm。

式(3-2)~式(3-4)中各项符号意义见图 3-3。

在上述公式中,集水面积综合反映了流域平均坡度、河长、汇流时间等因素,次洪水径流深的大小则反映了次降水量的大小。但是,仅用这些参数来确定地表水与地下水的分界点这个复杂的水文现象,还是比较粗糙的。经验公式是根据实测资料综合得来的,在一个地区内部可以起到多种计算成果相互协调的作用,但其本身却具有较大的地区性。用经验关系法确定退水转折点时,应充分考虑本区域的实际情况,合理选配公式的参数。

4. 加里宁试算法

1) 基本原理

如前所述,山丘区河川基流量一般由与河流无水力联系的基岩裂隙水补给,因此若假定含水层的来水量与地表径流之间存在比例关系,则有下列近似的水量平衡方程:

$$W_1 = W_0 + BW_{表} - W_{基} \tag{3-5}$$

式中 W_1、W_0——时段末、时段初含水层储量,$m^3/(s \cdot d)$;

B——比例系数;

$W_{表}$——计算时段内的地表径流量，$m^3/(s \cdot d)$；

$W_{基}$——计算时段内的河川基流量，$m^3/(s \cdot d)$。

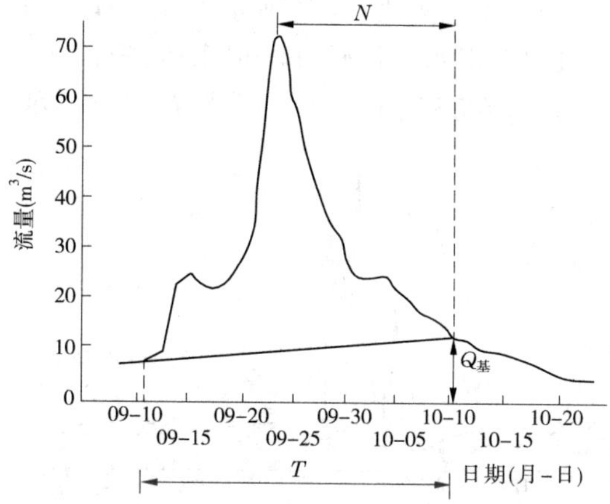

图 3-3　某站逐日平均流量过程线示意图

对退水曲线方程式(3-1)积分得：

$$W_0 = \int_0^{\infty} Q_0 e^{-\beta t} dt = \frac{Q_0}{\beta} \tag{3-6}$$

将式(3-6)代入式(3-5)经过变换得：

$$W_1 = \frac{Q_0}{\beta} + B(\overline{Q}_{河川} - Q_{基})\Delta t - Q_{基}\Delta t \tag{3-7}$$

式中　$\overline{Q}_{河川}$——计算时段内平均河川径流量，m^3/s；

$Q_{基}$——计算时段的前一时段的河川基流量，m^3/s；

Δt——计算时段，计算时段不宜取得过长，d；

其他符号意义同前。

利用式(3-7)即可根据假定的 B 值进行水量平衡演算，求出 $Q_{基}$，将 $Q_{基}$点绘在流量过程线上。如果发现个别时段的河川基流量大于实测河川径流量或河川基流量过小(有时为负值)，则需调整 B 值另行演算，直至退水拐点以后的逐日河川径流过程与推得的河川基流过程一致。

2)方法步骤

应用加里宁试算法计算河川基流量的具体步骤如下：

(1)点绘日平均流量过程线，在流量过程线上选取峰后无雨，退水规律较好的退水段，按下式计算消退系数 β：

$$\beta = \frac{\ln Q_0}{t} \tag{3-8}$$

式中符号意义同式(3-1)。

(2)用平割法割去深层地下水补给量。

(3)计算时段平均流量(计算时段可取 5~10 d)。

(4)假定 B 值和第一个时段的 $Q_{基}$，按式(3-7)逐时段演算出 $Q_{基}$。

(5)点绘 $Q_{基}$ 过程线，检查其流量与过程线(重点是退水段尾部)的配合是否合理。

当出现不合理现象时,则需另行假定 B 值重复上述演算。

3) 计算实例

苏联中亚地区楚河属于山区性河段,柯契柯尔卡站 1941 年逐日平均流量过程线如图 3-4 所示。摘取不受降水影响、退水规律较好的退水段,根据式(3-8)计算退水系数 β 值为 0.005 d^{-1}。设第一时段的 $Q_{基}=7.95\ m^3/s$,比例系数 $B=1.5$。列表 3-2 按下列步骤演算:

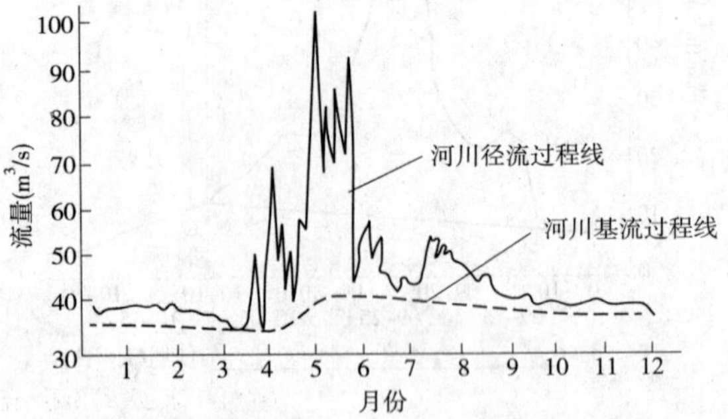

图 3-4 苏联楚河柯契柯尔卡站 1941 年逐日平均流量过程线

表 3-2 苏联楚河柯契柯尔卡站河川基流量计算

月 旬	ΣQ (m^3/s)	$\overline{Q}$ (m^3/s)	W ($m^3/(s \cdot d)$)	$Q_{基}=\beta \cdot W$ (m^3/s)	$\overline{Q}-Q_{基}$ (m^3/s)	$\Delta t \cdot B(\overline{Q}-Q_{基})$ ($m^3/(s \cdot d)$)	$\Delta t \cdot Q_{基}$ ($m^3/(s \cdot d)$)
①	②	③	④	⑤	⑥	⑦	⑧
1 1	100	10.0	1 590	7.95	2.7	40	79.5
1 2	107	10.7	1 550	7.80	2.6	39	78.0
1 3	104	10.4	1 511	7.60	3.0	45	76.0
2 1	106	10.6	1 480	7.40	2.6	39	74.0
⋮	⋮	⋮	⋮	⋮	⋮	⋮	⋮
5 1	204	20.4	1 340	6.70	20.5	307	67.0
5 2	272	27.2	1 583	7.90	52.0	780	79.0
5 3	599	59.9	2 281	11.4	35.6	534	114.0
⋮	⋮	⋮	⋮	⋮	⋮	⋮	⋮

注:Δt 均为 10 d。

(1) 第一时段④=⑤/β。

(2) 从逐日平均流量中扣除深层地下水补给量(深层地下水补给量可参照多年的最小流量来确定(本站约为 30 m^3/s),计算时段总流量 ΣQ=②,时段平均流量 $\overline{Q}=\Sigma Q/10$=③)。

(3) ⑥=后一时段的③-⑤,⑦=10×B×⑥,⑧=10×⑤。

(4) 第二个时段④=第一时段④+⑦-⑧,第二阶段⑤=第二时段④×β,其后逐时段以此类推。

(5) 将表中第⑤栏 $Q_{基}$ 值点绘在图 3-4 上,若计算的河川基流过程线与逐日平均流量过程线配合不尽合理,则需另行假定 B 值重复上述演算过程,直至两者比较接近时。

(6) 将第⑧栏数值累加,即得河川基流量。分析成果表明,该站河川基流量约占河川径流量的 70%,这是因为该流域是由深厚、易透水的粗砂粒构成的,因此地下水补给量的比重较大。

（四）多年平均及不同频率年河川基流量的计算

1. 多年平均河川基流量

多年平均年河川基流量计算可按下列步骤进行：

（1）根据若干分割基流年份的河川径流量与相应年份河川基流量绘制相关图，见图3-5，河川基流量随着河川径流量的增大而增大，当河川径流量增大到一定程度后，河川基流量增加甚微，并逐渐趋近于一个常数。

（2）根据逐年河川径流量，由图3-5查得分割基流的河川基流量，并计算其多年平均值。

若对所有年份河川径流量都进行基流分割，则可直接计算多年平均年河川基流量。

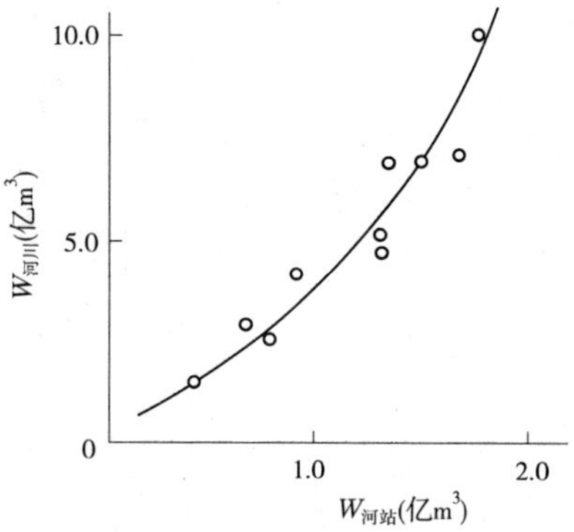

图3-5　某站河川径流量与河川基流量相关图

2. 不同频率年河川基流量

1）数理统计法

受水文地质条件的限制，河川基流量频率曲线有时呈向上凸的形状，此时可用以下方法确定频率曲线的统计参数。

阿伦河乌司门站河川基流量经验频率曲线如图3-6(a)所示。图3-6中所示频率曲线，其 C_v 为负值，为了直接应用现行皮尔逊Ⅲ型曲线计算不同频率河川基流量，可对图3-6(a)频率曲线进行转换，为此引入一个新变量 $W'_{基}$，并设 M 为一个大于实际 $W_{基}$ 的常数值（计算成果不受 M 值影响），使 $W'_{基}=M-W_{基}$，其频率曲线如图3-6(b)所示。再以纵坐标为轴，将图3-6(b)旋转180°，转换为图3-7。

图3-7便是熟知的频率曲线，可以用皮尔逊Ⅲ型曲线适线，或用三点法计算其统计参数 $\overline{W'}_{基}$、σ'、C'_v、C'_s（方法同项目2任务1-2）。求得新变量 $W'_{基}$ 的上述参数后，便可通过新变量与原变量之间的转移关系，由新变量的参数间接推求原变量 $W_{基}$ 的参数 $W_{基}$、σ、C_v、C_s，转换公式简单推求如下：

（1）均值 $\overline{W}_{基}$ 的计算式。

由于 $\overline{W'}_{基}=M-W_{基}$，即 $W_{基}=M-W'_{基}$，对系列求均值，则有：

$$\overline{W}_{基} = \frac{1}{n}\sum_{i=1}^{n} W_{基i} = M - \frac{1}{n}\sum_{i=1}^{n} W_{基i} = M - \overline{W} \tag{3-9}$$

（2）均方差 σ 的计算公式。

$$\sigma = \sqrt{\frac{\sum_{i=1}^{n}(W_{基i} - W'_{基})^2}{n-1}} = \sqrt{\frac{\sum_{i=1}^{n}[(M - W'_{基i}) - (M - \overline{W'}_{基})]^2}{n-1}}$$

$$= \sqrt{\frac{\sum_{i=1}^{n}(W_{基i} - \overline{W'}_{基})^2}{n-1}} = \sigma' \tag{3-10}$$

（3）变差系数 C_v 的计算式。

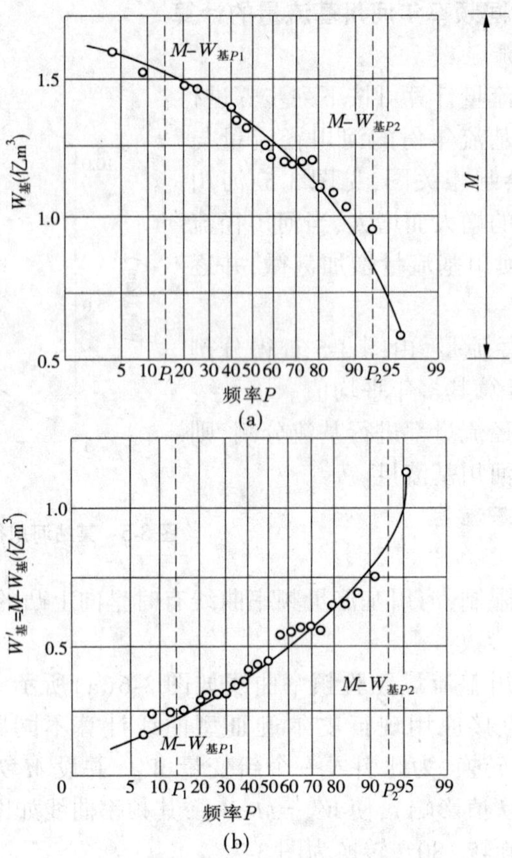

图 3-6 阿伦河乌司门站河川基流量经验频率曲线

图 3-7 新变量 $W'_{基}$ 经验频率曲线

$$C_v = \frac{\sigma}{\overline{W}_{基}} = \frac{\sigma'}{M - \overline{W}'_{基}} \tag{3-11}$$

(4)偏态系数 C_s 的计算式。

$$C_s = \frac{\sum_{i=1}^{n}(W_{基i} - \overline{W}_{基})^3}{(n-3)\sigma^3} = \frac{\sum_{i=1}^{n}(M - W'_{基}) - (M - \overline{W}'_{基})^3}{(n-3)\sigma^3}$$

$$= \frac{\sum_{i=1}^{n}(W'_{基i} - \overline{W}'_{基})^3}{(n-3)\sigma^3} = - C'_s \tag{3-12}$$

(5)原变量 $W_{基}$ 和新变量 $W'_{基}$ 相应的频率转换。

原变量 $W_{基}$ 大于或等于某一定值 u 的频率，与新变量 $W'_{基}$ 大于或等于相应定值 $(M-u)$ 频率间的转换关系，可以写作：

$$P(W_{基} \geqslant u) = P(M - W'_{基} \geqslant u) = P(W'_{基} \leqslant M - u) = 1 - P(W'_{基} \geqslant M - u) \tag{3-13}$$

式(3-9)~式(3-13)便是新变量与原变量频率曲线统计参数的转换关系式。

根据以上公式，计算阿伦河乌司门站不同频率河川基流量步骤如下：

(1)将逐年河川基流量按大小顺序排列，并计算其经验频率，见表3-3。

表3-3 阿伦河乌司门站河川基流量频率计算结果

年份	$W_{基}$ (亿 m^3)	序号	$W_{基i}$ (亿 m^3)	$P=m/(n+1)$ (%)	M	$W'_{基i}=M-W_{基i}$
1956	1.50	1	1.60	4	1.7	1.08
1957	1.51	2	1.51	8	1.7	0.77
1958	1.32	3	1.50	12	1.7	0.64
1959	1.39	4	1.49	16	1.7	0.60
1960	1.60	5	1.47	20	1.7	0.58
1961	1.20	6	1.44	24	1.7	0.50
1962	1.41	7	1.44	28	1.7	0.50
1963	1.44	8	1.43	32	1.7	0.50
1964	1.10	9	1.41	36	1.7	0.48
1965	1.32	10	1.39	40	1.7	0.48
1966	1.49	11	1.35	44	1.7	0.43
1967	1.22	12	1.32	48	1.7	0.38
1968	1.22	13	1.32	52	1.7	0.38
1969	1.43	14	1.27	56	1.7	0.35

续表 3-3

年份	$W_{基}$ (亿 m^3)	序号	$W_{基i}$ (亿 m^3)	$P=m/(n+1)$ (%)	M	$W'_{基i}=M-W_{基i}$
1970	1.44	15	1.22	60	1.7	0.31
1971	1.06	16	1.22	64	1.7	0.29
1972	1.27	17	1.20	68	1.7	0.27
1973	1.35	18	1.20	72	1.7	0.26
1974	0.62	19	1.20	76	1.7	0.26
1975	1.12	20	1.12	80	1.7	0.23
1976	1.20	21	1.10	84	1.7	0.21
1977	1.47	22	1.06	88	1.7	0.20
1978	1.20	23	0.93	92	1.7	0.19
1979	0.93	24	0.62	96	1.7	0.10

注:表中 $W'_{基i}$ 是按由大到小顺序排列的。

(2)绘制经验频率曲线 $W_{基}\sim P$,见图 3-6(a)。设 $M=1.7$,计算新变量 $W'_{基}$(见表 3-3),并绘制新变量经验频率 $\overline{W}'_{基}\sim P$ 曲线,见图 3-6(b)。

(3)用三点法计算新变量 $\overline{W}'_{基}$的统计参数,得 $W'_{基}=0.42$ 亿 m^3,$\sigma'=0.251$ 亿 m^3,$C'_v=0.59$,$C'_s=1.30$。

(4)由式(3-9)~式(3-12)计算原变量的统计参数,即:

$$\overline{W}_{基}=M-W'_{基}=1.70-0.42=1.28(\text{亿 m}^3)$$

$$C_v=\frac{\sigma}{M-W'_{基}}=\frac{0.251}{1.70-0.42}=0.20$$

$$C_s=-C'_s=-1.30$$

(5)计算新变量不同频率的河川基流量,再按式(3-9)和式(3-13)转换成原变量不同频率的河川基流量,计算成果见表 3-4。

表 3-4 阿伦河乌司门站不同频率河川基流量计算结果

新变量				原变量	
$P(W'_{基})$(%)	σ'	$K'_p=1+\phi' C'_v$	$W'_{基}=K'_p\overline{W'_{基}}$	$P(W_{基})=1-P(W'_{基})$(%)	$W_{基p}=M-W'_{基p}$
80	−0.84	0.504	0.21	20	1.49
50	−0.21	0.876	0.37	50	1.33
25	0.51	1.301	0.55	75	1.15
5	1.92	2.133	0.90	95	0.89

注:表中 ϕ'由皮尔逊Ⅲ型曲线的离均系数 ϕ 值表查得。

2)典型年法

假定河川基流量与河川径流量是同频率出现的,则可根据不同频率的河川径流量,推求不同频率的河川基流量,其做法是:

(1)对实测河川年径流系列进行频率计算,计算得不同频率的年径流量,然后选择相应频率的典型年。

(2)绘制各典型年日平均流量过程线,按直线斜割法分割基流,即得相应频率的年河川基流量。

(五)区域河川基流量的计算

在单站河川基流量计算的基础上,还需进一步计算整个区域的河川基流量,目前一般采用下列几种方法计算。

1.模数分区法

模数分区法的具体计算步骤是:

(1)分别计算区域内各分割基流站的多年平均河川基流模数,计算公式为

$$\overline{M}_{站} = \frac{\overline{W}_{基}}{f} \tag{3-14}$$

式中　$\overline{M}_{站}$——测站多年平均河川基流模数,万 $m^3/(km^2 \cdot a)$;

$\overline{W}_{基}$——测站多年平均河川基流量,万 m^3/a;

f——测站集水面积,km^2。

(2)考虑植被、岩性及地质构造等特征,将区域划分为若干均衡计算区,每个均衡计算区包括一个或几个分割基流的测站。

(3)各均衡计算区的平均基流模数,可用各站基流模数按代表面积加权平均法求得,计算公式为

$$\overline{M} = \frac{\sum_{i=1}^{n} M_{站i} f_{站i}}{\sum_{i=1}^{n} f_{站i}} \tag{3-15}$$

式中　$\overline{M}$——均衡计算区平均基流模数,万 $m^3/(km^2 \cdot a)$;

$f_{站i}$——均衡计算区内测站的代表面积,km^2,即测站在均衡计算区内的控制面积;

其他符号意义同前。

(4)计算区域河川基流量,计算公式为

$$\overline{W}_{基} = \sum_{i=1}^{n} \overline{M}_i F_i \tag{3-16}$$

式中　$W_{基}$——区域河川基流量,万 m^3;

$\overline{M}_i$——各均衡计算区平均基流模数,万 $m^3/(km^2 \cdot a)$;

F_i——各均衡计算区的面积,km^2。

黑龙江省科(科洛河)、讷(讷谟尔河)、逊(逊毕拉河)区域如图 3-8 所示。区内包括平原区和山丘区,共有 7 处水文站。

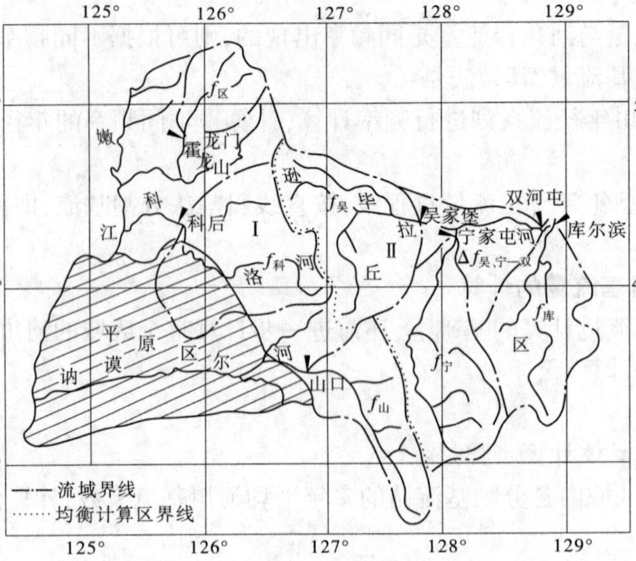

图 3-8　黑龙江省科、讷、逊区域水系图

根据地貌及水文地质条件将山丘区划分成两个均衡计算区(Ⅰ区、Ⅱ区)，Ⅰ区内有霍龙门、科后、山口水文站；Ⅱ区内有吴家堡、宁家屯、双河屯、库尔滨水文站。计算全区河川基流量的步骤如下：

(1)按式(3-14)计算各站基流模数 $M_{霍}$、$M_{科}$、$M_{山}$、$M_{吴}$、$M_{宁}$、$M_{库}$ 和 $M_{吴、宁—双}$(吴家堡、宁家屯至双河屯的区间基流模数，由双河屯站河川基流量减去吴家堡站与宁家屯站河川基流量，再除以区间面积而得)。

(2)按式(3-15)分别计算两个均衡计算区平均基流数 $\overline{M}_{\mathrm{I}}$、$\overline{M}_{\mathrm{II}}$，即

$$\overline{M}_{\mathrm{I}} = \frac{M_{霍} f_{霍} + M_{科} f_{科} + M_{山} f_{山}}{f_{霍} + f_{科} + f_{山}}$$

$$\overline{M}_{\mathrm{II}} = \frac{M_{吴} f_{吴} + M_{宁} f_{宁} + M_{库} f_{库} + M_{吴、宁—双} f_{吴、宁—双}}{f_{双} + f_{库}}$$

式中　$f_{霍}$、$f_{科}$、…——各站代表面积，km^2；

$f_{双} = f_{吴} + f_{宁} + \Delta f_{吴、宁—双}$

其他符号意义同前。

(3)按式(3-16)计算科、讷、逊全区河川基流量 $\overline{W}_{基}$，即

$$\overline{W}_{基} = \overline{M}_{\mathrm{I}} F_{\mathrm{I}} + \overline{M}_{\mathrm{II}} F_{\mathrm{II}}$$

式中　F_{I}、F_{II}——Ⅰ区、Ⅱ区的面积，km^2。

其他符号意义同前。

2. 等值线法

在水文地质条件比较单一的区域，可以用等值线的方法计算河川基流量，具体步骤如下：

(1)计算区域内各代表站的多年平均年河川基流深，将其标绘于地形图上各站集水

面积重心处。

(2)参照地形、地貌和水文地质图勾绘多年平均年基流深等值线图,量算各等值线间的面积。

(3)按下式计算全区多年平均年河川基流量:

$$\overline{W}_{基} = 10^{-5}\sum_{i=1}^{n} f_i \overline{R}_i \tag{3-17}$$

式中　$\overline{W}_{基}$——全区多年平均河川基流量,亿 m^3;

f_i——任意两条等值线间的面积,km^2;

$\overline{R}_i$——相邻两条等值线基流深的算术平均值,mm。

(六)基流模数的合理性检查

上述几种河川基流量分割法的基本出发点,均为从实测流量过程线中粗略地划分出地表径流和地下径流,然后计算地下水资源量。这些方法虽然简单易行,但都存在经验性和任意性,特别是直线斜割法中退水转折点的确定,常会因人而异。因此,在分割基流时应尽量统一标准,并注意采取多种途径,对各单站基流模数进行合理性分析与检查。

1. 上、下游站基流模数的对照检查

在同一条河流上,一般上游河床切割深度大于下游。河床切割越深,河川径流中地下水的比重越大,因此上游站的基流模数一般大于下游站。当发现上、下游站基流模数的大小不符合上述规律时,应寻找原因并作必要的修正。

2. 与多年平均降水量、径流深等值线图相对照

河川基流和河川径流都来源于降水,基流模数的地区变化一般应与多年平均降水量、径流深等值线的总趋势一致。在进行基流模数分区和绘制基流深等值线图时,要注意基流模数及基流深等值线与多年平均降水量、径流深等值线的走向是否大体一致,高、低值区的地区分布是否相应。

3. 与地形、岩性、植被等下垫面条件相对照

河川基流除受降水、蒸发、径流的影响外,还与地形、岩性、植被等下垫面条件密切相关。一般来说,降水量变化大、植被较好的地区基流模数大,易渗漏、易透水岩性地区的基流模数大;反之亦然。

二、其他排泄量计算

(一)河床潜流量

当河床中有松散沉积物时,松散沉积物中的径流量称为河床潜流量。河床潜流量未被水文站测得,即未包括在河川径流量或河川基流量之中,故应单独计算,计算公式为

$$\mu_{潜} = K \cdot I \cdot A \cdot t \tag{3-18}$$

式中　$\mu_{潜}$——河床潜流量,m^3;

K——渗透系数,m/d;

I——水力坡度,一般用河底坡降代替;

A——垂直于地下水流向的河床潜流过水断面面积,m^2;

t——河道或河段过水时间。

(二)山前侧向流出量

山前侧向流出量即平原区山前侧向流入补给量,计算方法见本项目任务3-3。

(三)山前泉水出露总量

在地下水资源比较丰富的山丘区(尤其是岩溶区),地下水常以泉水的形式在山前排泄出来,用调查分析和统计的方法计算山前泉水出露总量时,应当注意以下几点:

(1)选择流量较大、水文地质边界清楚、有代表性的泉进行调查分析。若某泉代表性较好,但缺乏实测流量资料,则应进行泉水流量的观测,以取得分析区域内完整的泉水出露量资料。

(2)若泉水受年降水补给的影响,分析计算泉水流量与降水量关系时,应当以当年和以前若干年的降水资料作为分析依据。

(3)对已经开发利用的泉水,除应调查现状泉水流量外,还应调查开采量,并将其不计入现状泉水流量中,以取得天然情况下的泉水流量。

(4)若所调查的泉水流量已包括在河川径流量中,则应在分析计算重复量时加以说明,并将重复部分的泉水流量单独列出。

(四)山间盆地的潜水蒸发量

山间盆地的潜水蒸发量计算方法与平原区潜水蒸发量相同,见本项目任务3-3。

(五)浅层地下水实际开采的净消耗量

浅层地下水实际开采的净消耗量的计算公式为

$$q_{开} = Q_{农用}(1 - \beta_{农}) + Q_{工用}(1 - \beta_{工}) \tag{3-19}$$

式中 $q_{开}$——浅层地下水实际开采的净消耗量,m^3;

$Q_{农用}$、$Q_{工用}$——用于农田灌溉、工业及城市生活的浅层地下水实际开采量,m^3;

$\beta_{农}$、$\beta_{工}$——井灌回归系数、工业用水回归地下水系数。

对于我国南方降水量较大的山丘区,上述五项资源量相对较小,一般可不予计算。

任务3-3 平原区地下水资源量计算

平原区地下水资源量可以通过计算总补给量或总排泄量的途径获得,在有条件的地区,也可同时计算两个量,以便互相验证。在平原区地下水资源量计算中,一般还需计算可开采量,为水资源供需分析提供依据。

一、补给量的计算

补给量是指在天然状态或人工开采条件下,单位时间内由大气降水及地表水体渗入、山前侧向径流以及人工补给等流入含水层的水量。可按降水入渗、河道渗漏、山前侧向流入、渠系渗漏、水库(湖泊、闸坝)蓄水渗漏、渠灌田间入渗、越流补给、人工回灌补给量等分别计算。

(一)降水入渗补给量

降水入渗补给量是指降水(包括地表坡面漫流和填洼水)渗入土壤,并在重力作用下下渗补给含水层的水量,它是浅层地下水的重要补给来源(干旱区例外)。降水入渗补给量计算公式如下:

$$\mu_p = 10^{-5}F \cdot P \cdot a \tag{3-20}$$

式中　μ_p——降水入渗补给量，亿 m^3；

F——接收降水入渗补给的面积，km^2；

P——多年平均年降水量，mm；

a——多年平均年降水入渗系数，当地下水动态观测资料短缺时，可采用接近多年平均年降水量年份的相应值。

黑龙江省三江低平原多年平均年降水量为 550～680 mm，降水入渗补给系数为 0.05～0.30，其降水入渗补给量计算结果见表 3-5。

表 3-5　黑龙江省三江低平原降水入渗补给量计算结果

水文地质分区	岩性	计算区面积（km^2）	多年平均年降水入渗补给系数	多年平均降水量（mm）	多年平均入渗补给水量（亿 m^3）
东部弱承压水区	轻黏土	20 300	0.05	580	5.88
	亚黏土	3 000	0.13	680	2.65
	含砾中粗砂	2 600	0.30	590	4.60
西部潜水区	亚砂土	10 400	0.18	570	10.67
	砂砾石	3 200	0.30	560	5.38
	亚黏土	10 600	0.13	550	7.57

（二）河道渗漏补给量

当江河水位高于两岸地下水位时，河水渗入补给地下水的水量称为河道渗漏补给量。它可以通过水文分析法直接确定，也可以用地下水动力学法进行计算。

1. 水文分析法

在河道附近无地下水动态观测资料的地区，可以利用水文站上、下游断面的实测径流量之差计算河道渗漏补给量。

主河道两岸地区水文地质条件（岩性、潜水埋深、水力坡度等）基本一致，并为双侧渗漏补给（见图 3-9）时，其总补给量为左、右两侧渗漏补给量之和。左、右侧渗漏补给量应当根据实测径流量的大小，分别按左、右岸水力坡度占两岸水力坡度之和的权重求得，计算公式为

$$u_{河渗} = u_{左河渗} + u_{右河渗} \tag{3-21}$$

$$u_{左河渗} = (W_{上} - W_{下})\frac{I_{左}}{I_{右} + I_{左}} \tag{3-22}$$

$$u_{右河渗} = (W_{上} - W_{下})\frac{I_{右}}{I_{右} + I_{左}} \tag{3-23}$$

式中　$u_{河渗}$——河道渗漏补给量，亿 m^3；

$u_{左河渗}$、$u_{右河渗}$——左、右侧河道渗漏补给量，亿 m^3；

$W_{上}$、$W_{下}$——河道上、下游断面多年平均径流量，亿 m^3；

$I_{左}$、$I_{右}$——河道左、右侧地下水水力坡度。

当河道为单侧渗漏补给时(见图 3-10),河道渗漏补给量的计算公式为

$$u_{河渗} = u_{单河渗} = W_{上} - W_{下} \tag{3-24}$$

式中 $u_{单河渗}$——单侧渗漏补给量,亿 m^3,在图 3-9 中,$u_{单河渗}=u_{左河渗}$。

其他符号意义同前。

嫩江干流渗漏补给地下水量计算结果见表 3-6。由表 3-6 可见,嫩江干流阿彦浅至富拉尔基站、江桥至大赉站的河道渗漏补给量,分别为 11.63 亿 m^3 和 1.98 亿 m^3。

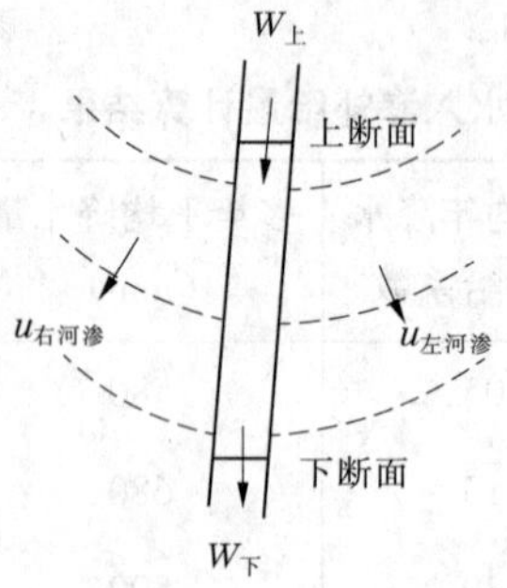

图 3-9 河道双侧渗漏补给示意图

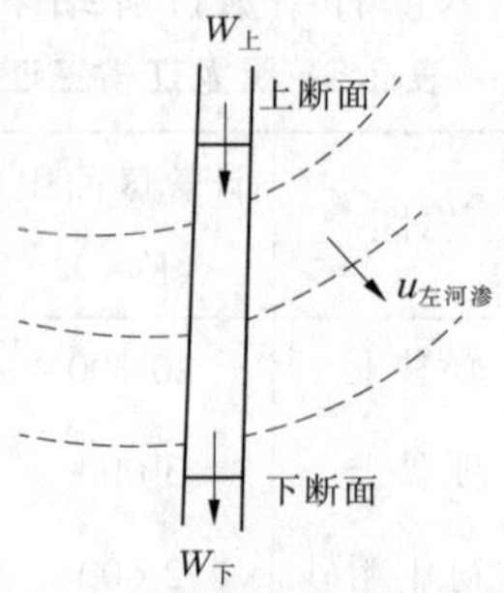

图 3-10 河道单侧渗漏补给示意图

表 3-6 嫩江干流渗漏补给地下水量计算结果

干流水文站	支流名称	多年平均径流量(亿 m^3)	干、支流径流量之和(亿 m^3)	上、下游径流量之差(亿 m^3)
阿彦浅		120.70		
	讷谟尔河	18.83		11.63
	诺敏河	47.30	186.83	
富拉尔基		175.20		
江桥		235.40		
	洮儿河	16.20		1.98
	乌裕尔河	10.48	262.08	
大赉		260.10		

2. 地下水稳定流计算法

当江河水位变化比较稳定时,沿两岸岸边各切一断面,分别计算断面的河道渗漏水量,按河长加权累加后,即为河段对地下水的补给量,计算公式见式(3-8)。若江河两岸水文地质条件相同,可只按单侧岸边断面计算(方法同前),其两倍量即为河段对地下水的补给量。

黄河某河段渗透系数为 22.9 m/d(中细沙),水力坡度为 0.001 53,渗漏补给断面面积为 1 000 m×66 m,则每千米河段每年单侧渗漏补给地下水量为

$$u_{河渗} = 22.9 \times 0.001\,53 \times 1\,000 \times 66 \times 365 = 844\,041(m^3)$$

该河段两岸水文地质条件相同,因此每千米河段每年渗漏补给地下水量为 1 688 082 m^3。

3. 地下水非稳定流计算法

在江河水位骤然上升，并且有非稳定流抽水试验资料的地区可采用地下水非稳定流计算法。单侧渗漏补给量计算为

$$u_{河渗} = 1.128\mu h_0 \sqrt{at} L \tag{3-25}$$

式中　$u_{河渗}$——t 时段内单侧渗漏补给量，m^3；

μ——给水度，无因次；

h_0——t 时段内江河水位上涨高出地下水位的高度，m；

a——压力传导系数，m^2/d；

t——水位超涨持续时间，d；

L——河段长度，m。

若两岸水文地质条件相同，单侧渗漏补给量的 2 倍即为该河段的渗漏补给量。

例如，某河段 $K=0.2$ m/d，$\mu=0.04$，$M=h_0=3$ m，$t=10$ d，$L=10\ 000$ m，则：

$$a = \frac{0.2 \times 3}{0.04} = 15(m^2/d)$$

单侧渗漏水补给量为

$$u_{河渗} = 1.128 \times 0.04 \times 3 \times \sqrt{15 \times 10} \times 10\ 000 = 16\ 600(m^3)$$

因该河段两侧水文地质条件相同，故渗漏补给总量为 $2u_{河渗}=33\ 200\ m^3$。

（三）山前侧向流入补给量

山前侧向流入补给量，是指山丘区山前地下径流流入平原区浅层地下水的水量，可以采用地下水稳定流计算法分段进行计算，见式(3-18)。但应注意，计算剖面应尽可能选在山丘区与平原区交界处，若水力坡度甚小(小于 1/5 000)，山前侧向流入补给量也可忽略不计。辽河流域山前侧向流入补给量计算成果见表 3-7。

表 3-7　辽河流域山前侧向流入补给量计算成果

计算河段	B(km)	h(m)	$A=Bh$(m^2)	I	K(m/d)	补给量(亿 m^3/a)
东部扇间	75	25.00	1 875 000	0.001 0	0.50	0.003
昌图地段	65	25.00	1 625 000	0.000 5	1.00	0.003
郑家屯—公主岭	153	27.80	4 253 400	0.003 0	10.70	0.498
阿鲁旗—扎旗	100	30.26	3 026 000	0.000 4	12.35	0.546
阿鲁旗—乌仁吉	100	24.70	2 470 000	0.002 3	24.16	0.500
奈曼—库伦	150	70.45	10 567 500	0.003 0	11.22	1.299
扎旗—吐不信	65	26.93	1 750 450	0.001 6	6.13	0.063
绕阳河	86	30.00	2 580 000	0.000 5	1.50	0.007
西部扇间	22	20.00	440 000	0.001 0	1.50	0.002
	68	20.00	1 360 000	0.001 0	0.75	0.004
车沟	60	10.00	60 000	0.000 1	10.00	0.000 2
熊丘	20	10.00	200 000	0.000 1	20.00	0.001
合计						2.982

(四)渠系渗漏补给量

渠系渗漏补给量,是指灌溉渠道水位高于地下水位时,渠道水补给地下水的水量。在区域地下水资源量计算中,渠系渗漏补给量一般只计算到干、支、斗三级渠道。常见的计算方法有地下水稳定流计算法、经验公式法和渠系入渗补给系数法。

1. 地下水稳定流计算法

地下水稳定流具体计算见式(3-18)。

2. 经验公式法

当渠道定期输水、地下水埋深较大时,计算公式为

$$u_{渠渗} = K(B + 2rh\sqrt{1 + \psi^2})TL \tag{3-26}$$

当渠道长期输水、地下水埋深较小时,计算公式为

$$u_{渠渗} = \frac{nK(\Delta + h)}{R_s}(\Delta + h + a)TL \tag{3-27}$$

式中 $u_{渠渗}$——渠系渗漏补给量,m^3;

K——渗透系数,m/d;

B——渠底宽度,m;

r——渠道边坡毛管系数,一般为1.1~1.4;

h——渠道水深,m;

ψ——渠道边坡系数;

T——渠道过水天数,d;

L——渠道输水长度,m;

n——经验系数,一般为1.5~2.0;

Δ——地下水埋深,m;

a——含水层有效厚度,m;

R_s——扩展距离,m。

黑龙江省北部、南部引嫩总干渠定期输水、地下水埋深较大时,渗漏补给量计算成果见表3-8。

表3-8 黑龙江省北部、南部引嫩总干渠渗漏补给量计算成果

干渠名称	渗透系数 K(m/d)	渠底宽度 B(m)	边坡毛管系数 r	渠道水深 h(m)	边坡系数 ψ	过水天数 T(d)	渠道输水长度 L(m)	补给量 $u_{渗渠}$(亿 m^3)
北引乌北段	0.10	16	1.1	2.30	2.5	120	9 100	0.32
北引乌南段	0.10	12	1.1	2.30	1.5	120	114 000	0.29
北段分干渠	0.10	12	1.1	1.90	1.5	120	40 000	0.09
南引引水渠	0.05	10	1.1	5.00	5.0	100	39 000	0.13
南引引水干渠	0.05	35	1.1	2.65	3.0	100	24 100	0.06
南引连通沟	0.05	75	1.1	3.50	3.0	100	10 000	0.05
南引泄水干渠	0.05	15	1.1	2.10	3.0	100	43 000	0.06
合计								1.00

3. 渠系入渗补给系数法

渠系入渗补给系数法计算公式为

$$u_{渠渗} = mW_{渠首} = r(1 - \eta_{渠系})W_{渠首} \tag{3-28}$$

式中 $u_{渠渗}$——渠系渗漏补给量,亿 m^3;

m——渠系入渗补给系数;

$W_{渠首}$——渠首引水量,亿 m^3;

r——渠系渗漏补给地下水系数;

$\eta_{渠系}$——渠系有效利用系数。

当缺乏较可靠资料时,渠首引水量可用毛灌溉定额乘以灌溉面积而得,毛灌溉定额则等于净灌溉定额与渠道有效利用系数的比值。

(五)水库(湖泊、闸坝)蓄水渗漏补给量

水库(湖泊、闸坝)蓄水渗漏补给量是指当水库、湖泊、闸坝蓄水的水位高于岸边地下水位时,水库等水体对地下水的渗漏补给量,其计算方法如下。

1. 剖面法

剖面法计算公式同式(3-18)。但要注意该式适用于计算水库(湖泊、闸坝)蓄水周边只向库外单侧渗漏的补给量。

2. 出入库(湖泊、闸坝)水量平衡法

出入库(湖泊、闸坝)水量平衡法计算公式为

$$u_{库渗} = P_{库} + W_{入} - E_0 - W_{出} + \Delta W \tag{3-29}$$

式中 $u_{库渗}$——水库(湖泊、闸坝)渗漏补给量,亿 m^3;

$P_{库}$——水库(湖泊、闸坝)水面上的降水量,亿 m^3;

$W_{入}$——入库(湖泊、闸坝)水量,亿 m^3;

E_0——水库(湖泊、闸坝)的水面蒸发量,亿 m^3,可用 E-601 型蒸发器观测值代替;

$W_{出}$——出库(湖泊、闸坝)水量,亿 m^3;

ΔW——水库(湖泊、闸坝)的蓄水变量,亿 m^3。

(六)渠灌田间入渗补给量

渠灌田间入渗补给量主要指灌溉水进入田间(包括农渠、毛渠)后,经过包气带渗漏补给地下水的水量,计算公式为

$$u_{渠灌} = \beta_{渠灌} W_{渠田} \tag{3-30}$$

式中 $u_{渠灌}$——渠灌田间入渗补给量,亿 m^3;

$\beta_{渠灌}$——渠灌田间入渗系数;

$W_{渠田}$——渠灌进入田间的水量,亿 m^3,可由渠首引水量乘以渠灌有效利用系数而得。

越流补给量及人工回灌补给量一般相对较小,且资料不易齐全,故可忽略不计。

二、排泄量的计算

按排泄形式可将排泄量分为潜水蒸发量、人工开采净消耗量、河道排泄量、侧向流出量和越流排泄量等项。

(一)潜水蒸发量

在土壤毛管作用的影响下,浅层地下水沿着毛细管不断上升,形成了潜水蒸发量。潜水蒸发量主要取决于气候条件、潜水埋深、包气带岩性以及有无作物生长等。采用的计算方法有地中渗透仪实测法、经验公式法、潜水蒸发系数法等。

1. 地中渗透仪实测法

地中渗透仪实测法是利用均衡试验场地中渗透仪测定潜水蒸发量的方法。安徽省五道沟径流试验站有14年潜水蒸发资料(亚黏土),其中4年无作物,10年有作物,其潜水蒸发量实测成果见表3-9。由表3-9可见,有作物时潜水蒸发量较无作物时大得多。在区域地下水资源计算中,可以根据当地土地使用情况酌予选用,一般应当选取有作物时的多年平均潜水蒸发量。

表3-9 五道沟径流试验站年潜水蒸发量

无作物蒸发量(mm)			有作物蒸发量(mm)		
年份	潜水埋深(m)		年份	潜水埋深(m)	
	1.5	2.0		1.5	2.0
1966	28.3	25.3	1970	251.4	89.6
1967	18.0	11.0	1971	251.4	172.1
1968	25.7	19.4	1972	347.0	221.3
1969	26.0	22.8	1973	200.0	59.0
1975	0	0	1974	73.1	26.0
			1976	170.2	163.7
			1977	85.7	—
			1978	286.4	226.3
			1979	174.3	39.3
			1980	106.9	80.9
均值	19.6	15.7	均值	194.7	119.8

山东省打渔张灌区6户试验站,在轻亚砂土情况下,潜水蒸发量与潜水埋深和水面蒸发量之间的关系见表3-10。

表 3-10 山东省打渔张灌区潜水蒸发量与潜水埋深和水面蒸发量之间的关系

水面蒸发量(mm)	不同潜水埋深(m)下的潜水蒸发量(mm)					
	0.5	0.9	1.4	1.8	2.2	2.5
2.0~3.0	—	—	1.62	1.36	1.21	0.38
3.1~4.5	4.18	3.85	2.08	1.97	1.22	0.34
4.6~6.0	4.26	3.38	3.13	2.62	1.12	—
6.1~7.5	6.13	4.04	3.31	2.76	1.10	
7.6~9.0	6.30	5.12	2.39	2.77	0.73	—
9.1~10.5	7.09	5.35	2.79	2.80	0.42	—
>10.5	7.47	—	3.71	2.66	0.011	—

2. 经验公式法

在潜水蒸发均衡计算区内，选择具有代表性的动态观测孔，绘制平水年浅层地下水埋深历时曲线，按地下水埋深划分计算时段，并求出各时段平均地下水埋深，再根据相应时段的水面蒸发量，借用潜水蒸发经验公式计算潜水蒸发量，各时段之和即为多年平均潜水蒸发量。苏联阿维里昂诺夫计算公式为：

$$E_{潜} = E_0\left(1 - \frac{\Delta}{\Delta_0}\right)^n \tag{3-31}$$

式中 $E_{潜}$——潜水蒸发量，mm；

E_0——地表土壤水饱和时的蒸发量，mm，一般用 E-601 型蒸发器的水面蒸发量近似代替；

Δ——地下水平均埋深，m；

Δ_0——潜水蒸发的临界深度，m；

n——与气候和土质有关的指数，一般取 1~3。

北京水文地质一大队得出的不同包气带土质潜水蒸发临界深度 Δ_0 经验值见表 3-11。

表 3-11 潜水蒸发临界深度 Δ_0 的经验值 (单位：mm)

包气带土质分类	潜水蒸发临界深度 Δ_0
黄黏土	5.16
黄土质亚砂土	5.10
亚砂土	2.95
粉细砂	4.10
砂砾石	2.38

3. 潜水蒸发系数法

潜水蒸发量与水面蒸发量的比值称为潜水蒸发系数。潜水蒸发系数与均衡计算区内

水面蒸发量及面积的连乘积,即为该区的潜水蒸发量,计算公式为

$$E_{潜} = 10^{-5}E_0CF \tag{3-32}$$

式中 $E_{潜}$——潜水蒸发量,亿 m^3;

E_0——年水面蒸发量,mm;

C——潜水蒸发系数;

F——均衡计算区面积,km^2。

在黑龙江省穆棱—兴凯低平原区潜水蒸发量计算中,E-601 型蒸发器的水面蒸发量是根据水面蒸发等值线图确定的,其多年平均值为 600~650 mm,根据动态观测资料分析确定不同计算区的潜水蒸发系数,其潜水蒸发量计算成果见表 3-12。

表 3-12 黑龙江省穆棱—兴凯低平原区潜水蒸发量计算成果

分区	计算区面积(km^2)	岩性	潜水平均埋深(m)	水面蒸发量(mm)	潜水蒸发系数	潜水蒸发量(亿 m^3)
北区	3 470	亚黏土	3~4	600	0.040	0.90
	790	亚砂土、中粗砂	<1	620	0.255	1.25
南区	130	亚黏土	3~4	650	0.040	0.03
	3 200	亚砂土	2~3	630	0.007	1.55
	1 440	亚黏土	1~2	650	0.100	0.94
	570	亚砂土、中粗砂	<1	630	0.255	0.92

(二)人工开采净消耗量

人工开采净消耗量包括农业灌溉用水量,城镇工业、生活用水量,人工开采净消耗量。

1. 农业灌溉用水量

农业灌溉用水量一般采用农田水利部门的实际调查统计成果。在缺乏上述成果时,也可采用灌水定额法来确定,即农业灌溉用水量等于灌水定额、灌溉面积、灌水次数和复种指数的连乘积,计算公式为

$$W_{农} = W_{灌} SnN \tag{3-33}$$

式中 $W_{农}$——农业灌溉用水量,m^3;

$W_{灌}$——灌水定额,m^3/亩;

S——灌溉面积,亩;

n——灌水次数;

N——复种指数。

在分次灌溉的情况下,灌溉用水量等于各次灌溉量之和(次灌水量等于次灌溉面积与次灌水定额的乘积)。

2. 城镇工业、生活用水量

城镇工矿企业用水及居民生活用水量,可根据城建、地质、环保等部门的实测资料确定。

在辽河流域片,1979年地下水人工开采量计算中,农业灌溉用水量是采用井灌面积乘以毛灌溉定额(旱田220~360 m^3/亩、水田900 m^3/亩、草场240 m^3/亩、菜地320 m^3/亩、水田补水280 m^3/亩)求得;城镇工业、生活用水量是调查统计资料,计算成果见表3-13。

表3-13 辽河流域片1979年地下水人工开采量 (单位:亿 m^3)

流域分区	地貌分区	人工开采量	
		农业灌溉用水	城镇工业及生活用水
辽河	山丘区	5.112 5	1.281 1
	平原区	15.084 4	8.914 2
鸭绿江	山丘区	0.187 3	0.186 0
图们江	山丘区	0.292 0	0.150 7
黄海、渤海诸河	山丘区	4.635 5	1.710 0
	平原区	0.367 8	1.260 0
合计		25.679 5	13.505 2

3. 人工开采净消耗量

根据农业灌溉用水量和城镇工业、生活用水量及井灌回归系数,工业用水回归系数,由式(3-19)推求出人工开采净消耗量。

当计算区内城镇工业、生活用水的退水不能以河川基流形式在本区内排出时,则不应计算城镇工业、生活用水的回归水量。

(三)其他排泄量

其他排泄量包括河道排泄量、侧向流出量及越流排泄量等。

1. 河道排泄量

当江河水位低于岸边地下水位时,河道即可排泄地下水。其计算方法为江河渗漏补给量的反运算,具体计算方法同河道渗漏补给量。对于来自山丘区的平原河道,当山丘区和平原区的出口处均有水文站控制时,也可用山丘区分割基流的方法进行计算。首先用平原区出口处实测的总径流过程($W_{总川}$),减去上游山丘区实测径流过程($W_{山川}$),求得平原区河川基流过程线,然后依照山丘区分割基流的方法,推求平原区河川基流量作为平原河道排泄量。对于平原河道,可以直接用出口断面的径流过程进行基流分割,从而求得平原河道的排泄量。

2. 侧向流出量

当区外地下水位低于区内地下水位时,通过区域周边流出的地下水量称为侧向流出量,具体计算方法同山丘区山前侧向流出量。北京市平原区侧向流出量计算结果见

表3-14。

表3-14 北京市平原区侧向流出量计算结果

剖面位置	剖面宽度(m)	含水层厚度(m)	渗透系数(m/d)	水力坡度(%)	侧向流出量(万 m^3/a)
三河掘山头—平谷塔寺	8 300	70	91.5	0.25	485
平谷塔寺—顺义薛家庄	7 100	60	91.5	0.20	285
通县西集—大兴大皮营	31 000	50	21.0	0.46	547
大兴大皮营—大兴石佛寺	29 000	40	22.0	0.39	363
房山窖上—房山岳各庄	25 000	30	65.0	0.55	979
合计	100 400				2 659

3.越流排泄量

当浅层地下水位高于深层地下水位时,浅层水越层排入深层的水量称为越流排泄量,计算方法同越流补给量。当越流排泄量较小,且资料又不齐全时,也可忽略不计。

三、可开采量的计算

在经济合理、技术可行的条件下,不致造成水质恶化和水位持续稳定下降等不良后果时开采的浅层地下水量叫作可开采量。它是在一定期限内既有补给保证,又能从含水层中取出的稳定开采量。要保持稳定的开采量,就要有一定的补给量与之平衡。没有保证的开采量,只能代表开采能力。

地下水可开采量的计算方法很多,但一般不宜采用单一方法,而应同时采用多种方法,并将其计算成果进行综合比较,从而合理地确定可开采量。

(一)实际开采量调查法

当平水年年初、年末的浅层地下水位基本相等时,这一年浅层地下水的实际开采量即可近似代表多年平均可开采量。此种方法适用于浅层地下水开发利用程度较高、开采量调查资料比较准确、潜水埋深大和潜水蒸发量较小的地区。

北京市1978年平原区平均降水量为674.2 mm,接近多年平均降水量(625.1 mm),地下水工农业总开采量是根据200多眼井的实际观测资料与机井利用情况调查统计的,为18.805 7亿 m^3,与多年平均补给量(20.1亿 m^3)相比,仅相差约1.3亿 m^3。中心区域、大兴、通县及山前地区,因工业用水集中开采造成了地下水位下降,而平谷、房山、昌平南部和顺义东南部地区,地下水位则上升,故1978年工农业总开采量(18.805 7亿 m^3)可作为可开采量的近似值,统计成果见表3-15。

表 3-15　北京市平原区 1978 年工农业地下水开采量

区(县)	机井利用率(%)	地下水开采量(万 m^3)		
		农业	工业	合计
中心城区	100	23 130	68 000	91 130
门头沟	75	80	727	867
通县	75	14 400	3 000	17 400
大兴	75	28 650	1 400	30 050
房山	70	7 330	5 600	12 930
昌平	75	5 630	3 100	8 730
顺义	71	8 880	2 400	11 280
怀柔	70	3 130	210	3 340
密云	73	6 180	780	6 960
平谷	75	4 830	600	5 430
总计		102 240	85 817	188 057

注:中心区域包括朝阳、丰台、海淀、石景山四区。

(二)开采系数法

在浅层地下水有一定开发利用水平的地区,通过对多年平均实际开采量、水位动态特征、现状条件下总补给量等因素的综合分析,确定出合理的开采系数 ρ 值,则多年平均开采量等于 ρ 与多年平均条件下总补给量的乘积。

开采系数 ρ 值的确定,主要应考虑浅层地下水含水层层性及厚度、单井单位降深出水量、平水年地下水埋深、年变幅、实际开采模数和多年平均总补给模数等因素,开采系数确定参考表见表 3-16。

表 3-16　开采系数确定参考表

单井单位降深出水量 [m^3/(h·m)]	开采条件	开采系数 ρ
>20	良好	0.85~0.95
5~10	一般	0.75~0.85
<2.5	较差	0.60~0.70

(三)多年调节计算法

当具有较多年份的地下水均衡计算资料时,根据多年条件下总补给量等于总排泄量的原理,可依照地面水库的调节方法进行多年调节计算。如果有 10 年以上的资料,根据计划用水的情况,则可按日历年的顺序对地下水位进行连续调节计算。

进行多年调节计算时,应有计算区不同岩性、不同地下水埋深下的各个计算参数资料,并应搜集水利规划或农业区划中井灌区的划分、农作物组成与复种指数以及灌溉制度、灌溉定额、连续多年降水过程等资料。常见的多年调节计算方法有如下两种。

1. 长系列调节计算法

选取多年系列资料,根据补给量、消耗量资料情况及计算精度要求,分别采用季、月或旬为调节时段,按时间顺序逐年进行补给量和消耗量的平衡计算,并且与地下水位相对照。调节计算期间的总补给量与总废弃水量之差,即为调节计算期的可开采量。

2. 代表期调节计算法

在多年系列资料中,选取8~10年包括丰、平、枯在内的具有代表性的时期作为调节计算期,再以补给时段和排泄时段为调节时段,计算出各调节时段的补给量和潜水蒸发量,各时段补给量的总和为调节计算期的总补给量,各时段潜水蒸发量的总和为调节计算期的总潜水蒸发量。总补给量与总潜水蒸发量之差,即为调节期的可开采量。

(四)平均布井法

根据当地的开采条件确定单井出水量、年开采时间以及影响半径,在计算区内平均布井,用这些井的年内开采量代表该区的可开采量,计算公式为

$$W_{开} = W_{单} Nt \tag{3-34}$$

$$N = \frac{F}{4R^2} \tag{3-35}$$

式中 $W_{开}$——多年平均可开采量,m^3/a;

$W_{单}$——单井出水量,m^3/眼;

N——计算区内平均布井数,眼;

t——机井多年平均开采时间,a/眼;

F——计算区布井面积,m^2;

R——单井影响半径,m。

单井出水量的计算,必须在广泛搜集野外抽水试验资料的基础上进行,其计算成果通常要统一地确定成水位降深5 m、井径10 in(1 in=25.4 cm)时的水量,机井多年平均开采时间按多年实际灌水天数确定,单井影响半径可采用开采期实际观测值,也可根据抽水试验资料计算。

平均布井法并不属于水均衡法,受客观条件的限制,需要采用此法时,应注意与该地区现状条件下多年平均浅层地下水总补给量相验证(一般应小于现状条件下多年平均浅层地下水总补给量)。

除上述几种方法外,还有一些传统的水文地质学方法,如区域下降漏斗法、动储量法以及调节储量法等,在此不再赘述。

四、南方平原区地下水资源量的计算

南方平原区河渠纵横、雨量充沛、地下水埋藏较浅。地下水以垂直补给为主,即以降水和灌溉入渗补给为主。地下水的排泄量则主要包括侧向河湖排泄量以及潜水蒸发量。

(一)补给量的计算

根据洞庭湖平原区地下水资源实践经验,补给量包括水田、旱田降水入渗补给量,水

田灌溉入渗补给量,河湖渗漏补给量。

1. 水田降水及灌溉入渗补给量

水稻生长期地下水主要是降水和灌溉入渗补给的,计算公式为

$$W_1 = 10^{-5}\psi F_{水田} T \tag{3-36}$$

式中 W_1——水稻生长期降水及灌溉入渗补给量,亿 m^3;

ψ——水田入渗率,mm/d;

$F_{水田}$——水田面积,km^2;

T——水田生长天数,d。

2. 旱地及水田旱作期降水入渗补给量

旱地及水田旱作期降水入渗补给量计算公式为

$$W_2 = 10^{-5} dP_{旱地} F_{旱地} \tag{3-37}$$

$$W_3 = 10^{-5} dP_{水田,旱} F_{水田} \tag{3-38}$$

式中 W_2、W_3——旱地、水田旱作期降水入渗补给量,亿 m^3;

d——降水入渗补给系数;

$P_{旱地}$、$P_{水田,旱}$——旱地、水田旱作期降水量,mm;

$F_{旱地}$、$F_{水田}$——旱地、水田面积,km^2。

3. 河湖渗漏补给量

河湖渗漏补给量是江河、湖泊、水库、闸坝内多年平均水位高于岸边地下水位时的渗漏补给量,可用达西公式计算。

(二)排泄量的计算

根据杭嘉湖平原及洞庭湖平原浅层地下水评价实践或经验,计算的排泄量包括河湖排泄量、旱地潜水蒸发量和水田旱作期潜水蒸发量,它们的总和代表总排泄量。

1. 河湖排泄量

根据实测或推算的平原湘乐河川径流量资料,采用多年平均基流量与河川径流量的比值,或地下径流模数,计算多年平均河湖排泄量。有条件时,也可采用达西公式或裘布依公式进行计算。

2. 潜水蒸发量

潜水蒸发量包括水田旱作期蒸发量与旱地蒸发量,计算公式为

$$E_{水田,旱} = 10^{-5} E_{0水田,旱} CF_{水田} \tag{3-39}$$

$$E_{旱地} = 10^{-5} E_{0旱地} CF_{旱地} \tag{3-40}$$

式中 $E_{水田,旱}$、$E_{旱地}$——水田旱作期、旱地潜水蒸发量,亿 m^3;

$E_{0水田,旱}$、$E_{0旱地}$——水田旱作期、旱地水面蒸发量,mm;

C——潜水蒸发系数;

$F_{水田}$、$F_{旱地}$——水田、旱地面积,km^2。

洞庭湖平原区潜水蒸发量计算成果见表3-17。

表 3-17 洞庭湖平原区潜水蒸发量计算成果

类别	计算面积(km^2)	水面蒸发量(mm)	潜水蒸发系数	潜水蒸发量(亿 m^3)
单季水田	1 188	412.2	0.132	0.646
双季水田	2 395	253.3	0.197	1.195
旱地	4 072	381.4	0.131	4.702

任务 3-4 平原区地下水资源量计算参数的确定

平原区地下水资源量计算所依据的主要参数有给水度、降水入渗补给系数、潜水蒸发系数、灌溉入渗补给系数及渗透系数等。有条件的地区和部门,应当通过试验研究确定参数,在缺乏实测资料的地区,可参照邻近地区的计算参数值,经综合分析后选取适当数值。

一、给水度

在重力作用下,饱和岩(土)排出重力水的体积与饱和岩(土)体积的比值称为给水度。

给水度的大小主要受潜水位变幅带岩性及潜水埋深等因素的影响。我国近年来的试验研究表明,若潜水埋深较小(一般小于 2 m),在同样岩性条件下,由于受毛细水的影响,地下水埋藏较浅时的给水度比埋藏较深时的小。

在区域地下水资源计算中,给水度通常采用筒测法、田面灌水试验法、抽水试验法、实际开采量法和地下水动态资料分析法来近似确定。

(一)筒测法

在均衡试验场内,用地中渗透仪或特制测筒内的饱和土柱进行排水试验,可直接测定给水度。这种方法比较直观、简便,可以测定各种岩土(黏土、亚黏土、亚砂土、砂砾石)的给水度。

装满土样的测筒体积为 $V_水+V_土$,t 时刻由筒底流出水量为 $V_水$,该时刻的给水度 $\mu=V_水/V_土$。某岩(土)筒测试验 μ 值见表 3-18,据此点绘给水度 μ 与时间 t 的关系线如图 3-11 所示。由图 3-11 可见,μ 值随着时间的增长而增大,并且逐渐趋于稳定,稳定后的 μ 值才是该岩(土)的给水度。

表 3-18 给水度 μ 试验成果

t(d)	1	2	3	4	5	6
μ	0.018 0	0.028 0	0.033 4	0.036 4	0.038 0	0.038 9

(二)田面灌水试验法

当潜水埋深大于毛管强烈上升高度时,饱和土体含水量 $W_饱$ 和最大田间持水量 $W_持$ 之差等于给水度 μ,即

$$\mu = W_饱 - W_持 \tag{3-41}$$

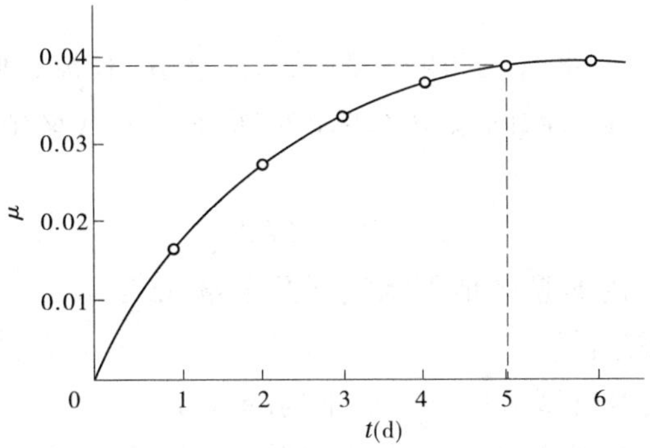

图 3-11　某岩(土)筒测试验 $\mu \sim t$ 关系线

表层土壤翻耕后,测定的 μ 值一般偏大,试验表明:给水度随着土壤深度的增加而减小,因此应选取中下段平均值为给水度,东北松嫩平原区给水度 μ 试验成果(亚黏土)见表 3-19、图 3-12。

表 3-19　松嫩平原区给水度 μ 试验成果(亚黏土)

h(m)	0.25	0.50	1.0	1.5	2.0
μ	0.08	0.06	0.04	0.035	0.030

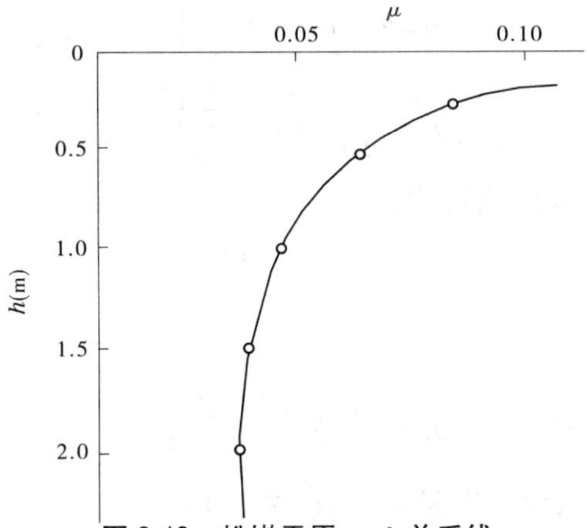

图 3-12　松嫩平原 $\mu \sim h$ 关系线

(三)抽水试验法

在含水层均匀无限(或边界条件简化)的地区,可以利用野外抽水试验法测定给水度。抽水试验分为稳定流抽水、非稳定流抽水及单井抽水和井群抽水等。抽水试验法确定的给水度,为 t 时段内抽水量 Q_t 与相应时段的漏斗抽空体积 V_t 的比值,即

$$\mu = Q_t/V_t \tag{3-42}$$

应当指出,用抽水试验法确定给水度时,如果有倾向补给或越流补给,会使所得 μ 值偏大;如果漏斗体积不是圆锥体,也会使计算结果产生误差。

(四)实际开采量法

在地下水埋深较大(潜水蒸发微弱),灌溉入渗、侧向径流、河道补排影响微弱的井灌区,可以根据无降水的一定时段内典型区地下水实际开采量及相应的潜水位变幅计算给水度,计算公式为

$$\mu = W_{开} / (F\Delta h) \tag{3-43}$$

式中 $W_{开}$——一定时段内典型区地下水实际开采量,m^3;

F——典型区面积,m^2;

Δh——一定时段内典型区地下水位平均降幅,m。

在选取计算时段时,应注意避免动水位的影响。一般可选取开采强度较大、开采前后地下水位观测值稳定,并且具有较大降幅的集中开采量进行分析,以便提高计算精度。

(五)地下水动态资料分析法

在地下水埋藏较浅的平原区,对于无开采、无降水、无地表渗漏、无河道排泄、无侧向径流影响的时段(潜水蒸发是造成地下水位消退的唯一影响因素),可借用潜水蒸发经验公式,建立 $\Delta h/E_0 \sim \Delta$ 相关关系,计算潜水位变幅带的给水度。目前,国内通用阿维里扬诺夫公式、沈立昌公式和叶水庭公式。

1. 阿维里扬诺夫公式

当地表无作物时,由式(3-31)得:

$$\mu\Delta h = E_0\left(1 - \frac{\Delta}{\Delta_0}\right)^n$$

或

$$\mu = \frac{1}{\Delta h}E_0\left(1 - \frac{\Delta}{\Delta_0}\right)^n$$

若 $\Delta = 0$,即潜水埋深接近地表,则:

$$\mu = E_0/\Delta h \tag{3-44}$$

式中符号意义同前。

当地表有作物时:

$$\mu\Delta h = \lambda E_0\left(1 - \frac{\Delta}{\Delta_0}\right)^n \tag{3-45}$$

式中 λ——因作物而加大潜水蒸发的系数,大于1;

其他符号意义同前。

当 $\Delta = 0$ 时,则:

$$\mu = \lambda E_0/\Delta h \tag{3-46}$$

浅层地下水的大量开采,会使地下水埋深超过临界埋深,这时不宜用水位动态资料分析。

以某站某年9~10月的五日观测资料为例,Δ 取为五日平均埋深,地下水位降幅 Δh 和水面蒸发 E_0 均取五日总量,建立 $\Delta h/E_0 \sim \Delta$ 相关关系,如表3-20所示,点绘二者相关关系,如图3-13所示。由图3-13可知,横坐标上的截距 $\Delta_0 = 3.1$ m,纵坐标上的截距 $\Delta h/E_0 = 25$,因此可求得给水度 $\mu = 1/25 = 0.04$。

表 3-20 $\Delta h/E_0$~Δ 关系计算

观测时间		Δ (m)	Δh (mm)	E_0 (mm)	$\Delta h/E_0$
月	日				
9	1~5	1.08	240	15.4	15.6
	6~10	1.32	230	15.2	15.1
	11~15	1.53	200	15.0	13.3
	16~20	1.70	150	14.8	10.1
	21~25	1.85	140	14.6	9.6
	26~30	1.98	130	14.4	9.0
10	1~5	2.10	110	14.2	7.7
	6~10	2.21	100	13.7	7.3
	11~15	2.30	90	13.2	6.8
	16~20	2.38	70	12.0	5.8

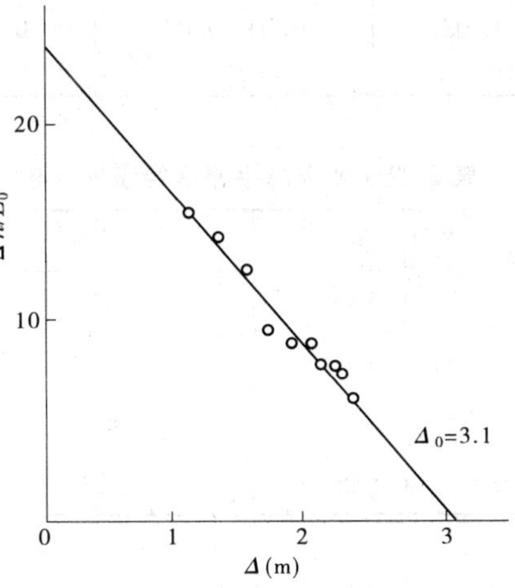

图 3-13 $\Delta h/E_0$~Δ 相关关系

2. 沈立昌公式

由下列公式推求给水度 μ：

$$E_{潜} = \frac{k\mu E_0^a}{(1+\Delta)^b} \tag{3-47}$$

式中 k——表明岩性、植被、水文地质条件及其他因素的综合系数；

a、b——指数；

其他符号意义同前。

3. 叶永庭公式

由下列公式推求给水度 μ：

$$E_{潜} = \mu \Delta h = E_0 \times 10^{-a\Delta} \tag{3-48}$$

式中　a——衰减指数；

其他符号意义同前。

除上面介绍的几种方法外，还可以用室内试验法、水量平衡法确定给水度。

应当指出，上述确定给水度的方法都不同程度地存在一定问题，特别是由于岩(土)组成与结构的差异，给水度在水平方向、垂直方向上变化较大，因此应尽可能采用多种方法，相互对比验证，并结合经验数值进行综合分析，以便合理地确定采用值。

(六)我国部分省(区)给水度经验值

近年来，我国部分省(区)采用的给水度 μ 值见表3-21、表3-22。

表3-21　我国部分省(区)给水度 μ 值

省别	不同岩性下给水度 μ 值			
	黏土	亚黏土	亚砂土	粉细砂
河南	0.01	0.03~0.04	0.04~0.05	0.05~0.06
山东	0.13	0.36	0.045	0.055
安徽	0.02	0.035~0.045	0.045~0.055	0.055~0.065
江苏	0.02~0.03	0.03~0.04	0.04~0.05	—
河北	0.01	0.03	0.05	—

表3-22　黄淮海平原区给水度 μ 值

岩性	给水度 μ 值	岩性	给水度 μ 值
中砂	0.10~0.13	粉砂	0.050~0.070
中细砂	0.08~0.12	亚砂土	0.040~0.065
细砂	0.07~0.10	亚黏土	0.030~0.040
粉细砂	0.055~0.085	黏土	0.020~0.030

二、降水入渗补给系数

降水入渗补给系数等于降水入渗补给地下水的水量与降水量 P 的比值，它与潜水埋深、包气带岩性、降水、地形等条件有关。目前，确定降水入渗补给系数的方法主要有地下水动态资料计算法和均衡场试验法。

(一)地下水动态资料计算法

根据降水后地下水位升幅、给水度和降水量，即可以计算降水入渗补给系数，计算公式为

$$\alpha = \frac{\mu \sum \Delta h}{P_{年}} \tag{3-49}$$

式中　α——降水入渗补给系数；

μ——给水度；

$\sum\Delta h$——年内各次降水入渗补给形成的地下水位升幅，mm；

$P_{年}$——年降水量，mm。

此法适用于地下侧向径流条件较差、潜水的补给来源主要是大气降水的平原地区。在分析计算时，应当选用具有较长系列资料的观测井。

在西北干旱地区，一年内仅有几次较大的降水对地下水有补给作用（称为有效降水），其相应的 α 值称为有效降水入渗补给系数 $\alpha_{效}$。在这种情况下，$\alpha_{效}$ 等于年内降水入渗补给地下水水量之和，与年内各次有效降水量之和 $P_{效}$ 的比值，即

$$\alpha_{效} = \frac{\mu\sum\Delta h}{P_{效}} \tag{3-50}$$

式中符号意义同前。

这时，降水入渗补给量则为有效降水入渗补给系数 $\alpha_{效}$ 与多年平均有效降水量 $P_{效}$ 的乘积。

（二）均衡场试验法

该法是采用均衡试验场的试验资料，直接测定不同地下水埋深、岩性、降水量条件下降水入渗补给系数的方法。均衡试验场内某次降水后，降水入渗补给量 u_{P} 等于次降水量 $P_{次}$ 与地表径流量 $W_{次}$、洼地蓄水量 $I_{次}$、雨期陆面蒸发量 $E_{次}$、降水后土壤水分的 $\Delta V_{次}$ 的差值，即

$$u_{P} = P_{次} - W_{次} - I_{次} - E_{次} - \Delta V_{次} \tag{3-51}$$

对全年而言：

$$\alpha_{年} = \frac{u_{P_{年}}}{P_{年}} = 1 - \frac{\sum(W_{次} + E_{次} + I_{次} + V_{次})}{P_{年}} \tag{3-52}$$

式中符号意义同前。

（三）各地降水入渗补给系数经验值

近年来，我国部分省（区）地下水资源计算中采用的降水入渗补给系数值如表3-23、表3-24所示。

表3-23　我国部分省（区）降水入渗补给系数经验值

省别	不同岩性降水入渗补给系数 α 值			
	黏土	亚黏土	亚砂土	粉细砂
河南	0.08	0.15~0.20	0.20~0.25	0.30~0.35
山东	0.125	0.15~0.20	0.20~0.25	0.25~0.30
安徽	0.13	0.10~0.15	0.25~0.30	—
江苏	—	0.15~0.20	0.25~0.30	—
河北	0.10	0.15~0.20	0.20~0.30	0.30~0.40

表3-24 黄淮海平原区降水入渗补给系数经验值

岩性	降水入渗补给系数α值	岩 性	降水入渗补给系数α值
砂卵石	>0.35	亚砂土	0.20~0.25
细砂	0.30~0.35	亚黏土	0.15~0.20
粉砂	0.26~0.30	黄土质亚黏土黏土	0.05~0.15

(四)影响降水入渗补给系数的主要因素

降水入渗补给量是浅层地下水的重要组成部分,在地下水埋藏较浅的地区,降水入渗补给水量较大,反之亦然。因此,降水入渗补给系数与包气带岩性和地下水埋深有关,例如北京市水文地质一大队试验资料(见表3-25)。

表3-25 不同岩性及地下水埋深的降水入渗补给系数α值

包气带岩性	不同地下水埋深(m)降水入渗补给系数α值		
	1.0	2.0	3.0
亚黏土	0.351	0.237	0.208
亚砂土	0.369	0.280	—
黄土质亚砂土	0.426	0.287	0.252
粉细砂	0.487	0.291	—
砂砾石	0.676	0.690	0.644

降水入渗补给系数的大小还与气候条件——特别是降水量的大小有关,例如河南省水文地质大队试验资料(见表3-26)。

表3-26 不同气候条件下降水入渗补给系数α值

典型年	不同地下水埋深(m)不同岩性下降水入渗补给系数α值					
	1.0~2.0		2.0~4.0		4.0~6.0	
	亚砂土	亚黏土	亚砂土	亚黏土	亚砂土	亚黏土
丰水年	—	0.26	0.26	0.22	0.21	0.91
平水年	—	0.21	0.20	0.18	0.17	0.15
枯水年	—	0.16	0.14	0.13	0.12	0.11

三、潜水蒸发系数

如前所述,潜水蒸发系数是潜水蒸发量 $E_{潜}$ 与水面蒸发量 E_0 的比值,它主要受潜水埋深、包气带岩性、气候及植被等因素的影响。目前,确定潜水蒸发系数的常用方法有均衡场试验法、经验公式计算法等。

均衡场试验法,是根据地中渗透仪对特定岩性、地下水埋深、季节、作物等影响下的潜水蒸发量观测试验资料以及相应的水面蒸发量来计算潜水蒸发系数。无潜水蒸发量实测资料的地区,可用经验公式分析计算,具体方法与用动态资料分析确定给水度的方法相同,也可移用同类地区潜水蒸发系数经验值,但必须进行充分的论证。北京市水文地质大队推荐的多年平均潜水蒸发系数见表3-27。

表3-27　潜水蒸发系数

岩性	不同潜水埋深(m)下潜水蒸发系数				
	0.5	1.0	1.5	2.0	2.5
亚黏土	0.529	0.298	0.147	0.082	0.046
黄土质亚砂土	0.801	0.431	0.194	0.087	0.028
亚砂土	0.743	0.256	0.032	0.017	—
粉细砂	0.826	0.472	0.168	0.044	—
砂砾石	0.486	0.410	0.014	0.004	0.001

潜水蒸发系数与地表植被状况有关,根据河北省地质局观测总站资料分析,不同植被(表土以下为亚黏土、亚砂土和粉细砂)条件下年潜水蒸发系数见表3-28。

表3-28　不同条件下年潜水蒸发系数

植被	不同潜水埋深(m)下潜水蒸发系数							
	0.5	1.0	1.5	2.0	2.5	3.0	3.5	4.0
无作物	0.330	0.145	0.053	0.034	0.029	0.021	0.019	0.019
有作物	0.634	0.385	0.139	0.070	0.043	0.029	0.020	0.020

四、灌溉入渗补给系数

灌溉入渗补给系数(包括渠灌田间入渗系数和井灌回归系数)等于田间灌水入渗补给地下水的水量与灌溉水深的比值,前者可用灌水后地下水位平均升幅与给水度的乘积计算。

灌溉入渗补给系数可根据不同土质、不同地下水埋深和不同灌水定额时的野外试验资料来确定。在缺乏试验资料的地区,也可采用降水前土壤含水量低,降水量大致相当于灌水定额的次降水入渗补给系数来代替。海滦河流域灌溉入渗补给系数经验值见表3-29。

表3-29　海滦河流域灌溉入渗补给系数经验值

岩性	潜水埋深(m)	灌水定额(m^3/亩)	渠灌田间入渗系数	井灌回归系数
黏性土	<4	60~80	0.17	0.15
	4~8	60~80	0.10	0.10
	>8	60~80	0.05	0~0.05
砂性土	<4	60~80	0.20	0.18
	4~8	60~80	0.15	0.10
	>8	60~80	0.05	0.05

五、渗透系数

渗透系数为地下水水力坡度等于1时的渗流速度,确定渗透系数可采用野外抽水试验法、渗水试验法及室内试验法等。其中,抽水试验法又可分为稳定流抽水试验法和非稳定流抽水试验法两种。

(一)稳定流抽水试验法

抽水持续较长时间以后,地下水位漏斗曲线即处于稳定或相对稳定状态,这时渗透系数计算公式为:

(1)潜水完整井

$$K = 0.732Q \frac{\lg R - \lg r}{H^2 - h^2} \tag{3-53}$$

(2)潜水非完整井

$$K = 0.366Q \frac{\lg R - \lg r}{HS} \tag{3-54}$$

(3)承压水完整井

$$K = 0.366Q \frac{\lg R - \lg r}{MS} \tag{3-55}$$

(4)承压水非完整井

$$K = \frac{0.366Q}{LS} \lg \frac{1.6L}{r} \tag{3-56}$$

式中 K——渗透系数,m/d;
Q——钻孔出水量,m^3/d;
R——影响半径,m;
r——抽水孔半径,m;
H——潜水含水层厚度,m;
h——动水位至含水层底板深度,m;
S——抽水孔水位降深,m;
M——承压水含水层厚度,m;
L——过滤器有效进水长度,m。

(二)非稳定流抽水试验法

近年来,国内外已普遍把地下水非稳定流的理论应用于抽水试验,它只需要在选定的观测孔进行一段时间的水位降深观测,而不需要地下水动水位达到稳定,故应用比较方便。

根据承压水的非稳定流理论,建立泰斯公式如下:

$$S = \frac{Q}{4\pi KM} W(\mu) \tag{3-57}$$

式中 S——水位降深,m;

Q——定流量,m^3/d;

K——渗透系数,m/d;

M——承压水含水层厚度,m;

$W(\mu)$——井函数。

在井函数 $W(\mu)$ 中:

$$\mu = \frac{r^2}{4at} \tag{3-58}$$

其中:

$$a = \frac{KM}{\mu} \tag{3-59}$$

式中 r——观测孔到抽水孔的中心距离,m;

a——压力传导系数,m/d;

t——抽水时间,d。

若抽水时间较长,μ 则较小,泰斯公式(3-57)便可简化为雅可布公式,即

$$S = \frac{0.183Q}{KM}\left(\lg t - \lg \frac{r^2}{2.25a}\right) \tag{3-60}$$

显然,式(5-60)中 S 和 t 在半对数纸上呈直线关系,其斜率 i 为

$$i = \frac{0.183Q}{KM} \tag{3-61}$$

于是,渗透系数为

$$K = \frac{0.183Q}{iM} \tag{3-62}$$

(三)渗透系数经验值

我国目前常用的渗透系数经验值见表 3-30、表 3-31。

表 3-30 黄淮海平原区渗透系数经验值

岩性	渗透系数(m/d)	岩性	渗透系数(m/d)
砂卵石	80	粉细砂	5~8
砂砾石	40~50	粉砂	2~3
粗砂	20~30	亚砂土	0.2
中粗砂	22	亚砂—亚黏土	0.1
中砂	20	亚黏土	0.02
中细砂	17	黏土	0.001
细砂	6~8		

注:此表是根据冀、豫、鲁、苏北、淮北、北京等省(市)平原地区部分野外试验资料综合而成的。

表 3-31　渗透系数经验值

岩性	岩层颗粒		渗透系数(m/d)
	粒径(mm)	所占比重(%)	
粉砂	0.05~0.1	>70	1~5
细砂	0.1~0.25	>70	5~10
中砂	0.25~0.5	>50	10~25
粗砂	0.5~1.0	>50	25~50
极粗砂	1.0~2.0	>50	50~100
砾石夹砂	—	—	75~150
带粗砂的砾石	—	—	100~200
清洁的砾石	—	—	>200

注:此表数值为实验室中理想条件下获得的,当含水层夹泥量较大或颗粒不均匀系数大于2~3时,均取小值。

任务3-5　水资源总量计算与水量平衡分析

一、 水资源总量的计算

在分析计算降水量、河川径流量和地下水补给量之后,还需要进行水资源总量的计算。

过去,有的部门将河川径流量与地下水补给量之和作为水资源总量。由于河川径流量中包括一部分地下水排泄量,而地下水补给量中又有一部分由河川径流量提供,因此将两者简单地相加作为水资源总量,结果必然偏大,只有扣除二者之间的重复水量才等于真正的水资源总量。据此,一定区域多年平均水资源总量的计算公式可以写成:

$$\overline{W}_{总} = \overline{W}_{河川} + \overline{u}_{地下} - \overline{W}_{重复} \tag{3-63}$$

式中　$\overline{W}_{总}$——多年平均水资源总量,亿 m^3;

$\overline{W}_{河川}$——多年平均河川径流量,亿 m^3;

$\overline{u}_{地下}$——多年平均地下水补给量,亿 m^3;

$\overline{W}_{重复}$——多年平均河川径流量与多年平均地下水补给量之间的重复量,亿 m^3。

山西省依据式(3-63),计算得全省多年平均河川径流量为114亿 m^3,多年平均地下水补给量为93亿 m^3,两者之间重复水量为66亿 m^3,故多年平均水资源总量为141亿 m^3。

在大多数情况下,水资源总量的计算项目包括多年平均水资源总量和不同频率的水资源总量,有时还需计算地下水开采条件下的水资源总量。若区域内的地貌条件单一(全部为山丘区或平原区),式(3-63)中右端各分量的计算比较简单;若区域内既包括山丘区又包括平原区,水资源总量的计算则比较复杂。在后一种情况下,区域水资源的计算方法如下。

(一)多年平均水资源总量的计算

1. 河川径流量的计算

将计算区域划分为山丘区和平原区两大地貌单元,分别计算多年平均河川径流量 $\overline{W}_{山川}$、$\overline{W}_{平川}$,计算方法参见项目2。

2. 地下水补给量的计算

山丘区和平原区地下水的补给方式不同,其计算方法也不同。

1)山丘区地下水补给量

如前所述,山丘区地下水补给量难以直接计算,目前只能以地下水的排泄量近似作为补给量,计算公式为

$$\overline{u}_{山} = \overline{W}_{山基} + \overline{u}_{潜} + \overline{u}_{侧} + \overline{u}_{泉} + \overline{E}_{山潜} + \overline{q}_{开} \tag{3-64}$$

式中 $\overline{u}_{山}$——山丘区多年平均地下水补给量,亿 m^3;

$\overline{W}_{山基}$——多年平均河床基流量,亿 m^3;

$\overline{u}_{潜}$——多年平均河床潜流量,亿 m^3;

$\overline{u}_{侧}$——多年平均山前侧向流出量,亿 m^3;

$\overline{u}_{泉}$——未计入河川径流的多年平均山前泉水出露量,亿 m^3;

$\overline{E}_{山潜}$——多年平均潜水蒸发量,亿 m^3;

$\overline{q}_{开}$——多年平均实际开采的净消耗量,亿 m^3。

据分析,$\overline{u}_{潜}$、$\overline{u}_{侧}$、$\overline{u}_{泉}$、$\overline{E}_{山潜}$、$\overline{q}_{开}$ 一般占比重很小,我国北方山丘区,以上五项之和仅占山丘区地下水总补给量 $\overline{u}_{山}$ 的8.5%,$\overline{W}_{山基}$则占91.5%。

2)平原区地下水补给量

平原区地下水补给量可按下式计算:

$$\overline{u}_{平} = \overline{u}_{P} + \overline{u}_{河渗} + \overline{u}_{侧} + \overline{u}_{渠渗} + \overline{u}_{库渗} + \overline{u}_{渠灌} + \overline{u}_{越补} + \overline{u}_{人工} \tag{3-65}$$

式中 $\overline{u}_{平}$——平原区多年平均地下水补给量,亿 m^3;

$\overline{u}_{P}$——多年平均降水入渗补给量,亿 m^3;

$\overline{u}_{河渗}$——多年平均河道渗漏补给量,亿 m^3;

$\overline{u}_{侧}$——多年平均山前侧向流入补给量,亿 m^3;

$\overline{u}_{渠渗}$——多年平均渠系渗漏补给量,亿 m^3;

$\overline{u}_{库渗}$——多年平均水库(湖泊、闸坝)蓄水渗漏补给量,亿 m^3;

$\overline{u}_{渠灌}$——多年平均渠灌田间入渗补给量,亿 m^3;

$\overline{u}_{越补}$——多年平均越流补给量,亿 m^3;

$\overline{u}_{人工}$——多年平均人工回灌补给量,亿 m^3。

多年平均降水入渗补给量 $\overline{u}_{P}$ 是平原区地下水的重要来源,主要取决于降水量、包气带岩性和地下水埋深等因素。$\overline{u}_{河渗}$、$\overline{u}_{渠渗}$、$\overline{u}_{库渗}$、$\overline{u}_{渠灌}$ 和 $\overline{u}_{人工}$ 分别为山丘河川径流流经平原时(有时也包括平原区河川径流本身)的入渗补给量和人工回灌补给量。$\overline{u}_{侧}$ 为山丘区山

前侧向流出量，$\overline{u}_{越补}$为深层地下水的越流补给量。

据统计分析，我国北方平原区降水入渗补给量$\overline{u}_{P}$占平原区地下水总补给量$\overline{u}_{平}$的53%，山丘区河川径流流经平原时的补给量(包括$\overline{u}_{河渗}$、$\overline{u}_{渠渗}$、$\overline{u}_{库渗}$、$\overline{u}_{渠灌}$、$\overline{u}_{人工}$)占43%，山前侧向流入补给量只占4%($\overline{u}_{越补}$忽略未计)。

3. 重复水量的计算

对既有山丘区又有平原区两种地貌单元的区域，河川径流与地下水的补排关系示意图如图3-14所示。由图3-14可见，如果分别计算山丘区和平原区的河川径流量与地下水补给量，再根据式(3-63)计算全区域(山丘区加上平原区)的水资源总量，则有一部分水量被重复计算了，重复水量如图3-15中箭头所示，重复水量包括以下几项：

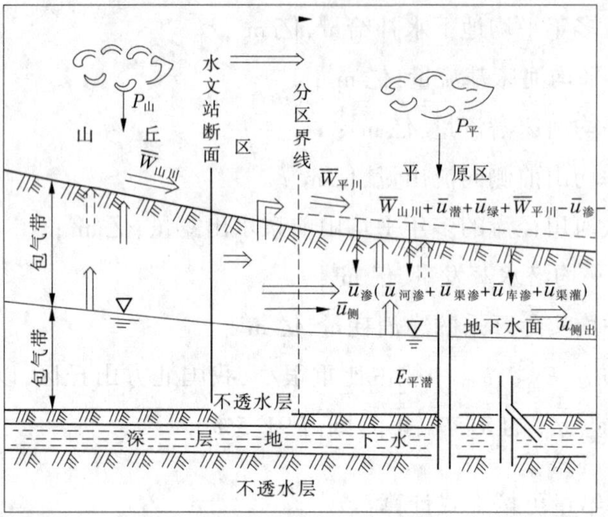

图3-14　山丘区、平原区河川径流与地下水补排关系示意图

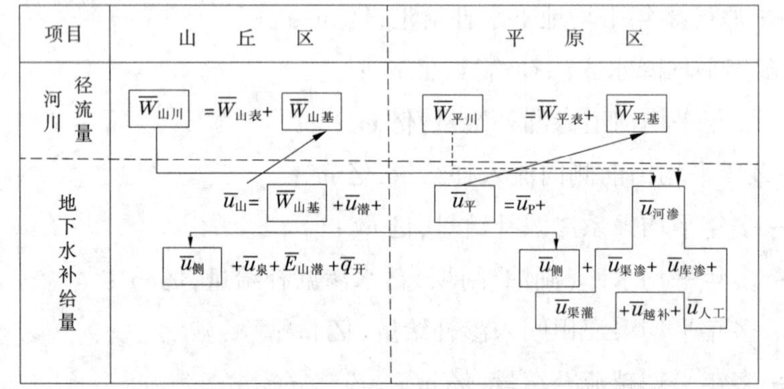

$\overline{W}_{山表}$、$W_{平表}$——山丘区和平原区多年平均地表径流量，箭头标明的项目为重复水量

图3-15　不同地貌单元重复水量示意图

(1)山丘区河川径流量与地下水补给量之间的重复量，即山丘区河川基流量$\overline{W}_{山基}$。

(2)平原区河川径流量与地下水补给量之间的重复量，即平原区河川基流量$\overline{W}_{平基}$，有时还包括来自平原区河川径流量的 $\overline{u}_{河渗}$、$\overline{u}_{渠渗}$、$\overline{u}_{库渗}$、$\overline{u}_{渠灌}$ 和 $\overline{u}_{人工}$。

(3)山丘区河川径流量与平原区地下水补给量之间的重复量,即山丘区河川径流流经平原时对地下水的补给量,包括 $\overline{u}_{河渗}$、$\overline{u}_{渠渗}$、$\overline{u}_{库渗}$、$\overline{u}_{渠灌}$ 和 $\overline{u}_{人工}$。

(4)山前侧向补给量 $\overline{u}_{侧}$ 是山区流入平原区的地下径流,属于山丘区、平原区地下水本身的重复量。

4. 水资源总量的计算

若计算区域包括山丘区和平原区两大地貌单元,式(3-63)便可改写为

$$\overline{W}_{总} = (\overline{W}_{山川} + \overline{W}_{平川}) + (\overline{u}_{山} + \overline{u}_{平}) - \overline{W}_{重复} \tag{3-66}$$

重复水量 $\overline{W}_{重复}$ 等于 $\overline{W}_{山基}$、$\overline{W}_{平基}$、$\overline{u}_{河渗}$、$\overline{u}_{渠渗}$、$\overline{u}_{库渗}$、$\overline{u}_{渠灌}$、$\overline{u}_{人工}$ 与 $\overline{u}_{侧}$ 各项之和,将其代入式(3-66)并整理得:

$$\overline{W}_{总} = \overline{W}_{山川} + \overline{W}_{平川} + \overline{u}_{潜} + \overline{u}_{侧} + \overline{u}_{泉} + \overline{E}_{山潜} + \overline{q}_{开} + \overline{u}_{p} + \overline{u}_{越补} - \overline{W}_{平基} \tag{3-67}$$

在山丘区、平原区多年平均河川径流量及地下水补给量各项分量算得的基础上,即可根据式(3-67)推求全区域多年平均水资源总量。

由式(3-64)得:

$$\overline{u}_{山} - \overline{W}_{山基} = \overline{u}_{潜} + \overline{u}_{侧} + \overline{u}_{泉} + \overline{E}_{山潜} + \overline{q}_{开} \tag{3-68}$$

将式(3-68)代入式(3-67)并整理得:

$$\overline{W}_{总} = \overline{W}_{山表} + \overline{W}_{平表} + \overline{u}_{山} + \overline{u}_{P} + \overline{u}_{越补} \tag{3-69}$$

式中 $\overline{W}_{山表}$——山丘区多年平均地表径流量,亿 m^3;

$\overline{W}_{平表}$——平原区多年平均地表径流量,亿 m^3;

其他符号意义同前。

式(3-67)表明,区域多年平均水资源总量也等于山丘区、平原区多年平均地表径流与山丘区地下水补给量、平原区降水入渗补给量、平原区地下水越流补给量之和。

依据式(3-67),计算北京市多年平均水资源总和如下:

(1)多年平均河川径流量为:$\overline{W}_{山川}$ = 16.2 亿 m^3,$\overline{W}_{平川}$ = 7.4 亿 m^3。

(2)山丘区、平原区地下水多年平均补给量计算成果见表3-32、表3-33。

表3-32 北京市山丘区多年平均地下水补给量计算成果 (水量单位:亿 m^3)

面积(km^2)	河川基流量	山前侧向流出量	潜水蒸发量	开采消耗量	降水入渗补给量
10 400	7.1	3.29	0	0.9	11.29

表3-33 北京市平原区多年平均地下水补给量计算成果 (水量单位:亿 m^3)

面积(km^2)	降水入渗补给量	河道渗漏补给量	渠系渗漏渠灌田间入渗补给量	山前侧向流入量	总补给量
6 400	10.95	2.63	4.95	3.29	21.82

(3)平原区多年平均河川基流量 $\overline{W}_{平基}=1.3\ m^3$。

(4)将上述成果代入式(3-67),即得北京市多年平均水资源总量,见表 3-34。

表 3-34 北京市水资源总量计算成果 (单位:亿 m³)

分区	降水量	河川径流量	地下水补给量	重复水量	水资源总量
山区	65. 4	16. 2	11. 29	7. 1 10. 87	—
平原	40. 4	7. 4	21. 82	1. 3	—
全市	105. 8	23. 6	33. 11	19. 27	37. 44

(二)不同频率水资源总量的计算

不同频率的水资源总量,不能用典型年法或同频率相加法进行计算,必须首先求得区域内的水资源总量系列,然后通过频率计算加以确定。山西省曾做出全省及分水系1956~1979年共24年地下水资源量系列(逐年给出山丘区的潜流量、潜水蒸发量、开采净消耗量及平原区的基流量等),再配上相应的逐年河川径流量系列,可以求得水资源总量系列及其频率分布,进而计算出多年平均和不同频率的水资源总量。南京水文水资源研究所根据淮北平原五道沟试验区的观测资料,经过分析计算,逐一给出了该试验区年地表径流量 $W_{平表}$、年地下水降水入渗补给量 u_P 和水资源总量 $W_{平总}$ 资料系列,并分别做出其频率曲线(见图 3-16)。由图 3-16 即可求得该试验不同频率的水资源总量。

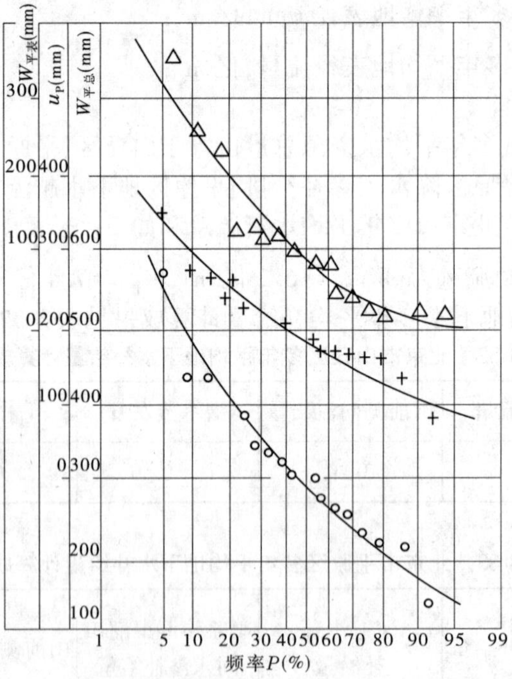

图 3-16 淮北平原五道沟试验区分项及水资源总量频率曲线

有些地区受资料限制,组成水资源总量的某些分量难以逐年求得,在这种情况下,作为近似估算,可在多年平均水资源总量的基础上,借助于河川径流量和降水入渗补给量系列近似推求水资源总量系列。山丘区可将逐年河川径流量乘以水资源总量均值与河川年径流值的比值后得出的系列,作为水资源总量系列。平原区则以各年的河川径流量与降水入渗补给量之和,乘以水资源总量均值与上列两项之和的均值的比值后得出的系列,作为水资源总量系列。将山丘区和平原区水资源总量系列对应项逐年相加,即可求得全区域水资源总量系列。

(三)地下水开采条件下水资源总量的计算

地下水开采之后,必然会引起地下水位下降,从而使地下水入渗补给量增加 $\Delta\bar{u}_P$(在一定的地下水埋深范围内),包气带土壤的蒸发量增加 $\Delta\bar{E}_{包}$,而地表径流量、河川基流量和潜水蒸发量则分别减少 $\Delta\bar{W}_{地表}$、$\Delta\bar{W}_{基}$、$\Delta\bar{E}_{潜}$,可以证明:

$$\Delta\bar{q}_{开} = \Delta\bar{W}_{地表} + \Delta\bar{W}_{基} + \Delta\bar{E}_{潜} - \Delta\bar{E}_{包} \tag{3-70}$$

$$\Delta\bar{u}_P = \Delta\bar{W}_{地表} - \Delta\bar{E}_{包} \tag{3-71}$$

式中 $\Delta\bar{q}_{开}$——地下水开采的净消耗量;

其他符号意义同前。

式(3-70)和式(3-71)表明:在开采条件下,地表水、土壤水和地下水的相互关系发生了转化。地下水的开采,“夺取”消耗了部分地表径流量 $\Delta\bar{W}_{地表}$、河川基流量 $\Delta\bar{W}_{基}$ 和潜水蒸发量 $\Delta\bar{E}_{潜}$,增加了部分土壤水分 $\Delta\bar{E}_{包}$;而降水入渗增加量 $\Delta\bar{u}_P$,又恰好等于地表径流的减少量 $\Delta\bar{W}_{地表}$和土壤水的增加量 $\Delta\bar{E}_{包}$ 之差,因此地下水开采条件下水资源总量的计算方法可以简单归纳如下:

(1)若统一采用地下水开采条件下相应的河川径流量和地下水补给量资料,仍可按式(3-67)或式(3-69)计算水资源总量。

(2)若采用地下水开采前的河川径流量资料和开采以后的地下水补给量资料,按式(3-67)或式(3-69)计算水资源总量时还要推算并扣除地下水开采后地表径流的减少量 $\Delta\bar{W}_{地表}$(可选用地下水开采前后不同径流资料系列推求)。

南京水文水资源研究所计算了淮北平原五道沟试验区地下水开采条件下分项水资源量和水资源总量,与开采前相应数值对比情况见表 3-35。

表 3-35 淮北平原五道沟试验区地下水开采前后水资源计算成果对比 (单位:mm)

开采情况	$\bar{E}_{包}$	$\bar{W}_{平川}$	在 $\bar{W}_{平川}$ 中			$\bar{u}_P$
			$\bar{W}_{平表}$	$\bar{W}_{平基}$	地下水人工排泄 D_g	
开采前	311.7	156.8	127.2	29.6	0	181.6
开采水平 60%	325.3	101.8	62.4	0.4	39.0	232.7
开采前后之差	-13.6	55.0	64.8	29.2	-39.0	-51.1

续表 3-35

开采情况	在 $\overline{u}_P$ 中					$\overline{W}_{平}$
	$\overline{E}_{平潜}$	$\overline{W}_{平基}$	$\overline{q}_{开}$	D_g	地下水蓄变量 ΔS_g	
开采前	155.3	29.6	0	0	-3.4	308.7
开采水平 60%	49.2	0.4	147.5	39.0	-3.4	295.1
开采前后之差	106.1	29.2	-147.5	-39.0	0	13.6

由表 3-35 可见,与开采前相比,开采后的河川径流量、地表径流量、基流量和潜水蒸发量均有所减少,而地下水的降水和入渗补给量及包气带土壤水蒸发量却有所增加。进一步分析得知,地下水开采越多,这种减少或增加越显著,见图 3-17。

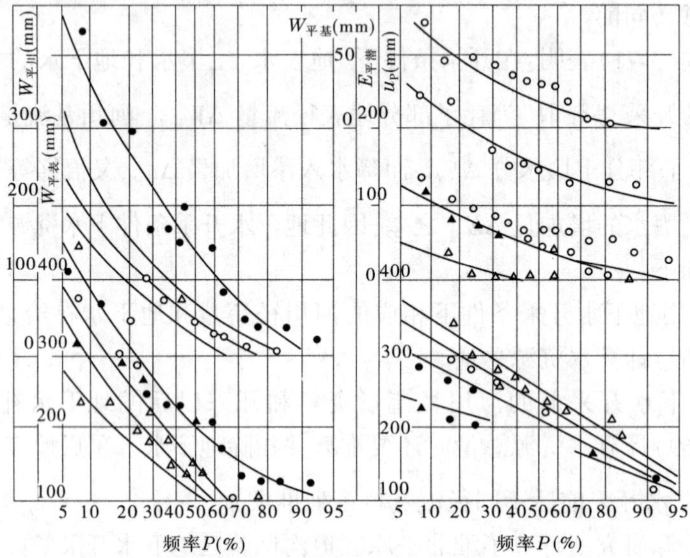

1—天然无开采;2—开采水平 40%;3—开采水平 60%;4—开采水平 100%

图 3-17 淮北平原五道沟试验区地下开采前后分项水资源频率曲线变化

二、水量平衡分析

水量平衡分析的目的在于探讨不同区域水资源的数量及其对比关系,以便利用水文、气象及其他自然因素的地带性规律,检查水资源计算成果的合理性。

(一)河川径流量的平衡分析

河川径流量是水资源的重要组成部分,可以采用下列水量平衡方程进行分析比较:

$$\overline{W}_{河川} = \overline{W}_{地表} + \overline{W}_{基} \tag{3-72}$$

$$\overline{P} = \overline{W}_{地表} + \overline{W}_{基} + \overline{E} \tag{3-73}$$

$$\overline{V}=\overline{P}-\overline{W}_{地表}=\overline{W}_{基}+\overline{E} \tag{3-74}$$

式中　$\overline{W}_{河川}$——多年平均河川径流量,亿 m^3;

$\overline{W}_{地表}$——多年平均地表径流量,亿 m^3;

$\overline{W}_{基}$——多年平均河川基流量,亿 m^3;

$\overline{P}$——多年平均降水量,亿 m^3;

$\overline{E}$——多年平均陆地蒸发量,亿 m^3;

$\overline{V}$——多年平均地表和土壤总截补量,亿 m^3。

多年平均地表和土壤总截补量 $\overline{V}$ 大部分消耗于蒸发,另一部分补给地下水,形成河川基流量。因此,可以通过上述各平衡要素的比值如 $\overline{E}/\overline{V}$、$\overline{W}_{基}/\overline{V}$、$\overline{W}_{基}/\overline{W}_{河川}$、$\overline{W}_{河川}/\overline{P}$、$\overline{W}_{地表}/\overline{P}$、$\overline{W}_{基}/\overline{P}$ 等在地区上进行比较,据以检查河川径流量及其组成部分计算成果的合理性。

从我国各流域片水量平衡比较(见表 3-36)以及我国与其他国家的水量平衡比较(见表 3-37)可以看出,我国陆地多年平均降水量为 628 mm。降水中有 44%形成河川径流,多年平均径流深为 276 mm,其中约有 23%由地下水补给,相当于径流深 65 mm,占全国总降水量的 10%。全国地表和土壤的总截补量平均为 417 mm,占降水总量的 66%,其中 84%消耗于陆地蒸发量,约有 16%补给地下水为河流所排泄。与其他国家相比,除日本外,这些水平衡要素的相互对比关系都比较相应。

表 3-36　我国各流域片水量平衡比较　　(水量单位:mm)

项目	内陆河	外流河									内流河		全国
		北方各片					南方各片				北方	南方	
		黑龙江	辽河	海滦河	黄河	淮河	长江	珠江	浙闽江	西南诸河			
降水量 $\overline{P}$	152	486	555	556	468	867	1 060	1 800	1 547	930	544	1 161	628
径流量 $\overline{W}_{河川}$	36	133	141	91.5	86.5	234	531	1 125	820	555	128	626	276
地表径流量 $\overline{W}_{地表}$	22	101	110	54.8	51.5	187	413	887	654	423	93	488	211
基流量 $\overline{W}_{基}$	14	32	31	36.7	35.0	47	118	238	166	132	35	138	65
陆地蒸发量 $\overline{E}$	116	353	414	465	382	633	529	675	727	375	416	535	352
地表和土壤总截补量 $\overline{V}$	130	335	445	501	416	630	647	913	893	507	451	673	417
$\overline{E}/\overline{V}$	0.89	0.92	0.39	0.93	0.92	0.93	0.82	0.74	0.81	0.74	0.92	0.79	0.84
$\overline{W}_{基}/\overline{V}$	0.11	0.03	0.07	0.07	0.08	0.07	0.18	0.26	0.19	0.26	0.08	0.21	0.16
$\overline{W}_{基}/\overline{W}_{河川}$	0.39	0.24	0.22	0.40	0.41	0.20	0.22	0.21	0	0.24	0.27	0.22	0.23
$\overline{W}_{河川}/\overline{P}$	0.23	0.27	0.25	0.16	0.19	0.27	0.50	0.63	0.53	0.60	0.23	0.54	0.44
$\overline{W}_{地表}/\overline{P}$	0.14	0.20	0.20	0.10	0.11	0.22	0.39	0.50	0.42	0.45	0.17	0.42	0.34
$\overline{W}_{基}/\overline{P}$	0.09	0.07	0.06	0.07	0.08	0.05	0.11	0.13	0.11	0.14	0.06	0.12	0.10

注:1. 内陆河片包括额尔齐斯河。

2. 本表摘自《中国水资源初步评价》。

表 3-37 我国与其他国家的水量平衡比较 (水量单位:mm)

项目	全球陆地	欧洲	北美洲	亚洲	苏联	美国(本土)	印度	日本	中国			
									全国	北方	南方	内陆河
降水量 $\overline{P}$	834	734	670	740	531	760	1 042	1 800	628	544	1 161	152
径流量 $\overline{W}_{河川}$	294	319	287	324	198	262	451	1 150	276	128	626	36
地表径流量 $\overline{W}_{地表}$	204	210	203	240	152	183	351	750	211	93	488	22
基流量 $\overline{W}_{基}$	90	109	84	84	46	79	100	400	65	36	138	14
陆地蒸发量 $\overline{E}$	540	415	383	416	333	498	591	650	352	416	535	116
地表和土壤总截补量 $\overline{V}$	630	524	467	500	379	577	691	1 050	417	451	673	130
$\overline{E}/\overline{V}$	0.85	0.79	0.82	0.83	0.88	0.86	0.86	0.62	0.84	0.92	0.79	0.89
$\overline{W}_{基}/\overline{V}$	0.14	0.21	0.13	0.17	0.12	0.14	0.14	0.38	0.16	0.08	0.21	0.11
$\overline{W}_{基}/\overline{W}_{河川}$	0.31	0.34	0.29	0.26	0.23	0.30	0.22	0.35	0.23	0.27	0.22	0.30
$\overline{W}_{河川}/\overline{P}$	0.35	0.44	0.43	0.44	0.37	0.34	0.43	0.64	0.44	0.23	0.54	0.23
$\overline{W}_{地表}/\overline{P}$	0.24	0.29	0.30	0.32	0.27	0.24	0.34	0.42	0.34	0.17	0.42	0.14
$\overline{W}_{基}/\overline{P}$	0.11	0.15	0.12	0.11	0.09	0.10	0.10	0.22	0.10	0.06	0.12	0.09

全国内陆河,外流河以及外流河的南、北各流域片的水量平衡要素的数量及其相互对比关系,在地区之间存在明显的差别。现以淮河流域片为例,分析水量平衡要素的合理性。由表 3-36 可见,大气降水到达地面以后,地表和土壤总截补量为 630 mm(全国为 417 mm),地表径流为 187 mm(全国为 211 mm),分别占降水量的 72%(全国为 48%)和 22%(全国为 32%),地表和土壤总截补量中只有 7%(全国为 16%)补给地下水通过河流而排泄,降水量中有 27%形成河川径流(全国有 44%)。径流量为 234 mm(全国为 276 mm),其中有 20%由地下水补给(全国为 23%),地下水补给量占降水量的 5%(全国为 10%),与相邻南方流域片(黑龙江、辽河片、海滦河片、黄河片)相比较,降水量、径流量、地表径流量和地下径流量的多年平均值均处于两者之间。这是淮河流域处于我国南北方气候带的缘故。但陆地蒸发、地表和土壤总截补量却大于北方流域片,而与南方流域片数值比较接近。可见,水量平衡要素还较合理。

再以海南岛和台湾省为例,其水量平衡各要素比较见表 3-38。

表 3-38 海南省和台湾省平衡各要素比较 (单位:mm)

区域名称	降水量 $\overline{P}$	径流量 $\overline{W}_{河川}$	地表径流 $\overline{W}_{地表}$	基流 $\overline{W}_{基}$	E-601 水面蒸发量 $\overline{E}_0$	陆地蒸发量 $\overline{E}$
海南省	1 080	870	705	165	1 400~1 900	938
台湾省	2 430	1 750	1 340	402	800~1 400	880

区域名称	地表和土壤总截补量 $\overline{V}$	$\overline{E}/\overline{V}$	$\overline{W}_{基}/\overline{V}$	$\overline{W}_{基}/\overline{W}_{河川}$	$\overline{W}_{河川}/\overline{P}$	$\overline{W}_{地表}/\overline{P}$	$\overline{W}_{基}/\overline{P}$
海南省	1 130	0.85	0.15	0.19	0.48	0.39	0.09
台湾省	1 080	0.63	0.37	0.23	0.72	0.55	0.17

由表 3-38 可见:海南省多年平均降水量为台湾省的 44%,而 E-601 蒸发器水面蒸发量却高达 1 400~1 900 mm,陆地蒸发量也比台湾省大 6.6%,可见海南省的水分条件不如

台湾省。海南省河川径流量中的基流量占 19%，台湾省占 23%，说明海南省的地下水补给条件较差。海南省地表和土壤总截补量为 1 130 mm，与台湾省相接近，但海南省的陆地蒸发量却达 938 mm，地表和土壤总截补量中的 85%耗于蒸发，而台湾省只占 81%。海南省和台湾省水分条件的不同，是两者气候、下垫面等条件的差异造成的。

二、水资源总量的平衡分析

在式(3-69)中，如果把山丘区、平原区看作一个整体并且不计多年平均越流补给量 $u_{越补}$，那么多年平均水资源总量 $\overline{W}_{总}$ 的计算公式可以改写为

$$\overline{W}_{总} = \overline{W}_{山表} + \overline{W}_{平表} + \overline{u}_{山} + \overline{u}_{P} = \overline{W}_{地表} + \overline{u}_{P总} \tag{3-75}$$

式中　$\overline{W}_{地表}$、$\overline{u}_{P总}$——区域多年平均总地表径流量、总降水入渗补给量，mm；

其他符号意义同前。

区域多年平均水量平衡方程式(3-73)也可改写为

$$\overline{P} = \overline{W}_{地表} + \overline{P}_{P总} + \overline{E}_{包} \tag{3-76}$$

式中　$\overline{E}_{包}$——包气带蒸发量，mm；

其他符号意义同前。

依据式(3-75)、式(3-76)即可进行水资源总量的平衡分析。

我国各流域片多年平均水资源总量的平衡比较见表 3-39。由表 3-39 可见，全国多年

表 3-39　我国各流域片多年平均水资源总量平衡

分片名称	降水量		地表径流量		降水入渗补给量		包气带蒸发量		水资源总量		产水系数
	亿 m^3	mm	亿 m^3	mm	亿 m^3	mm	亿 m^3	mm	亿 m^3	mm	
黑龙江流域	4 358	486	904	101	485	54	2 969	331	1 389	155	0. 319
辽河流域	1 915	555	381	110	200	58	1 334	387	581	168	0. 303
海滦河流域	1 725	556	175	55	231	72	1 369	429	406	127	0. 229
黄河流域	3 717	468	410	52	352	44	2 957	372	762	96	0. 205
淮河流域	2 839	867	613	187	411	126	1 815	554	1 024	313	0. 361
长江流域	19 162	1 060	7 469	413	2 131	118	9 562	529	9 600	531	0. 501
珠江流域	8 945	1 547	3 778	654	960	166	4 206	727	4 739	820	0. 530
浙闽台诸河	4 342	1 800	2 139	887	575	238	1 628	675	2 714	1 125	0. 625
西南诸河	7 846	930	3 570	423	1 114	132	3 162	375	4 684	555	0. 597
内陆诸河	4 989	149	669	20	538	16	3 782	113	1 207	36	0. 242
额尔齐斯河	186	372	58	116	46	92	82	164	104	289	0. 558
北方六片	19 781	325	3 210	53	2 263	37	14 308	235	5 473	90	0. 277
南方四片	40 295	1 161	16 957	488	4 780	138	18 558	535	21 737	626	0. 539
全国	60 076	628	20 167	211	7 043	74	32 866	343	27 210	285	0. 453

注：1. 地表径流量用河川径流量减去河川基流量求得，水资源总量为地表径流量与降水入渗补给量之和。

2. 包气带蒸发量用降水量减去资源总量求得。

3. 降水入渗补给水深是按总面积计算。

4. 本表摘引自《中国水资源初步评价》。

平均降水量为60 076亿m^3(降水深628 mm),其中形成地表径流的为20 167亿m^3(径流深211 mm),占33%;入渗补给地下水的为7 043亿m^3(折合水深74 mm),占12%;包气带蒸发量约为32 866亿m^3(折合水深343 mm),占55%。

产水系数(水资源总量除以降水量)是水量平衡分析的一个重要目标,它主要取决于降水量,但也受气温和下垫面条件的影响。全国平均产水系数为0.453,即地表、地下水资源总量还不足总降水量的一半,其余一多半的降水量从包气带以蒸发形式重新回到大气中。我国地域辽阔,各地的自然条件千差万别,因此产水系数在地区上的变化很大,南方各片的产水系数均在0.5以上,淮河流域片为0.361,淮河以北各片为0.2~0.4,产水系数最小的是黄河流域,仅为0.205,海滦河流域为0.229。西北内陆河地区,虽然盆地和高原的产水系数很小,但高山地区产水系数都比较大,如阿尔泰山、天山、祁连山为0.3~0.5,天山西段甚至高达0.6~0.7,因此全流域片平均产水系数高于黄河流域和海滦河流域。

知识训练

1. 地下水可开采量的计算方法有哪些?
2. 渗透系数如何确定?
3. 平原区与山丘区地下水资源量的计算方法有何不同?
4. 不同地貌类型区的水资源总量计算有何区别?
5. 在水资源总量计算中为什么要进行水量平衡分析?

项目4　水质评价

【学习指导】:

1. 理解水质评价的分类。
2. 掌握水质评价的程序。
3. 掌握水体质量综合评价。

任务4-1　地表水水质评价

一、水质指标和水质标准

(一)水质指标

水质指标是衡量水中杂质的标度,能具体表示出水中杂质的种类和数量,是水质评价的重要依据。

水质指标种类繁多,可达百种以上。其中,有些水质指标就是水中某一种或某一类杂质的含量,直接用其浓度来表示,如汞、铬、硫酸根、六六六等的含量;有些水质指标是利用某一类杂质的共同特性来间接反映其含量,如用耗氧量、化学需氧量、生化需氧量等指标来间接表示有机污染物的种类和数量;有些水质指标与测定方法有关,带有人为性,如浑浊度、色度等是按规定配制的标准溶液作为衡量尺度的。水质指标也可分为物理指标、化学指标和微生物学指标三大类。

1. 物理指标

反映水的物理性质的一类指标统称为物理指标。常用的物理指标有温度、浑浊度、色度、嗅味、固体含量、电导率等。

2. 化学指标

反映水的化学成分和特性的一类指标统称为化学指标。常用的化学指标有以下几种类型:

(1)表示水中离子含量的指标。如硬度表示钙镁离子的含量,pH值反映氢离子的浓度等。

(2)表示水中溶解气体含量的指标。如二氧化碳、溶解氧等。

(3)表示水中有机物含量的指标。如耗氧量、化学需氧量、生化需氧量、总需氧量、总有机碳、含氮化合物等。

(4)表示水中有毒物质含量的指标。有毒物质分两类:一类是无机有毒物,如汞、铅、铜、锌、铬等重金属离子和砷、硒、氰化物等非金属有毒物;另一类是有机有毒物,如酚类化合物、农药、取代苯类化合物、多氯联苯等。

3. 微生物学指标

反映水中微生物的种类和数量的一类指标统称为微生物学指标。常用的微生物学指标有细菌总数、总大肠菌群等。

4. 几个重要的水质指标

1) 浑浊度

浑浊度是表示水中悬浮物对光线透过时所发生的阻碍程度。浑浊度是由于水中含有泥沙、有机物、无机物、浮游生物和其他微生物等杂质所造成的,是天然水和饮用水的一个重要水质指标。测定浑浊度的方法有分光光度法、目视比浊法、浊度计法等。

2) 碱度

碱度是指水中能与强酸发生中和作用的物质的总量。这类物质包括强碱、弱碱、强碱弱酸盐等。天然水中的碱度主要是由重碳酸盐、碳酸盐与氢氧化物引起的,其中重碳酸盐是水中碱度的主要形式。引起碱度的污染源主要是造纸、印染、化工、电镀等行业排放的废水及洗涤剂、化肥与农药在使用过程中的流失等。碱度常用于评价水体的缓冲能力及金属在其中的溶解性与毒性等。

3) 酸度

酸度是指水中能与强碱发生中和作用的物质的总量。这类物质包括无机酸、有机酸、强酸弱碱盐等。地表水中,由于溶入二氧化碳或被机械、选矿、电镀、农药、印染、化工等行业排放的废水污染,使水体 pH 值降低,破坏了水生生物与农作物的正常生活及生长条件,造成鱼类死亡,作物受害。酸度是衡量水体水质的一项重要指标。

4) 硬度

水中某些离子在水被加热的过程中,由于蒸发浓缩会形成水垢,常将这些离子的浓度称为硬度。对于天然水而言,这些离子主要是钙离子和镁离子,其硬度就是钙离子和镁离子的含量。硬度有总硬度、钙硬度、镁硬度、碳酸盐硬度(暂时硬度)、非碳酸盐硬度(永久硬度)等表示方式。

5) 悬浮物(SS)

悬浮物(SS)又称总不可过滤残渣,指水样用 0.45 μm 滤膜过滤后,留在过滤器上的物质,于 103~105 ℃烘至恒重所得到的物质的质量,用 SS 表示,单位为 mg。它包括不溶于水的泥沙、各种污染物、微生物及难溶无机物等。悬浮物含量是指单位水样体积所含悬浮物的量,单位为 mg/L。

6) 矿化度

矿化度是水质含盐量的一种表示方法。即将一定体积的水样在 105~110 ℃下蒸干后,所得到的矿物质残渣的质量,单位为 mg/L。因为在 105~110 ℃下,有些矿物质的水分不能除尽,有些有机物也会氧化,所以在一般情况下,用矿化度来表示水的含盐量是有误差的。

7) 溶解氧(DO)

溶解氧(DO)是指溶解在水中的分子态氧,用 DO 表示,单位为 mg/L。水中溶解氧的含量与大气压、水温及含盐量等因素有关。大气压力下降、水温升高、含盐量增加,都会导致溶解氧含量降低。一般清洁的河流,溶解氧接近饱和值,当有大量藻类繁殖时,溶解氧可能过饱和;当水体受到有机物质、无机还原物质污染时,会使溶解氧含量降低,甚至趋于零,此时厌氧细菌繁殖活跃,水质恶化。水中溶解氧低于3~4 mg/L时,许多鱼类呼吸困难,严重的会窒息死亡。溶解氧是表示水污染状态的重要指标之一。

8)化学需氧量(COD)

化学需氧量(COD)是指在一定的条件下,以重铬酸钾($K_2Cr_2O_7$)为氧化剂,氧化水中的还原性物质所消耗氧化剂的量,结果折算成氧的量,用COD表示,单位为mgO_2/L。

9)高锰酸盐指数(I_{Mn})

高锰酸盐指数(I_{Mn})是指在一定的条件下,以高锰酸钾($KMnO_4$)为氧化剂,氧化水中的还原性物质所消耗氧化剂的量,结果折算成氧的量,用I_{Mn}表示,单位为mgO_2/L。

10)生化需氧量(BOD)

生化需氧量(BOD)是指水中有机物在有氧的条件下,被微生物分解,在这个过程中所消耗氧气的量,用BOD表示,单位为mg/L。生化需氧量试验规定在温度为20 ℃、黑暗的条件下进行,在这样的环境中,微生物完全氧化有机物需21~28 d,在应用中时间太长有困难,常用5 d作为测定生化需氧量的时间,此时测得的生化需氧量称五日生化需氧量,用BOD_5表示。

11)细菌总数

细菌总数是指1 mL水样在营养琼脂培养基中,在37 ℃经24 h培养后,所生长的细菌菌落的总数,单位为个/mL。

12)总大肠菌群数

总大肠菌群数是指1 L水样中所含有的大肠菌群数目,单位为个/L。总大肠菌群是指那些能在37 ℃、48 h之内发酵乳糖产酸产气、需氧及兼性厌氧的革兰氏阴性无芽胞杆菌。粪便中存在有大量的大肠菌群细菌,总大肠菌群数是反映水体受粪便污染程度的重要指标。

(二)水质标准

水质标准是根据各用户的水质要求和废水排放容许浓度,对一些水质指标做出的定量规范。水质标准是环境标准的一种,是水质监测与评价的重要依据。现将国家标准的部分内容摘编如下。

1.饮用水卫生标准

生活饮用水包括自来水、井水和深井水等。生活饮用水直接关系着人们的日常生活和身体健康,其水质标准和卫生状况特别受到各国的关注。我国自1956年颁布《生活饮用水卫生标准(试行)》直至1986年实施《生活饮用水卫生标准》(GB 5749—85)的30年间,共进行了4次修订,水质指标项目不断增加。

《生活饮用水卫生标准》制定的原则是:感官上良好,化学组成上对人体无害,流行病学上安全可靠。表4-1是2007年6月18日国家标准化管理委员会与卫生部联合发布的,并于2007年7月1日实施的《生活饮用水卫生标准》(GB 5749—2006)的主要内容。

该标准适用于城乡各类集中式供水的生活饮用水，也适用于分散式供水的生活饮用水。生活饮用水水质应符合表4-1和表4-2的卫生要求；集中式供水出厂水中消毒剂限值、出厂水和管网末梢水中消毒剂余量均应符合表4-2的要求；小型集中式供水和分散式供水因条件限制，水质部分指标可暂按照表4-3执行，其余指标按表4-1、表4-2和表4-4执行。

表4-1　水质常规指标及限值

指标	限值
1. 微生物指标①	
总大肠菌群(MPN/100 mL 或 CFU/100 mL)	不得检出
耐热大肠菌群(MPN/100 mL 或 CFU/100 mL)	不得检出
大肠埃希氏菌(MPN/100 mL 或 CFU/100 mL)	不得检出
菌落总数(CFU/mL)	100
2. 毒理指标	
砷(mg/L)	0.01
镉(mg/L)	0.005
铬(六价)(mg/L)	0.05
铅(mg/L)	0.01
汞(mg/L)	0.001
硒(mg/L)	0.01
氰化物(mg/L)	0.05
氟化物(mg/L)	1.0
硝酸盐(以N计,mg/L)	10(地下水源限制时为20)
三氯甲烷(mg/L)	0.06
四氯化碳(mg/L)	0.002
溴酸盐(使用臭氧时,mg/L)	0.01
甲醛(使用臭氧时,mg/L)	0.9
亚氯酸盐(使用二氧化氯消毒时,mg/L)	0.7
氯酸盐(使用复合二氧化氯消毒时,mg/L)	0.7
3. 感官性状和一般化学指标	
色度(铂钴色度单位)	15
浑浊度(散射浑浊度单位)NTU	1(水源与净水技术条件限制时为3)
臭和味	无异臭、无异味
肉眼可见物	无
pH	不小于6.5且不大于8.5
铅(mg/L)	0.2
铁(mg/L)	0.3
锰(mg/L)	0.1
铜(mg/L)	1.0

续表 4-1

指标	限值
锌(mg/L)	1.0
氯化物(mg/L)	250
硫酸盐(mg/L)	250
溶解性总固体(mg/L)	1 000
总硬度(以 $CaCO_3$ 计,mg/L)	450
耗氧量(COD_{Mn}法,以 O_2 计,mg/L)	3(水源限制,原水耗氧量 > 6 mg/L 时为 5)
挥发酚类(以苯酚计,mg/L)	0.002
阴离子合成洗涤剂(mg/L)	0.3
4 放射性指标②	指导值
总 α 放射性(Bq/L)	0.5
总 β 放射性(Bq/L)	1

注:①MPN 表示最可能数;CFU 表示菌落形成单位。当水样检出总大肠菌群时,应进一步检验大肠埃希氏菌或耐热大肠菌群;水样未检出总大肠菌群,不必检验大肠埃希氏菌或耐热大肠菌群。

②放射性指标超过指导值,应进行核素分析和评价,判定能否饮用。

表 4-2 饮用水中消毒剂常规指标及要求

消毒剂名称	与水接触时间(min)	出厂水中限值(mg/L)	出厂水中余量(mg/L)	管网末梢水中余量(mg/L)
氯气及游离氯制剂(以游离氯计)	≥30	4	≥0.3	≥0.05
一氯胺(以总氯计)	≥120	3	≥0.5	≥0.05
臭氧(O_3)	≥12	0.3	—	0.02(如加氯,总氯≥0.05)
二氧化氯(ClO_2)	≥30	0.8	≥0.1	≥0.02

表 4-3 农村小型集中式供水和分散式供水部分水质指标及限值

指标	限值
1.微生物指标	
菌落总数(CFU/ mL)	500
2.毒理指标	
砷(mg/L)	0.05
氟化物(mg/L)	1.2
硝酸盐(以 N 计,mg/L)	20

续表 4-3

指标	限值
3. 感官性状和一般化学指标	
色度(铂钴色度单位)	20
浑浊度(散射浑浊度单位,NTU)	3(水源与净水技术条件限制时为5)
pH	不小于6.5且不大于9.5
溶解性总固体(mg/L)	1 500
总硬度(以 $CaCO_3$ 计,mg/L)	550
耗氧量(COD_{Mn} 法,以 O_2 计,mg/L)	5
铁(mg/L)	0.5
锰(mg/L)	0.3
氯化物(mg/L)	300
硫酸盐(mg/L)	300

表 4-4 水质非常规指标及限值

指标	限值
1. 微生物指标	
贾第鞭毛虫(个/10 L)	<1
隐孢子虫(个/10 L)	<1
2. 毒理指标	
锑(mg/L)	0.005
钡(mg/L)	0.7
铍(mg/L)	0.002
硼(mg/L)	0.5
钼(mg/L)	0.07
镍(mg/L)	0.02
银(mg/L)	0.05
铊(mg/L)	0.000 1
氯化氰(以 CN^- 计,mg/L)	0.07
一氯二溴甲烷(mg/L)	0.1
二氯一溴甲烷(mg/L)	0.06

续表 4-4

指标	限值
二氯乙酸(mg/L)	0.05
1,2-二氯乙烷(mg/L)	0.03
二氯甲烷(mg/L)	0.02
三卤甲烷(三氯甲烷、一氯二溴甲烷、二氯一溴甲烷、三溴甲烷之总和)	该类化合物中各种化合物的实测浓度与其各自限值的比值之和不超过 1
1,1,1-三氯乙烷(mg/L)	2
三氯乙酸(mg/L)	0.1
三氯乙醛(水和氯醛,mg/L)	0.01
2,4,6-三氯酚(mg/L)	0.2
三溴甲烷(mg/L)	0.1
七氯(mg/L)	0.000 4
马拉硫磷(mg/L)	0.25
五氯酚(mg/L)	0.009
六六六(总量)(mg/L)	0.005
六氯苯(mg/L)	0.001
乐果(mg/L)	0.08
对硫磷(mg/L)	0.003
灭草松(mg/L)	0.3
甲基对硫磷(mg/L)	0.02
百菌清(mg/L)	0.01
呋喃丹(mg/L)	0.007
林丹(mg/L)	0.002
毒死蜱(mg/L)	0.03
草甘膦(mg/L)	0.7
敌敌畏(mg/L)	0.001
莠去津(mg/L)	0.002
溴氰菊酯(mg/L)	0.02
2,4-滴(mg/L)	0.03
滴滴涕(mg/L)	0.001
乙苯(mg/L)	0.3

续表 4-4

指标	限值
二甲苯(总量)(mg/L)	0.5
1,1-二氯乙烯(mg/L)	0.03
1,2-二氯乙烯(mg/L)	0.05
1,2-二氯苯(mg/L)	1
1,4-二氯苯(mg/L)	0.3
三氯乙烯(mg/L)	0.07
三氯苯(总量)(mg/L)	0.02
六氯丁二烯(mg/L)	0.000 6
丙烯酰胺(mg/L)	0.000 5
四氯乙烯(mg/L)	0.04
甲苯(mg/L)	0.7
邻苯二甲酸二(2-乙基己基)酯(mg/L)	0.008
环氧氯丙烷(mg/L)	0.000 4
苯(mg/L)	0.01
苯乙烯(mg/L)	0.02
苯并(a)芘(mg/L)	0.000 01
氯乙烯(mg/L)	0.005
氯苯(mg/L)	0.3
微囊藻毒素-LR(mg/L)	0.001
3. 感官性状和一般化学指标	
氨氮(以N计,mg/L)	0.5
硫化物(mg/L)	0.02
钠(mg/L)	200

2. 地表水环境质量标准

我国1983年首次颁布了《地面水环境质量标准》(GB 3838—83),并分别于1988年和1999年进行了两次修订,修订后分别颁布了《地面水环境质量标准》(GB 3838—1988)和《地表水环境质量标准》(GHZB 1—1999)。目前使用的是第三次修订后颁布的《地表水环境质量标准》(GB 3838—2002),该标准由国家环境保护总局及国家质量监督检验检疫总局于2002年4月28日联合发布,自2002年6月1日起实施,《地面水环境质量标准》(GB 3838—1988)和《地表水环境质量标准》(GHZB 1—1999)同时废止。

《地表水环境质量标准》(GB 3838—2002) 适用于我国领域内江河、湖泊、运河、渠道、水库等具有使用功能的地表水水域。具有特定功能的水域,执行相应的专业用水水质标准。依据地表水水域环境功能和保护目标,按功能高低依次划分为五类。

Ⅰ类:主要适用于源头水、国家自然保护区。

Ⅱ类:主要适用于集中式生活饮用水地表水源地一级保护区、珍稀水生生物栖息地、鱼虾类产卵场、仔稚幼鱼的索饵场等。

Ⅲ类:主要适用于集中式生活饮用水地表水源地二级保护区、鱼虾类越冬场、洄游通道、水产养殖区等渔业水域及游泳区。

Ⅳ类:主要适用于一般工业用水区及人体非直接接触的娱乐用水区。

Ⅴ类:主要适用于农业用水区及一般景观要求水域。

对应地表水上述五类水域功能,将地表水环境质量标准基本项目标准值分为五类,不同功能类别分别执行相应类别的标准值。水域功能类别高的标准值严于水域功能类别低的标准值。同一水域兼有多类使用功能时,执行最高功能类别对应的标准值。

地表水环境质量标准基本项目标准限值见表4-5,集中式生活饮用水地表水源地补充项目标准限值见表4-6,集中式生活饮用水地表水源地特定项目标准限值见表4-7。

表4-5　地表水环境质量标准基本项目标准限值　(单位:mg/L)

序号	项目		Ⅰ类	Ⅱ类	Ⅲ类	Ⅳ类	Ⅴ类
1	水温(℃)		人为造成的环境水温变化应限制在: 周平均最大温升≤1 周平均最大温降≤2				
2	pH值		6~9				
3	溶解氧	≥	饱和率90% (或7.5)	6	5	3	2
4	高锰酸盐指数	≤	2	4	6	10	15
5	化学需氧量(COD)	≤	15	15	20	30	40
6	五日生化需氧量(BOD_5)	≤	3	3	4	6	10
7	氨氮(NH_3—N)	≤	0.15	0.5	1.0	1.5	2.0
8	总磷(以P计)	≤	0.02 (湖、库0.01)	0.1 (湖、库0.025)	0.2 (湖、库0.05)	0.3 (湖、库0.1)	0.4 (湖、库0.2)
9	总氮(湖、库,以N计)	≤	0.2	0.5	1.0	1.5	2.0

续表 4-5

序号	项目		Ⅰ类	Ⅱ类	Ⅲ类	Ⅳ类	Ⅴ类
10	铜	≤	0.01	1.0	1.0	1.0	1.0
11	锌	≤	0.05	1.0	1.0	2.0	2.0
12	氟化物(以 F^- 计)	≤	1.0	1.0	1.0	1.5	1.5
13	硒	≤	0.01	0.01	0.01	0.02	0.02
14	砷	≤	0.05	0.05	0.05	0.1	0.1
15	汞	≤	0.000 05	0.000 05	0.000 1	0.001	0.001
16	镉	≤	0.001	0.005	0.005	0.005	0.01
17	铬(六价)	≤	0.01	0.05	0.05	0.05	0.1
18	铅	≤	0.01	0.01	0.05	0.05	0.1
19	氰化物	≤	0.005	0.05	0.2	0.2	0.2
20	挥发酚	≤	0.002	0.002	0.005	0.01	0.1
21	石油类	≤	0.05	0.05	0.05	0.5	1.0
22	阴离子表面活性剂	≤	0.2	0.2	0.2	0.3	0.3
23	硫化物	≤	0.05	0.1	0.2	0.5	1.0
24	粪大肠菌群(个/L)	≤	200	2 000	10 000	20 000	40 000

表 4-6　集中式生活饮用水地表水源地补充项目标准限值　(单位:mg/L)

序号	项目	标准值
1	硫酸盐(以 SO_4^{2-} 计)	250
2	氯化物(以 Cl^- 计)	250
3	硝酸盐(以N计)	10
4	铁	0.3
5	锰	0.1

表 4-7 集中式生活饮用水地表水源地特定项目标准限值 (单位:mg/L)

序号	项目	标准值	序号	项目	标准值
1	三氯甲烷	0.06	29	六氯苯	0.05
2	四氯化碳	0.002	30	硝基苯	0.017
3	三溴甲烷	0.1	31	二硝基苯④	0.5
4	二氯甲烷	0.02	32	2,4-二硝基甲苯	0.000 3
5	1,2-二氯乙烷	0.03	33	2,4,6-三硝基甲苯	0.5
6	环氧氯丙烷	0.02	34	硝基氯苯⑤	0.05
7	氯乙烯	0.005	35	2,4-二硝基氯苯	0.5
8	1,1-二氯乙烯	0.03	36	2,4-二氯苯酚	0.093
9	1,2-二氯乙烯	0.05	37	2,4,6-三氯苯酚	0.2
10	三氯乙烯	0.07	38	五氯酚	0.009
11	四氯乙烯	0.04	39	苯胺	0.1
12	氯丁二烯	0.002	40	联苯胺	0.000 2
13	六氯丁二烯	0.000 6	41	丙烯酰胺	0.000 5
14	苯乙烯	0.02	42	丙烯腈	0.1
15	甲醛	0.9	43	邻苯二甲酸二丁酯	0.003
16	乙醛	0.05	44	邻苯二甲酸二(2-乙基己基)酯	0.008
17	丙烯醛	0.1	45	水合肼	0.01
18	三氯乙醛	0.01	46	四乙基铅	0.000 1
19	苯	0.01	47	吡啶	0.2
20	甲苯	0.7	48	松节油	0.2
21	乙苯	0.3	49	苦味酸	0.5
22	二甲苯①	0.5	50	丁基黄原酸	0.005
23	异丙苯	0.25	51	活性氯	0.01
24	氯苯	0.3	52	滴滴涕	0.001
25	1,2-二氯苯	1.0	53	林丹	0.002
26	1,4-二氯苯	0.3	54	环氧七氯	0.000 2
27	三氯苯②	0.02	55	对硫磷	0.003
28	四氯苯③	0.02	56	甲基对硫磷	0.002

续表 4-7

序号	项目	标准值	序号	项目	标准值
57	马拉硫磷	0.05	69	微囊藻毒素-LR	0.001
58	乐果	0.08	70	黄磷	0.003
59	敌敌畏	0.05	71	钼	0.07
60	敌百虫	0.05	72	钴	1.0
61	内吸磷	0.03	73	铍	0.002
62	百菌清	0.01	74	硼	0.5
63	甲萘威	0.05	75	锑	0.005
64	溴氰菊酯	0.02	76	镍	0.02
65	阿特拉津	0.003	77	钡	0.7
66	苯并(a)芘	2.8×10^{-6}	78	钒	0.05
67	甲基汞	1.0×10^{-6}	79	钛	0.1
68	多氯联苯⑥	2.0×10^{-5}	80	铊	0.000 1

注:①二甲苯:指对-二甲苯、间-二甲苯、邻-二甲苯。

②三氯苯:指1,2,3-三氯苯、1,2,4-三氯苯、1,3,5-三氯苯。

③四氯苯:指1,2,3,4-四氯苯、1,2,3,5-四氯苯、1,2,4,5-四氯苯。

④二硝基苯:指对-二硝基苯、间-二硝基苯、邻-二硝基苯。

⑤硝基氯苯:指对-硝基氯苯、间-硝基氯苯、邻-硝基氯苯。

⑥多氯联苯:指PCB-1016、PCB-1221、PCB-1232、PCB-1242、PCB-1248、PCB-1254、PCB-1260。

2.地下水质量标准

为了保护和合理开发地下水资源,防止和控制地下水污染,保障人民身体健康,促进经济建设,国家技术监督局于1993年12月30日批准了《地下水质量标准》(GB/T 14848—1993),并于1994年10月1日实施。2017年10月进行修订,发布《地下水质量标准》(GB/T 14848—2017),于2018年5月1日实施,规定了地下水质量分类、指标及限值,地下水质量调查与监测,地下水质量评价等内容。适用于地下水质量调查、监测、评价与管理。与修订前相比,新版标准将地下水质量指标划分为常规指标和非常规指标,并根据物理化学性质做了进一步细分,水质指标由39项增加至93项,其中有机污染指标增加了47项。该标准的修订将为全国地下水污染调查评价和国家地下水监测工程实施提供支撑。

依据我国地下水质量状况和人体健康基准值,参照生活饮用水、工业、农业等用水水质要求,依据各组分含量高低(pH除外),将地下水质量分为五类。

Ⅰ类:地下水化学组分含量低,适用于各种用途;

Ⅱ类:地下水化学组分含量较低,适用于各种用途;

Ⅲ类:地下水化学组分含量中等,以GB 5749—2006为依据,主要适用于集中式生活饮用水水源及工农业用水;

Ⅳ类:地下水化学组分含量较高,以农业和工业用水质量要求以及一定水平的人体健康风险为依据,适用于农业和部分工业用水,适当处理后可作生活饮用水;

Ⅴ类:地下水化学组分含量高,不宜作生活饮用水,其他用水可根据使用目的选用。

地下水质量分类指标分常规指标和非常规指标,其分类及限值分别见表 4-8 和表 4-9。

表 4-8　地下水质量常规指标及限值

序号	指标	Ⅰ类	Ⅱ类	Ⅲ类	Ⅳ类	Ⅴ类
感官性状及一般化学指标						
1	色(铂钴色度单位)	≤5	≤5	≤15	≤25	>25
2	嗅和味	无	无	无	无	有
3	浑浊度/NTU[a]	≤3	≤3	≤3	≤10	>10
4	肉眼可见物	无	无	无	无	有
5	pH	6.0≤pH≤ 8.5			5.5≤pH<6.5 8.5<pH≤9.0	pH<5.5 或 pH>9.0
6	总硬度(以 $CaCO_3$ 计)(mg/L)	≤150	≤300	≤450	≤650	>650
7	溶解性总固体 (mg/L)	≤300	≤500	≤1 000	≤2 000	>2 000
8	硫酸盐 (mg/L)	≤50	≤150	≤250	≤350	>350
9	氯化物 (mg/L)	≤50	≤150	≤250	≤350	>350
10	铁 (mg/L)	≤0.1	≤0.2	≤0.3	≤2.0	>2.0
11	锰 (mg/L)	≤0.05	≤0.05	≤0.1	≤1.5	>1.50
12	铜(mg/L)	≤0.01	≤0.05	≤1.0	≤1.5	>1.50
13	锌(mg/L)	≤0.05	≤0.5	≤1.0	≤5.0	>5.00
14	铝(mg/L)	≤0.005	≤0.05	≤0.2	≤0.5	>0.50
15	挥发性酚类(以苯酚计)(mg/L)	≤0.001	≤0.001	≤0.002	≤0.01	>0.01
16	阴离子表面活性剂(mg/L)	不得检出	≤0.1	≤0.3	≤0.3	>0.3
17	耗氧量(COD_{Mn} 法,以 O_2 计)(mg/L)	≤1.0	≤2.0	≤3.0	≤10	>10.0
18	氨氮(以 N 计)(mg/L)	≤0.02	≤0.10	≤0.50	≤1.50	>1.50
19	硫化物 (mg/L)	≤0.05	≤0.01	≤0.02	≤0.10	>0.10
20	钠 (mg/L)	≤100	≤150	≤200	≤400	>400
微生物指标						
21	总大肠菌群 (MPN[b]/100 mL 或 CFU[c]/100 mL)	≤3.0	≤3.0	≤3.0	≤100	>100
22	菌落总数 (CFU/mL)	≤100	≤100	≤100	≤1 000	>1 000

续表 4-8

序号	指标	Ⅰ类	Ⅱ类	Ⅲ类	Ⅳ类	Ⅴ类
				毒理学指标		
23	亚硝酸盐（以N计,mg/L）	≤0.01	≤0.10	≤1.00	≤4.80	>4.80
24	硝酸盐（以N计,mg/L）	≤2.0	≤5.0	≤20.0	≤30.0	>30.0
25	氰化物（mg/L）	≤0.001	≤0.01	≤0.05	≤0.1	>0.1
26	氟化物（mg/L）	≤1.0	≤1.0	≤1.0	≤2.0	>2.0
27	碘化物（mg/L）	≤0.04	≤0.04	≤0.08	≤0.50	>0.50
28	汞（mg/ L）	≤0.000 1	≤0.000 1	≤0.001	≤0.002	>0.002
29	砷（mg/L）	≤0.001	≤0.001	≤0.01	≤0.05	>0.05
30	硒（mg/L）	≤0.01	≤0.01	≤0.01	≤0.1	>0.1
31	镉（mg/L ）	≤0.000 1	≤0.001	≤0.005	≤0.01	>0.01
32	铬(六价)（mg/L）	≤0.005	≤0.01	≤0.05	≤0.10	>0.10
33	铅（mg/L）	≤0.005	≤0.005	≤0.01	≤0.10	>0.10
34	三氯甲烷（μg/L）	≤0.5	≤6	≤60	≤300	>300
35	四氯化碳（μg/L）	≤0.5	≤0.5	≤2.0	≤50.0	>50.0
36	苯（μg/L）	≤0.5	≤1.0	≤10.0	≤120	>120
37	甲苯（μg/L）	≤0.5	≤140	≤700	≤1 400	>1 400
				放射性指标[d]		
38	总α放射性（Bq/L ）	≤0.1	≤0.1	≤0.5	>0.5	>0.5
39	总β放射性（Bq/L ）	≤0.1	≤1.0	≤1.0	>1.0	>1.0

[a] NTU为散射浑浊度单位。

[b] MPN表示最可能数。

[c] CFU表示菌落形成单位。

[d] 放射性指标超过指导值,应进行核素分析和评价用。

表 4-9 地下水质量非常规指标及限值

序号	指标	Ⅰ类	Ⅱ类	Ⅲ类	Ⅳ类	Ⅴ类
				毒理学指标		
1	铍（mg/L）	≤0.000 1	≤0.000 1	≤0.002	≤0.06	>0.06
2	硼（mg/L）	≤0.02	≤0.10	≤0.50	≤2.00	>2.00
3	锑（mg/L）	≤0.000 1	≤0.000 5	≤0.005	≤0.01	>0.01
4	钡（mg/L）	≤0.01	≤0.10	≤0.70	≤4.00	>4.00
5	镍（mg/L ）	≤0.002	≤0.002	≤0.02	≤0.10	>0.10

续表 4-9

序号	指标	Ⅰ类	Ⅱ类	Ⅲ类	Ⅳ类	Ⅴ类
6	钴(mg/L)	≤0.005	≤0.005	≤0.05	≤0.10	>0.10
7	钼(mg/L)	≤0.001	≤0.01	≤0.07	≤0.15	>0.15
8	银(mg/L)	≤0.001	≤0.01	≤0.05	≤0.10	>0.10
9	铊(mg/L)	≤0.000 1	≤0.000 1	≤0.000 1	≤0.001	>0.001
10	二氯甲烷(μg/L)	≤1	≤2	≤20	≤500	>500
11	1,2-二氯乙烷(μg/L)	≤0.5	≤3.0	≤30.0	≤40.0	>40.0
12	1,1,1-三氯乙烷(μg/L)	≤0.5	≤400	≤2 000	≤4 000	>4 000
13	1,1,2-三氯乙烷(μg/L)	≤0.5	≤0.5	≤5.0	≤60.0	>60.0
14	1,2-二氯丙烷(μg/L)	≤0.5	≤0.5	≤5.0	≤60.0	>60.0
15	三溴甲烷(μg/L)	≤0.5	≤10.0	≤100	≤800	>800
16	氯乙烯(μg/L)	≤0.5	≤0.5	≤5.0	≤90.0	>90.0
17	1,1-二氯乙烯(μg/L)	≤0.5	≤3.0	≤30.0	≤60.0	>60.0
18	1,2-二氯乙烯(μg/L)	≤0.5	≤5.0	≤50.0	≤60.0	>60.0
19	三氯乙烯(μg/L)	≤0.5	≤7.0	≤70.0	≤210	>210
20	四氯乙烯(μg/L)	≤0.5	≤4.0	≤40.0	≤300	>300
21	氯苯(μg/L)	≤0.5	≤60.0	≤300	≤600	>600
22	邻二氯苯(μg/L)	≤0.5	≤200	≤1 000	≤2 000	>2 000
23	对二氯苯(μg/L)	≤0.5	≤30.0	≤300	≤600	>600
24	三氯苯(总量)(μg/L)[a]	≤0.5	≤4.0	≤20.0	≤180	>180
25	乙苯(μg/L)	≤0.5	≤30.0	≤300	≤600	>600
26	二甲苯(μg/L)[b]	≤0.5	≤100	≤500	≤1 000	>1 000
27	苯乙烯(μg/L)	≤0.5	≤2.0	≤20.0	≤40.0	>40.0
28	2,4-二硝基甲苯(μg/L)	≤0.1	≤0.5	≤5.0	≤60.0	>60.0
29	2,6-二硝基甲苯(μg/L)	≤0.1	≤0.5	≤5.0	≤30.0	>30.0
30	萘(μg/L)	≤1	≤10	≤100	≤600	>200
31	蒽(μg/L)	≤1	≤360	≤1 800	≤3 600	>3 600
32	荧蒽(μg/L)	≤1	≤50	≤240	≤4 800	>480
33	苯并(b)荧蒽(μg/L)	≤0.1	≤0.4	≤4.0	≤8.0	>8.0
34	苯并(a)芘(μg/L)	≤0.002	≤0.002	≤0.01	≤0.50	>0.50
35	多氯联苯(总量)(μg/L)[c]	≤0.05	≤0.05	≤0.50	≤10.0	>10.0
36	邻苯二甲酸二(2-乙基己基)酯(μg/L)	≤3	≤3	≤8.0	≤300	>300
37	2,4,6-三氯酚(μg/L)	≤0.05	≤20.0	≤200	≤300	>300

续表 4-9

序号	指标	Ⅰ类	Ⅱ类	Ⅲ类	Ⅳ类	Ⅴ类
38	五氯酚(μg/L)	≤0.05	≤0.90	≤9.0	≤18.0	>18.0
39	六六六(总量)(μg/L)[d]	≤0.01	≤0.50	≤5.00	≤300	>300
40	γ-六六六(林丹)(μg/L)	≤0.01	≤0.20	≤2.00	≤150	>150
41	滴滴涕(总量)(μg/L)[e]	≤0.01	≤0.10	≤1.00	≤2.0	>2.0
42	六氯苯(μg/L)	≤0.01	≤0.10	≤1.00	≤2.00	>2.00
43	七氯(μg/L)	≤0.01	≤0.04	≤0.40	≤0.80	>0.80
44	2,4-滴(μg/L)	≤0.1	≤6.0	≤30.0	≤150	>150
45	克百威(μg/L)	≤0.05	≤1.40	≤7.00	≤14.0	>14.0
46	涕灭威(μg/L)	≤0.05	≤0.60	≤3.00	≤30.0	>30.0
47	敌敌畏(μg/L)	≤0.05	≤0.10	≤1.00	≤2.00	>2.00
48	甲基对硫磷(μg/L)	≤0.05	≤4.00	≤20.0	≤40.0	>40.0
49	马拉硫磷(μg/L)	≤0.05	≤25.0	≤250	≤500	>500
50	乐果(μg/L)	≤0.05	≤16.0	≤80.0	≤160	>160
51	毒死蜱(μg/L)	≤0.5	≤6.00	≤30.0	≤60.0	>60.0
52	百菌清(μg/L)	≤0.05	≤1.00	≤10.0	≤150	>150
53	莠去津(μg/L)	≤0.05	≤0.40	≤2.00	≤600	>600
54	草甘膦(μg/L)	≤0.1	≤140	≤700	≤1 400	>1 400

a 三氯苯(总量)为1,2,3-三氯苯、1,2,4-三氯苯、1,3,5-三氯苯3种异构体加和。

b 二甲苯(总量)为邻二甲苯、间二甲苯、对二甲苯3种异构体加和。

c 多氯联苯(总量)为PCB28、PCB52、PCB101、PCB118、PCB138、PCB153、PCB180、PCB194、PCB206 9种多氯联苯单体加和。

d 六六六(总量)为α-六六六、β-六六六、γ-六六六、δ-六六六4种异构体加和。

e 滴滴涕(总量)为o,p′-滴滴涕、p,p′-滴滴伊、p,p′-滴滴滴、p,p′-滴滴涕4种异构体加和。

二、水质评价的分类与一般程序

(一)水质评价分类

水质评价是水环境质量评价的简称,是根据水的不同用途,选定评价参数,按照一定的质量标准和评价方法,对水体质量定性或定量评定的过程。其目的在于准确地反映水质情况,指出发展趋势,为水资源的规划、管理、开发、利用和污染防治提供依据。

水质评价是环境质量评价的重要组成部分，其内容很广泛，工作目的不同、研究的角度不同，分类的方法也就不同。

1. 按评价阶段分类

(1)回顾评价：根据水域历年积累的资料进行评价，以揭示该水域水质污染的发展变化过程。

(2)现状评价：根据近期水质监测资料，对水体水质的现状进行评价。

(3)预断评价：又称影响评价，根据地区的经济发展规划对水体的影响，预测水体未来的水质状况。

2. 按评价水体用途分类

(1)生活饮用水质量评价。

(2)渔业用水质量评价。

(3)工业用水质量评价。

(4)观赏水体质量评价。

(5)灌溉水体质量评价。

3. 按评价参数的数量分类

评价参数又称评价因子，按其数量可分为：

(1)单因子评价：只有一个评价参数的水质评价。

(2)多因子评价：有多个评价参数的水质评价。

4. 按评价水体类型分类

(1)地表水水质评价：以地表水体为评价对象，包括河流水质评价、湖泊(水库)水质评价、河口水质评价和海洋水质评价等。

(2)地下水水质评价：以地下水为评价对象，包括浅层地下水水质评价和深层地下水水质评价等。

(二)水质评价的一般程序

水质评价工作是在水质监测的基础上进行的，其一般程序(见图4-1)如下：

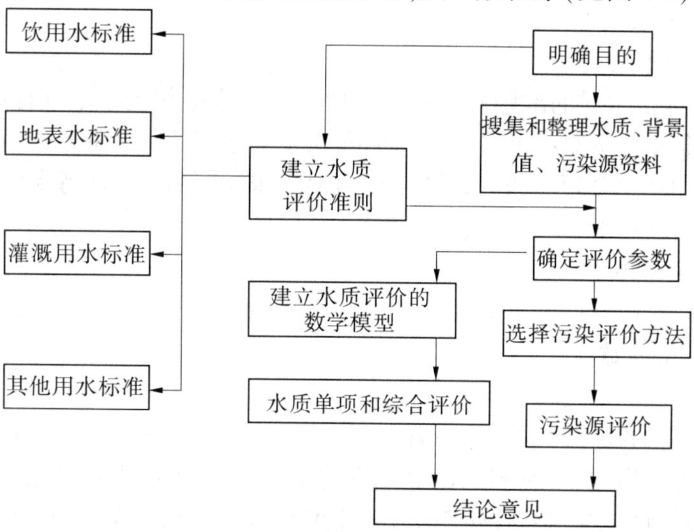

图4-1 水质评价一般程序

(1)搜集、整理、分析水质监测的数据和有关资料。

①水体环境背景值的调查。水体环境中相对清洁区监测的参数统计平均值就是该水体环境的背景值。所谓相对清洁区,是指受人类活动影响较小的地区。进行一个区域或河段评价时,可将对照断面的监测值作为背景值。

②污染源调查与评价。污染源是影响水质的重要因素,通过污染源调查与评价可以确定水体的主要污染物种类及数量,从而确定水质监测项目和水质评价因子。

③水质监测。为水质评价提供必需的水质数据。

(2)确定水质评价参数。确定评价参数就是确定评价因子,应根据评价目的和影响水质的主要污染物来确定评价参数。若评价参数选择不当,则直接影响到水质评价的结论,不能达到水质评价的目的。

(3)选择评价方法,建立水质评价的数学模型。评价方法和水质评价的数学模型都直接影响着评价结论的正确性,所以应正确选择。

(4)确定评价标准。水质标准是水质评价的准则和依据。对同一水体,采用不同的标准会得出不同的结论。应根据评价水体的用途和评价目的选择合适的水质标准。

(5)提出评价结论。根据计算结果进行水质等级划分,提出评价结论。

(6)绘制水质图。水质图可以更直观地反映水质状况。基本的水质图一般包括以下内容:①流域位置图;②水文地质状况图;③污染源分布图;④监测断面分布图;⑤污染物含量等值线图;⑥水体综合评价图等。

本项目主要介绍地表水和地下水现状评价的一些内容。

三、地表水水质评价

按照一定的质量标准选择合适的评价参数和评价方法,对地表水体的质量进行定性或定量的评定过程称为地表水水质评价。评价对象可以是一条河流,或是一条河流的一个河段、几个河段,一个湖泊,一个水库等。它们的评价方法和程序基本相似,大同小异,本项目重点介绍通用的地表水水质评价方法。

(一)确定评价标准

水质标准是评价水质的准则和依据。一般应采用国家规定的最新标准或相应的地方标准;国家无标准的水质参数可采用国外标准或经主管部门批准的临时标准;评价区内不同功能的水域应采用不同类别的水质标准,如地表水水质标准、海湾水水质标准、生活饮用水水质标准、渔业用水水质标准、农业灌溉用水水质标准等。

确定合适的评价标准十分重要,而且应该注意选择统一的标准,因为采用不同的标准,对同一水体的评价会得出不同的结论,甚至对水质是否污染也会有不同的结论。

(二)确定评价参数

1.参数选择

地表水体质量的好坏与其污染物有关,而其污染物种类浓度不一,在评价时不可能全部考虑,但若考虑不当,则会影响到评价结论的正确性和可靠性。因此,常常将能正确反映水质的主要污染物作为水质评价因子,即评价参数。评价参数的选择通常遵照以下原则:

(1)所选择的评价参数应满足评价目的和评价要求。

(2)所选择的评价参数应是污染源调查与评价所确定的主要污染源的主要污染物。

(3)所选择的评价参数应是地表水体质量标准所规定的主要指标。

(4)所选择的评价参数应考虑评价费用的限额与评价单位可能提供的监测和测试条件。

水体不同、评价目的不同,评价参数的选择亦有所不同。总之,要处理好需要和可能之间的关系。常见的评价参数有以下几种:

(1)感官物理性状参数。如温度、色度、浑浊度、悬浮物等。

(2)氧平衡参数。如 DO、COD、BOD_5 等。

(3)营养盐参数。如氨氮、硝酸盐氮、磷酸盐氮等。

(4)毒物参数。如酚、氰、汞、铬、镉、砷、农药等。

(5)微生物学参数。如细菌总数、大肠菌群等。

2. 参数取值

评价参数的取值会直接影响评价结果,参数取值的不同反映的水质变化规律不同。目前,参数取值有以下几种情况:

(1)取几个小时平均值和日平均值,用于评价水质逐日的变化。

(2)取年平均值,用于评价水质逐年或长期的变化。

(3)取月或季平均值(一般较少用),用于评价水质逐日或逐年的变化。

(4)一次随机取样值偶然性很大,不能正确评价水质的变化,只能反映水质某一时刻的情况。

在水质评价时,根据不同的情况,正确取用参数值。

(三)选择评价方法

地表水水质可以直接用感官物理性状参数、氧平衡参数、毒物参数及微生物学参数评价,也可以用数学模式(亦称水质指数)及分级评价法进行评价。以下主要对后两种评价方法作具体介绍。

1. 污染指数法

利用表征水体水质的物理化学参数的污染物浓度值,通过数学处理,得出一个较简单的相对数值(一般是无量纲值),用于反映水体的污染程度,这种处理方法称为污染指数法。污染指数是定量表示水质的一种数量指标,有反映单一污染物影响下的分指数(单一指数)和反映多项污染物共同影响下的综合指数两种。利用这两种指数可以进行不同水体之间、同一水体不同部分之间或同一水体不同时间之间的水质状况比较,即水质评价。

1)单一指数(分指数)

单一指数 I_i 是指某种污染物的实测浓度值 C_i(或经过某种计算的取值)与该污染物的评价标准值 S_i 的比值,计算公式为

$$I_i = \frac{C_i}{S_i} \tag{4-1}$$

I_i 是监测值对标准值的比值,又称等标污染负荷,是一个无量纲的数,在一定条件下,

可以表示水质相对污染状况:

当 $I_i<1.0$ 时,可以认为水质是清洁的(对某一污染物而言);

当 $I_i>1.0$ 时,说明水质已污染(对某一污染物而言);

当 $I_i=1.0$ 时,水质处于临界状态(对某一污染物而言)。

对于性质不同的污染物,其污染指数计算公式有所不同。

(1)对于随浓度增加而污染危害也增加的污染物,如酚、氰、COD 等,其污染指数采用式(4-1)计算。

(2)对于随浓度增加而危害程度下降的污染物,如溶解氧等,其污染指数计算公式为

$$I_i=\frac{C_{max}-C_i}{C_{max}-S_i} \tag{4-2}$$

式中 C_{max}——水质指标 i 在水中可能的最大浓度,mg/L,在 20 ℃时,水中的饱和溶解氧为 9.2 mg/L;

其他符号意义同前。

(3)对具有最高允许浓度和最低允许浓度限制的污染物,其污染指数计算式为

$$I_i=\frac{C_i-\overline{S}_i}{S_{max}-\overline{S}_i} \quad 或 \quad I_i=\frac{C_i-\overline{S}_i}{\overline{S}_i-S_{min}} \tag{4-3}$$

式中 S_{max}、S_{min}——某一水质指标标准值的上限、下限;

$\overline{S}_i$——水质指标标准值的上、下限平均值,$\overline{S}_i=\frac{S_{max}+S_{min}}{2}$;

其他符号意义同前。

2)综合指数

河流的污染一般是由多种污染物引起的,用单一指数法进行评价,往往不能全面反映水质状况。为了解决这个问题,后来出现了综合指数法。综合指数表示多项污染物对水环境产生的综合影响程度,它是以单一指数为基础,通过各种数学关系式综合求得的。综合计算的方法很多,现介绍几种常用的综合指数计算形式。

(1)叠加型指数。叠加型指数是在 1975 年北京西郊环境质量评价中提出的。其计算公式为

$$I=\sum_{i=1}^{n}\frac{C_i}{S_i} \tag{4-4}$$

式中 I——水质综合评价指数;

C_i——污染物 i 的实测浓度,mg/L;

S_i——污染物 i 的水环境质量标准,mg/L。

此指数计算简单,意义明确,但对取不同参数个数的水体评价缺少可比性。例如,一个河段取酚、氰、汞、铬四项污染物为评价参数,而另一水域取酚、氰、COD、BOD、砷、铬六项污染物为评价参数,通过计算得到两个综合污染参数 I_1 和 I_2,但是不能简单地根据 I_1 和 I_2 的数值大小,做出哪一水域污染严重的结论。另外,此参数是将各污染物对环境的影响平等对待,没有考虑不同污染物对环境影响程度的差别,如某河流锰离子与氰离子的

浓度均超过允许标准的一倍，它们对 I 值的影响是同等的，但实际是氰离子浓度超标一倍就会带来严重的环境危害，而锰离子浓度超标一倍对环境的影响是微弱的。

（2）均值型指数。1977 年，在图们江水系污染与水资源保护研究工作中，提出了均值型指数，又称综合污染指标。其计算公式为

$$I = \frac{1}{n}\sum_{i=1}^{n}\frac{C_i}{S_i} \tag{4-5}$$

式中 n——选取的污染物个数，即评价参数的个数；

其他符号意义同前。

这种方法解决了不同参数个数对指数值的影响，但仍未考虑不同污染物危害程度对指数值的影响。

（3）加权均值型指数。1977 年，在南京城区环境质量综合评价研究中提出的水域质量综合指标，即属加权均值型指数。其计算公式为

$$I = \sum_{i=1}^{n} W_i \frac{C_i}{S_i} \tag{4-6}$$

式中 W_i——污染物 i（即单一指数 C_i/S_i）的加权值（即权重），$\sum_{i=1}^{n} W_i = 1$；

其他符号意义同前。

当时共选砷、酚、氰、铬、汞五种污染物作为评价参数，按综合污染指数 I 值对水域的水质进行分级（见表 4-10）。

表 4-10 加权均值型指数水质分级

I 值	级别	分类依据
<0.2	清洁	多数项目未检出，个别项目检出但在标准内
0.2~0.4	尚清洁	检出值均在标准内，个别值接近标准
0.4~0.7	轻污染	有一项检出值超过标准
0.7~1.0	中污染	有 1~2 项检出值超过标准
1.0~2.0	重污染	全部或相当部分监测项目检出值超过标准
>2.0	严重污染	相当部分项目检出值超过标准一倍到数倍

加权均值型指数应用中的主要问题在于权重（加权值）W_i 的确定。W_i 的确定方法很多，如流量加权、河段长度加权、湖泊面积加权等。但对于一般情况，多是根据污染参数对环境的影响、对人体健康和生物的危害，确定每个污染参数的相对重要性，给出它们不同的权重。例如，某河段评价参数有酚、氰、铬、砷，那么可按重要性分别给其权重为 0.4、0.3、0.2、0.1；或是根据群众和专家的意见来确定权重。在实际工作中，如何确定权重，还要结合实际问题具体分析。

（4）均方根型指数。均方根型指数的形式很多，如：

$$I = \sqrt{\frac{1}{n}\sum_{i=1}^{n}\left(\frac{C_i}{S_i}\right)^2} \tag{4-7}$$

式中符号意义同前。

(5)内梅罗指数。其计算公式为

$$I = \sqrt{\frac{\left(\max\frac{C_i}{S_i}\right)^2 + \left(\frac{1}{n}\sum_{i=1}^{n}\frac{C_i}{S_i}\right)^2}{2}} \tag{4-8}$$

式中 C_i——水质指标 i 的实测值;

S_i——水质指标 i 的标准值;

$\max\frac{C_i}{S_i}$——n 个$\frac{C_i}{S_i}$中的最大值;

$\frac{1}{n}\sum_{i=1}^{n}\frac{C_i}{S_i}$——$n$ 个$\frac{C_i}{S_i}$的平均值。

(6)有机污染综合指数。

黄浦江起源于上海市和江苏省交界的淀山湖,流经上海市境内,在吴淞口流入长江,是上海市的主要给水水源,同时也是主要的排污河道。1976~1977年,上海市有关单位针对黄浦江水体受到严重污染,夏季出现黑臭的现象,进行了调查和评价。

评价人员根据长期实际观察试验积累的经验,认为主要是氨氮及耗氧有机物的污染降低了水中溶解氧,造成了发臭现象,因此选择了 NH_3—N、COD、BOD 和 DO 4 个参数,提出了如下评价公式:

$$A = \frac{BOD_i}{BOD_0} + \frac{COD_i}{COD_0} + \frac{NH_3—N_i}{NH_3—N_0} - \frac{DO_i}{DO_0} \tag{4-9}$$

式中 A——有机污染综合指数;

BOD_i、COD_i、NH_3—N_i、DO_i——各参数的实测值,mg/L;

BOD_0、COD_0、NH_3—N_0、DO_0——各参数的标准值,mg/L。

根据观察试验结果,参照当时的国家地面水质三级标准,结合黄浦江的具体情况将各参数的标准值定为 BOD_0 为 4 mg/L、COD_0 为 6 mg/L、NH_3—N_0 为 1 mg/L、DO_0 为 4 mg/L;并将 $A \geq 2$ 定为受到有机污染的标志。分级情况见表 4-11。

表 4-11 水质分级

A 值	污染程度分级	水质质量评价
<0	0	良好
0~1	1	较好
1~2	2	一般
2~3	3	轻污染
3~4	4	中度污染
>4	5	严重污染

表4-12就是根据黄浦江某年实测水质资料,利用有机污染综合指数对黄浦江水质进行评价的部分成果。从表4-12可以看出,黄浦江上游淀山湖和淀峰有机污染评价值 A 为负值,表明上游水质良好;但从日晖港起,黄浦江进入市区后,由于纳入了大量城市生活污水和工业废水,水中有机物质增多,污染加剧,A 值出现高峰,大都超过2。

表4-12　黄浦江有机污染综合指数评价成果

项目		断面名称											
		上游		支流									
		淀山湖	淀峰	老塘	六磊塘	日晖港	白莲泾	苏州河	虹港	杨浦港	虬江	高桥港	蕴藻浜
6月	A 值	-0.64	-1.33	0.90	1.32	28.03	3.23	10.11	10.59	8.91	7.56	2.25	5.59
	水质级别	0	0	1	2	5	4	5	5	5	5	3	5
10月	A 值	-0.78	-1.05	10.05	1.72	3.07	0.52	2.09	5.22	32.25	9.87	3.15	-0.14
	水质级别	0	0	5	2	4	1	3	5	5	5	4	0

表4-12中所列10条支流都是上海市区和郊区几个重要工业区的主要排污河道,因而 A 值普遍较大,表明受有机污染严重。10条支流的 A 值,6月有8条大于2,6条大于4,达到了严重污染,最大值出现在日晖港,高达28.03;10月有7条大于2,4条大于4,最大值在杨浦港,高达32.25。

综合指数的形式还有很多,在各种水质评价中都有应用。但从基本思路上看,都是将其污染物的实测值与评价标准值比较,得到各污染物的分指数 I_i(即 C_i/S_i),然后采用各种方法计算得到污染综合指数 I,根据 I 可以评价水体质量。

2. 分级评价法

分级评价法是将评价参数的代表值与各类水体的分级标准值分别进行对照比较,确定其单项的水质分级,然后进行等级指标的综合叠加,综合评价水体的类别或等级。1982年,全国水资源调查和评价中曾使用此法。分级评价法在具体使用时有不同方式,常采用百分制分级法和十分制分级法(W 分级法)。

1)百分制分级法

百分制分级法的一般步骤如下:

(1)选择评价参数。根据实际情况选择合适的评价参数若干个,通常选取10个评价参数,如溶解氧、COD、氰、酚、铅、汞、铬、铜、油、砷等。

(2)制定评价准则。评价准则包括单因子评分标准、水质分级标准。应根据实际情况并结合现行的有关环境质量标准制定科学、合理的评价准则。

(3)给每个评价参数评分。根据评价参数的实测值,套用单因子评分标准,给每个评价参数评分,每个参数的评分值最高为10分,最低为0分。

(4)计算总分。总分即 M 值,其取值最高是100分,最低是0分,按下式计算:

$$M = \sum_{i=1}^{10} A_i \tag{4-10}$$

式中 M——总分;

A_i——评价参数 i 的评分值。

(5)确定水质级别。根据总分计算结果,套用水质分级标准,确定水质级别。

【例 4-1】 现测得某河段水体中含溶解氧 3.5 mg/L、酚 0.015 mg/L、氰 0.04 mg/L、砷 0.03 mg/L、铬 0.16 mg/L、汞 0.000 4 mg/L、COD 9.5 mg/L、油 0.35 mg/L、镉 0.025 mg/L、铅 0.06 mg/L,单因子评分标准及水质分级标准分别如表 4-13 及表 4-14 所示。试用百分制分级法对该水体进行评价。

表 4-13 单因子评分标准(一)

污染级别	项目	COD	溶解氧	氰	酚	油	铅	汞	砷	镉	铬
理想级	mg/L	<3	>6	<0.01	<0.001	<0.01	<0.01	<0.000 5	<0.01	<0.001	<0.01
	评分值	10	10	10	10	10	10	10	10	10	10
良好级	mg/L	<8	>5	<0.05	<0.01	<0.3	<0.05	<0.002	<0.04	<0.005	<0.05
	评分值	8	8	8	8	8	8	8	8	8	8
污染级	mg/L	<10	>4	<0.1	<0.02	<0.6	<0.1	<0.005	<0.08	<0.01	<0.1
	评分值	6	6	6	6	6	6	6	6	6	6
重污染级	mg/L	<50	>3	<0.25	<0.05	<1.2	<0.2	<0.025	<0.25	<0.05	<0.25
	评分值	4	4	4	4	4	4	4	4	4	4
严重污染级	mg/L	≥50	≤3	≥0.25	≥0.05	≥1.2	≥0.2	≥0.025	≥0.25	≥0.05	≥0.25
	评分值	2	2	2	2	2	2	2	2	2	2

表 4-14 水质分级标准(一)

M 值	100~96	95~76	75~60	59~40	<40
水质等级	理想级	良好级	污染级	重污染级	严重污染级

解:选择溶解氧、酚、氰、砷、铬、汞、COD、油、镉、铅 10 个评价参数;根据各评价参数的实测资料套用单因子评分标准(见表 4-12)给每个评价参数的评分:溶解氧 4、酚 6、氰 8、砷 8、铬 4、汞 10、COD 8、油 6、镉 4、铅 6;计算总分(M 值):

$$M = \sum_{i=1}^{10} A_i = 4 + 6 + 8 + 8 + 4 + 10 + 8 + 6 + 4 + 6 = 64$$

根据 $M=64$,套用水质分级标准(见表 4-13),可评定该河段水质为污染级。

2)十分制分级法

十分制分级法又称 W 分级法,其一般步骤与百分制分级法相似,具体如下:

(1)选择评价参数。根据实际情况选择合适的评价参数若干个。

(2)制定评价准则。评价准则包括单因子评分标准、水质分级标准,应根据实际情况并结合现行的有关环境质量标准制定科学、合理的评价准则。

(3)给每个评价参数评分。根据评价参数的实测值,套用单因子评分标准,给每个评价参数评分,每个参数的评分值最高为10分,最低为0分。

(4)计算总分。总分即 W 值,为"两个最低分之和",其取值范围最高是20分、最低是0分,按下式计算:

$$W = A_X + A_Y \tag{4-11}$$

式中 W——总分;

A_X——评价参数中最低的评分值;

A_Y——评价参数中次低的评分值。

(5)确定水质级别。根据总分计算结果,套用水质分级标准,确定水质级别。

(6)写出数学模式。数学模式为 $SN_{10}^{x}N_{8}^{x}N_{6}^{x}N_{4}^{x}N_{2}^{x}$,$S$ 为评价参数总个数,N_{10}^{x} 为得10分的评价参数个数,依次类推。

(7)写出污染表达式。污染表达式为 SW_{J-C},J 为水质分级级别Ⅰ~Ⅴ,C 为超标项目个数。

(8)写出超标项目。将超出环境标准的项目标出。

【例4-2】 已知洋河下游八号桥断面、逐鹿桥断面的水质监测资料(部分)如表4-15所示,单因子评分标准及水质分级标准如表4-16和表4-17所示,试用 W 分级法对此二断面的水质进行评价。

表4-15 实测水质资料(部分) (单位:mg/L)

断面	年度	溶解氧	BOD_5	I_{Mn}	挥发酚
八号桥	1981~1982	8.32	6.13	4.34	0
	1986~1987	6.00	5.62	14.50	0.019
	1991~1992	7.70	15.95	11.30	0.013
逐鹿桥	1981~1982	10.55	3.69	1.99	0
	1986~1987	7.40	2.30	3.45	0.003
	1991~1992	9.85	8.00	2.60	0.002

表4-16 单因子评分标准(二)

项目	Ⅰ级		Ⅱ级		Ⅲ级		Ⅳ级		Ⅴ级	
	mg/L	评分	mg/L	评分	mg/L	评分	mg/L	评分	mg/L	评分
溶解氧	≥6	10	≥5	8	≥3	6	≥2	4	<2	2
BOD_5	<3	10	<4	8	<6	6	<10	4	>10	2
I_{Mn}	≤4	10	<6	8	<8	6	<10	4	>10	2
挥发酚	<0.002	10	< 0.005	8	<0.01	6	<0.1	4	>0.1	2

表 4-17 水质分级标准(二)

水质等级	理想级(Ⅰ)	良好级(Ⅱ)	污染级(Ⅲ)	重污染级(Ⅳ)	严重污染级(Ⅴ)
W 值	20 或 18	16 或 14	12 或 10	8 或 6	<4

解:选择溶解氧、BOD_5、I_{Mn} 及挥发酚 4 个评价参数;根据各评价参数的实测资料套用单因子评分标准(见表 4-16)给每个评价参数评分;计算 W 值,并据 W 值套用水质分级标准(见表 4-18)对水质进行分级;写出数学模式及污染表达式;写出超标项目详见表 4-18。

表 4-18 W 分级评价

断面	年度	溶解氧		BOD_5		I_{Mn}		挥发酚		W 值	水质级别	数学模式	污染表达式	超标项目
		mg/L	评分	mg/L	评分	mg/L	评分	mg/L	评分					
八号桥	(1)	8.32	10	6.13	4	4.34	8		10	12	Ⅲ	$4N_{10}^2N_8^1N_4^1$	$4W_{Ⅱ-1}$	BOD_5
	(2)	5.97	10	5.62	6	14.50	2	0.019	4	6	Ⅳ	$4N_{10}^1N_6^1N_4^1N_2^1$	$4W_{Ⅳ-1}$	I_{Mn}
	(3)	7.70	10	15.95	2	11.30	2	0.013	4	4	Ⅴ	$4N_{10}^1N_4^1N_2^2$	$4W_{Ⅴ-2}$	BOD_5、I_{Mn}
逐鹿桥	(1)	10.55	10	3.69	8	1.99	10		10	18	Ⅰ	$4N_{10}^3N_8^1$	$4W_{Ⅰ-1}$	BOD_5
	(2)	7.40	10	2.30	10	3.45	10	0.003	8	18	Ⅰ	$4N_{10}^3N_8^1$	$4W_{Ⅰ-1}$	挥发酚
	(3)	9.85	10	8.00	6	2.60	10	0.002	10	16	Ⅱ	$4N_{10}^3N_6^1$	$4W_{Ⅱ-2}$	BOD_5

注:(1)为 1981~1982 年,(2)为 1986~1987 年,(3)为 1991~1992 年。

3)单因子评价法

单因子评价法又称一票否决法,其评价步骤如下:

(1)选择评价参数。根据实际情况选择合适的评价参数若干个。

(2)确定评价标准。一般选择现行的水质标准,如《地表水环境质量标准》(GB 3838—2002)等为评价标准。

(3)确定单因子水质类别。根据各评价参数的实测值套用评价标准,分别确定单因子水质类别。

(4)确定水质综合类别。水质综合类别与单因子水质类别中最差的类别相同。

(5)统计超标项目(参数)。超标项目(参数)即实测值超出了标准值的项目(参数),不同的水域功能标准值不同,如《地表水环境质量标准》(GB 3838—2002)一般以Ⅲ类水为污染标准界限,若评价参数的实测值超过其上限,即为超标,对这样的参数应进行统计说明。

【例 4-3】 已知某河流断面实测水质监测资料(部分)如表 4-19 所示,试用单因子评价法对该断面进行水质评价。

表 4-19　某河流断面实测水质监测资料(部分)

参数	浓度(mg/L)	参数	浓度(mg/L)	参数	浓度(mg/L)
溶解氧	12.0	氨氮	1.31	砷	0.002 36
高锰酸盐指数	3.4	总氮	3.83	六价铬	
COD	15.4	挥发酚	0.003	汞	
BOD_5	2.8	氰化物	0.004		

解:(1)选择 11 个评价参数。分别为溶解氧、高锰酸盐指数、COD、BOD_5、氨氮、总氮、挥发酚、氰化物、砷、六价铬、汞等。

(2)确定评价标准。以《地表水环境质量标准》(GB 3838—2002)为评价标准。

(3)确定单因子水质类别。根据评价参数的实测值套用评价标准分别确定单因子水质类别,溶解氧Ⅰ类、高锰酸盐指数Ⅱ类、CODⅢ类、BOD_5Ⅰ类、氨氮Ⅳ类、总氮劣Ⅴ类、挥发酚Ⅱ类、氰化物Ⅰ类、砷Ⅰ类、六价铬Ⅰ类、汞Ⅰ类。

(4)确定水质综合类别。水质综合类别与单因子水质类别中最差的类别相同,即与总氮的水质类别相同,为劣Ⅴ类。

(5)统计超标项目(参数)。以Ⅲ类水为污染标准值,则超标的项目有氨氮、总氮 2 个,详见表 4-20。

表 4-20　某河流断面单因子水质评价

序号	参数	浓度(mg/L)	单因子水质类别	水质综合类别	超标项目与超标率
1	溶解氧	12.0	Ⅰ	劣Ⅴ	氨氮、总氮
2	高锰酸盐指数	3.4	Ⅱ		
3	COD	15.4	Ⅲ		
4	BOD_5	2.8	Ⅰ		
5	氨氮	1.31	Ⅳ		
6	总氮	3.83	劣Ⅴ		
7	挥发酚	0.003	Ⅱ		
8	氰化物	0.004	Ⅰ		
9	砷	0.003	Ⅰ		
10	六价铬		Ⅰ		
11	汞		Ⅰ		

3.统计型评价法

在评价时段内,当有足够数量(如 30~40 次)的水质资料时,可以把每一个水质参数看作是一个随机变量,每一次的实测值就是这个随机变量的取值,实测值出现的次序先后与历时长短不予考虑,这样就可以将概率统计的方法用到水质评价中去,从而可以求得水质参数大于等于某一浓度出现的概率,或是某一概率下对应的水质参数的浓度。这就是水质的统计型评价法,其步骤如下:

(1)选择评价参数。根据评价目的结合实际情况选择若干个评价参数。

(2)搜集整理资料。在评价时段内,搜集整理每一个评价参数的实测水质资料。

(3)计算(累积)经验频率。对每一个评价参数的实测值,从大到小依次排序,并按下式计算(累积)经验频率:

$$P = \frac{m}{n+1} \tag{4-12}$$

式中 P——(累积)经验频率;

n——总的水质监测次数;

m——序号。

(4)绘制(累积)经验频率曲线。以水质参数的实测浓度为纵坐标,以(累积)经验频率为横坐标,绘制(累积)经验频率曲线。

(5)评价。在(累积)经验频率曲线上,水质参数的浓度值与(累积)经验频率是对应的,由(累积)经验频率可以查出浓度,由浓度可以查出(累积)经验频率,从而可以求得水质参数大于等于某一浓度出现的概率,或是某一概率下对应的水质参数的浓度,这就是评价结论。

表4-21是根据黄河某断面实测水质资料,利用统计型评价法对该断面进行水质评价的部分成果,从中可以看出各种概率((累积)经验频率)下的水质状况。如概率是50%时对应的COD为2.4 mg/L、酚为0.002 4 mg/L,即COD≥2.4 mg/L出现的概率是50%、酚≥0.002 4 mg/L出现的概率是50%等。

表4-21 黄河某断面水质统计型评价成果 (单位:mg/L)

项目	概率((累积)经验频率 P)									均值
	10%	20%	30%	40%	50%	60%	70%	80%	90%	
DO	8.45	7.95	7.55	7.20	6.90	6.65	6.35	5.80	4.7	6.79
COD	4.1	3.4	2.9	2.6	2.4	2.2	2.1	1.9	1.4	2.7
酚	0.005 6	0.004 2	0.003 4	0.002 9	0.002 4	0.001 9	0.001 4	0.000 9	0.000 4	0.003 0
氰	0.007 3	0.005 2	0.003 7	0.002 6	0.002 0	0.001 4	0.001 1	0.000 6	0.000 2	0.003 4
砷	0.021 0	0.012 5	0.008 0	0.005 0	0.002 0	0	0	0	0	0.008 3
汞	0.001 9	0.000 3	0	0	0	0	0	0	0	0.000 8

四、地表水水体质量综合评价

作为地表水水体质量的整体概念,除水层的水质外,还应包括底泥和水生生物的质量状况。有关水质评价方法在本项目单元4-1-3已经讲过,本单元简单介绍底质评价和生物学评价方法,并通过对湖泊水体质量的评价,介绍地表水水体质量综合评价的内容。

(一)底质评价

底质评价方法与水质评价方法相似,也是先求出各评价参数(通常选 pH 值、氧化还原电位、灼烧减重、氮、磷及汞、铬、砷等有毒物质)的单一指数:

$$I_i = \frac{C_i}{S_i}$$

然后用前面所述的“叠加”“均值”等方法求出底质综合指数。由于缺乏底质的评价标准(S_i),目前常采用评价地区未受污染或稍污染的土壤中同类物质自然含量的监测上限代替。

(二)生物学评价

生物学评价可以通过求生物指数来进行,也可以根据水生生物的种类来评价。

1. 生物指数

各种污染物质使水体生态环境恶化,造成生物群落发生变化,生物指数是根据生物种群的变化,求出一定的数量值,用以反映水体的质量。

1) Beck 指数

Beck 指数按底栖大型无脊椎动物对有机污染的耐性分成两类:Ⅰ类是不耐有机污染的种类,Ⅱ类是能忍受中等程度的污染,但非完全缺氧条件下的种类。一个调查地点内Ⅰ类和Ⅱ类动物种类数 n_{I} 和 n_{II} 按下式计算:

$$I = 2n_{\text{I}} + n_{\text{II}} \tag{4-13}$$

当 $I=0$ 时,为严重污染;当 $I=1\sim10$ 时,为中度污染;当 $I>10$ 时,为清洁水。

此法要求调查采集的各测站环境因素力求一致,如水深、流速、底质、水草等。

2) 污染生物指数

颤蚓可用来作为污染生物的代表。颤蚓类的数量占整个底栖动物数量的百分数就是污染生物指数。

$$\text{污染生物指数}(\%) = \frac{\text{颤蚓类个体数}}{\text{低栖动物个数}} \times 100\% \tag{4-14}$$

当此指数小于 60%时,表示水质良好;当此指数在 60%~80%范围内时,为中等污染;当此指数大于 80%时,为严重污染。

3) 硅藻类生物指数

用河流中硅藻的种类计算生物指数,计算公式为

$$I = \frac{2A + B - 2C}{A + B - C} \times 100\% \tag{4-15}$$

式中　A——不耐污染的生物种类数;

B——对有机污染不敏感的种类数;

C——污染区内特有的生物种类数;

I——生物指数,I 越大,表明水质越好,I 越小,污染越严重。

4) 群落多样性生物指数

群落多样性生物指数是利用水生物群中种数与个体数的比值来确定污染的情况。由于水体遭受污染后,生物种群中往往出现某些种类减少,而另一些抵抗污染力强的种类个

体数量却大量增加的现象。对于不同程度污染的水域,它们的比值是不同的,故可以利用这个比值关系来评价水污染情况,早期提出的指数公式为

$$d=\frac{S}{\ln N} \tag{4-16}$$

式中 S——生物群种数;

N——各类生物的总个体数;

d——多样性指数,d 值越小,表示水被污染得越严重。

式(4-16)过于简单,易于掩盖不同生物群中种间个体数量相对差异性,而且 d 的大小与样品的多少有关,下面的公式可以克服这些缺点。

$$d=-\sum_{i=1}^{s}\left(\frac{n_i}{N}\right)\log_2\left(\frac{n_i}{N}\right) \tag{4-17}$$

式中 n_i——样品中第 i 种生物的个体数($i=1,2,\cdots,s$);

N——样品中生物个体总数;

d——多样性指数,可以分为5个等级:0为严重污染,0~1为重污染,1~2为中污染,2~3为轻污染,3以上为清洁水体。

2. 指示生物

河流被污染后,在污染源下游相当长的流程内,由于水体的自净作用,污染程度逐渐降低,水生生物种类发生相应的变化。根据出现的各种特有的指示生物,沿流程可分成几个连续的污染带:多污带、α-中污带、β-中污带和寡污带。各污染带内的化学特征和生物学特征见表4-22。

表4-22 污水生物体系各污染带内的化学特征和生物学特征

特征	多污带	α-中污带	β-中污带	寡污带
化学过程	因腐败现象引起的还原和分解作用明显开始	水和底泥中出现氧化作用	到处进行氧化作用	因氧化使矿化作用达到完成阶段
溶解氧	全无	有一些	较多	很多
BOD	很高	高	较低	低
硫化物形成	有强烈硫化氢味,大致可以辨识	硫化氢臭味消失	无	无
水中有机物	有大量高分子有机物	因高分子有机物分解而产生氨基酸	有很多脂肪酸胺化合物	有机物全分解
底质	往往有黑色硫化铁存在,故常带黑色	硫化铁已氧化成氢氧化铁,故不带黑色		大部分已氧化

续表 4-22

特征	多污带	α-中污带	β-中污带	寡污带
水中细菌	大量存在，每毫升水中达100万个以	很多，每毫升水中达10万个以上	数量减少，每毫升水中在10万个以下	少，每毫升水中在100个以下
栖息生物的生态学特性	所有动物皆为细菌摄取者，均能耐pH值的强烈变化，均为耐低溶解氧的嫌气性生物，对硫化氢、氨等有强烈的抗性	以摄食细菌的动物占优势，其他有食肉性动物。一般对pH值和溶解氧变化有高度适应性。能耐氨，但对H_2S的耐性弱	对溶解氧和pH值变化的耐性差，对腐败性毒物无长时间的耐性	对溶解氧和pH值变化的耐性很差，特别缺乏对腐败性毒物（如H_2S等）的耐性
植物	出现无硅藻、绿藻、接合藻和高等植物	藻类大量发生，有蓝藻、绿藻、接合藻和硅藻出现	多种硅藻、绿藻、接合藻出现，此带为鼓藻类主要分布区	水中藻类少，但着生藻类多
动物	以微型动物为主，原生动物占优势	微型动物占大多数	多种多样	多种多样
原生动物	有变形虫、纤毛虫，但无太阳虫、双鞭毛虫和双管虫	逐渐出现太阳虫、双管虫，但无鞭毛虫出现	出现太阳虫、双管虫中耐污性弱的种类和双鞭毛虫	仅有少数鞭毛虫和纤毛虫
后生动物	仅有少数轮虫、蠕形动物、昆虫幼虫出现。水螅、淡水海绵、苔藓动物、小型甲壳类、贝类、鱼类不能在此生存	有贝类、甲壳类、昆虫出现，但无淡水海绵、苔藓动物，鱼类中的鲤、鲫、鲶等可在此带栖息	淡水海藻、苔藓动物、水螅、贝类、小型甲壳类两栖动物、鱼类多种出现	除各种动物外，昆虫幼虫种类极多

我们可以根据污染特征，如水中细菌数等指示说明水质污染程度。这种利用对环境中某种污染敏感（或有较高耐量）的生物种类的存在（或缺失）来指示其所在水体该污染物多寡或分解程度高低的方法，即为生物指示法。

（三）水体质量综合评价

有了水质、底质和生物学评价以后，便可以对整个水体的质量进行综合评价。方法有均值法、加权法。

$$I_{综} = \frac{1}{3}(I_{水} + I_{底} + I_{生}) \tag{4-18}$$

$$I_{综} = W_{水} I_{水} + W_{底} I_{底} + W_{生} I_{生} \tag{4-19}$$

式中　$I_{综}$——水体综合指数；

$I_{水}$、$I_{底}$、$I_{生}$——水质、底质、生物学评价的综合指数；

$W_{水}$、$W_{底}$、$W_{生}$——水质、底质、生物学评价值所占的权重。

将得到的综合评价值 $I_{综}$ 按一定原则进行适当的污染分级,即可概括出水体的质量状况。

(四)评价实例

实例一　白洋淀水体综合评价

在本例水体综合评价中采用了如下模式:

$$I_{综} = \frac{1}{3}(I_{水} + I_{底} + I_{生})$$

其中,水质和底泥采用指数评价法:

$$I = \sum_{i=1}^{n} \frac{C_i}{S_i} C_k \tag{4-20}$$

式中　I——污染物 i 的综合污染指数;

C_i——污染物 i 的实测值,mg/L;

S_i——污染物 i 的评价标准,mg/L;

C_k——综合系数,定为 0.1。

生物评价采用如下指数公式:

$$I_{生} = \sum_{j=1}^{n} \frac{C_j}{S_j} \times 100\% \tag{4-21}$$

式中　$I_{生}$——生物指数(%);

C_j——j 监测点水中耐污染无脊椎动物数量,个;

S_j——j 监测点水中无脊椎动物总数量,个。

结合水体综合指数 $I_{综}$,并参照水体生态特征,将白洋淀的污染程度分为四级(见表 4-23)。

表 4-23　白洋淀综合污染指数分级

级别	污染程度	指数	生态特征
Ⅰ	未污染	<0.40	大多数污染物含量低于标准,个别超标。无色无味,氧化环境,NH_4 态氮矿质化,浮游藻类少,以昆虫幼虫为主,沉水植物和浮叶植物丰富,组成苦菜杂草群落
Ⅱ	轻污染	0.40~0.60	个别污染物超标,无色无味,氧化环境,NH_3 态氮转化为 NH_4 态氮,软体动物以虾类为主,沉水植物组成黑藻群落,挺水植物和浮叶植物稀少
Ⅲ	中污染	0.60~0.80	有两种污染物超标,水色灰褐,氧化还原环境,有机物分解为 NH_3 态,软体动物较多,也有一定数量的水丝蚓,沉水植物以竹叶眼子菜—南齿眼子菜群落为主,浮叶植物水鳖出现
Ⅳ	重污染	>0.80	两种以上污染物超标率较高,水呈茶褐色,氧化还原环境,浮游生物多,以水丝蚓和摇蚊幼虫为主,组成浮叶植物水鳖群落,沉水植物和挺水植物稀少

实例二 阳澄湖水体综合评价

1977 年,中国科学院南京地理与湖泊研究所与南京大学对江苏省内阳澄湖进行了综合评价。

评价过程是在获得有代表性的环境调查资料后,先分别进行水质、生物和底质各自的综合评价,然后作水体综合评价。

水质综合评价选择参数较多,采用的是污染指数法和分级叠加法(此处略)。

底质综合评价,选择有机质含量、pH 值、硫化物、汞、铬、砷为参数。由于缺乏关于底质污染的统一标准,当时是根据苏南地区主要土类及第四纪沉积物的本底调查,结合湖区情况,提出了阳澄湖底质中有害物质自然含量的上限,即汞:0.3 mg/kg;砷:10 mg/kg;铬:60 mg/kg;硫化物:60 mg/kg。以此作为底质污染的标准,求出单项参数的污染指数(分指数),再用下列公式计算求得底质综合指数,并以此分级(见表 4-24)。

$$底质综合指数 = [(分指数的最大值^2 + 分指数的平均值^2) \div 2]^{0.5}$$

表 4-24 底质污染分级

底质综合污染指数	底质污染分级
<1.0	清洁
1.0~1.5	轻污染
>1.5	污染

最后根据各采样点的污染分级,做出底质的综合污染分区图。

生物学评价主要是通过鉴定藻类和底栖无脊椎动物的组成来进行的。根据对优势种和代表种的种群及其数量的分析来判断水体的污染程度,同时参考 Beck 指数法计算结果,共同划分污染等级。

在做出水质、生物、底质的综合分区图后,根据三者资料的代表性资料、与人体健康的密切程度及其他用途进行水体的综合评价。由于阳澄湖底质常年受挖泥积肥的影响,其资料代表性差,而生物监测的项目少,且没有明确地划分污染标准,因此在评价水体的质量时,水质、生物、底质的权重应不同。三者的权重依次为 0.6、0.3、0.1,将其代入下述公式,即可得出各点的综合质量指数。

$$P = \sum M_i W_i \tag{4-22}$$

式中 P——水体质量等级;

M_i——水质、生物、底质的分级值;

W_i——水质、生物、底质的权重。

例如,某采样点水质为 2 级,生物为 1 级,底质为 3 级,则该点综合质量等级为:

$$P = 2\times0.6+1\times0.3+3\times0.1 = 1.8 \approx 2$$

即为 2 级。经过逐点计算,得出各采样点相应的质量分级,最后绘出该湖的水体质量综合分区图。

任务4-2 地下水质量评价

一、评价目的和原则

随着城市建设、工业发展、地下水的大规模开发利用,地下水的水质和水量均发生了显著变化,不仅影响到城市供水质量,危及人体健康,而且诱发水源枯竭、地面下沉、咸水入浸等一系列水文地质、工程地质问题。因此,研究这些问题,并提出防治措施就成了城市环境中迫切需要解决的问题,是城市环境质量评价不可分割的重要组成部分。进行地下水水质评价,其目的就是研究和认识城市地区的环境水文地质条件和特征,以及随着城市发展、地下水开发利用而带来的地下水水质的变化,为控制地下水污染,制定城市水资源政策提供科学依据。

地下水水质评价与地表水水质评价相比,除具有评价工作的相同特征外,还有它自己的特点。由于地下水埋藏于地质介质中,受地质构造、水文地质条件及地球化学条件等多因素的影响,水质的污染十分缓慢和复杂,所以评价它较地表水就更为困难。

对于地下水质量评价,主要遵循以下原则:

(1)评价工作主要限于那些已经或将要以地下水作为供水水源的城市或工业区。

(2)评价工作必须在已有城市水文地质工作的基础上进行,没有开展过水文地质、工程地质普查的城市同时开展水文地质、工程地质调查和研究工作。

(3)必须有地下水质监测资料作基础,在缺乏监测资料的地区应首先开展水化学研究。

(4)必须以地下水资源的质量变化和地质环境的质量变化为重点,结合该地区的环境水文地质条件类型来进行。

二、评价参数的选择

在自然界中,影响地下水质量的有害物质很多。无机化合物有几十种,有机化合物有上百种,其中能溶解于水的有70多种。不同地区,由于工业布局不同,污染源不同,污染物组成也就存在很大差异,因此地下水质量评价参数的选择要根据研究区的具体情况而定。一般情况下,可把地下水污染物质分为以下几类:

(1)能反映地下水的常规理化指标。如K^+、Na^+、Ca^{2+}、Mg^{2+}、SO_4^{2-}、Cl^-、HCO_3^-、CO_3^{2-}、NH_4^+、NO_3^-、pH值、矿化度、总硬度等。

(2)有毒的金属物质和非金属物质。如汞、铬、镉、铅、砷、氟化物、氰化物等。

(3)有机有害物质。如酚、有机氯、有机磷等。

(4)微生物。如细菌、病虫卵、病毒等。

各地区在评价地下水质量时,除第一类反映地下水质量的一般理化指标必须监测外,还要根据各地的污染特点来选择评价参数。值得注意的是,地表污染源、表层地质结构、地貌特征、植被、人类开发工程、水文地质条件及地下水开发现状等都直接影响地下水质量的好坏,所以在选择评价参数时,也应对其加以考虑。

三、评价方法

地表水水质评价的方法在地下水水质评价中根据实际也可选用，在此不再赘述。此处主要介绍《地下水质量标准》(GB/T 14848—2017)中规定的两种地下水水质评价方法，即单指标评价法和综合评价法，现将其评价方法分述如下。

(一)地下水质量单指标评价法

地下水质量单指标评价，按指标值所在的指标限值区间确定地下水质量类别，不同地下水质量类别的指标限值相同时，从优不从劣。

例如：挥发性酚类Ⅰ、Ⅱ类限值均为0.001 mg/L，若水质分析结果为0.001 mg/L，应定为Ⅰ类，不定为Ⅱ类。

(二)地下水质量综合评价法

地下水质量综合评价，按单指标评价结果的最高类别确定，并指出最高类别的指标。

例如：某地下水样氯化物含量400 mg/L，四氯乙烯含量350 μg/L，这两个指标属Ⅴ类，其余指标均低于Ⅴ类。则该地下水质量综合类别定为Ⅴ类，Ⅴ类指标为氯离子和四氯乙烯。

除本方法外，也可选用其他适当方法进行地下水质量评价。

根据不同用途对水质的不同要求，可作相应地下水质量专项评价。

知识训练

1. 水质指标主要有哪些？有哪几个重要的水质指标？
2. 水质评价按评价水体用途如何进行分类？
3. 如何利用污染指数法进行水质评价？

项目5 水资源管理

【学习指导】:

1. 掌握需(用)水量的计算。
2. 掌握水资源论证的基本方法和步骤。
3. 了解水资源管理与保护的技术措施。

任务5-1 水资源供需分析

一、基本概念

为了满足国民经济各部门的用水要求,在水资源数量、质量及其动态变化规律分析计算的基础上,尚应结合已有的流域规划或区域性水利规划等成果,进一步开展水资源合理利用及供需关系的分析。

(一)分析的目的和主要内容

水资源的供需分析,旨在揭示区域内供需关系的内在规律和主要矛盾,探讨水资源开发利用的途径与潜力,为加速工农业生产的发展和水利建设提供科学依据。水资源供需分析是区域水资源分析计算的最终目标。

水资源供需分析的主要内容包括可利用水量(可供水量)的估算,水资源开发利用现状分析,不同代表年、不同发展阶段的需水量预测和余缺水平衡计算等。

供水是对一定的工程措施而言的。在研究一个地区水资源供需关系时,对供水条件来说,只知道该地区的天然水资源有多少是不够的,因为在天然情况下,水资源的时空分布一般都是不均匀的,它与人类生产和生活的要求不相适应。为了满足工农业生产和生活用水的要求,有必要通过工程措施对天然水资源进行时空再分配。一般把通过蓄水、引水、提水、调水等各类工程措施,改变天然水资源的时间、地区分布所能获得的可以利用的水量,叫作可利用水量,也称为可供水量。各类工程的兴建受到自然、经济、技术条件的限制,可利用水量及其保证程度也要受到一定的制约。目前,我国各大江河可供水量平均只占河川径流量的16%左右。可供水量所占的比重愈大,说明水资源开发利用的程度愈高。

需水是指工农业、城镇生活及其他部门的具体用水要求。在国民经济的不同发展阶段,各部门的需水要求也是不同的,故须按不同阶段分别进行估算和预测。

供水与需水应该相互协调、相互平衡。如果供水与需水不协调,就要从水资源合理利用的角度出发,对水资源缺乏地区的缺水原因进行分析,并要提出相应的解决途径和措施。

水资源供需分析涉及面很广,例如需水量的预测,既涉及国民经济各部门的需水要求,又涉及工农业生产的合理布局、发展速度与规模、技术经济条件等,并且与方针政策也有密切的联系。目前,我国部分地区已不同程度地出现了工农业争水现象,许多综合利用水库转而以城市生活和工业供水为主。当水资源不敷需要,众多用户争相要求供水时,更需要研究科学供水问题。在编制区域水资源供需平衡方案时,仅仅把水资源用于发展农田灌溉,还是农业、工业、生活、环境、旅游等方面统筹安排;农业用水是单纯生产粮食,还是农、林、牧、副、渔全面发展。对缺水严重的地区,是继续发展水田灌溉还是搞旱作农业。在水资源利用的方式上,地表水和地下水、当地水资源和入境水量之间如何统一使用,等等。对于这些问题,都要从经济实用的观点出发,全面考虑,合理决策,以最大限度地发挥水资源的经济效益。

如前所述,区域水资源与流域水资源是有区别的。前者是指非完整流域,其水资源由当地水和入境水两部分组成。后者则指完整流域,流域内上下游不同区域的水量又常常是不同的。例如长江,每年约 9 000 亿 m^3 的水通过上海市流入海洋,水资源十分丰富,但就长江中下游地区的实际需要而言,当地水资源还是不足的,需要利用长江的客水资源。就位于下游出口的上海市来说,长江入境水量虽然很多,但尚需具有足够的工程设施才能利用,目前的可利用水量不过是入境水量的 1%~2%。在区域水资源供需分析中,要特别注意区分当地水和入境水,分别估算二者的可利用水量。

(二)供需分析中的几个基本概念

1. 分区单元

供需关系分析,一般需要将一个大的区域划分为若干分区。对每一分区单元进行供需分析,然后逐级汇总。分区单元的划分原则是:要以流域、水系和供水系统为主,综合考虑水资源计算分区、地形条件、行政区划、干支流汇合点以及重要水利工程控制点等因素。采用的分区级别和分区大小,应根据区域具体情况,尽量使用分析成果能够反映区域内水资源的供需特点和矛盾。

2. 水平年

国民经济的发展是有阶段性的,每一阶段都反映了一定的国民经济水平,同时也反映了一定的水资源供需条件和开发利用水平,这就是水平年问题。

水资源供需平衡可按现状、近期和远景三个水平年考虑,每个水平年分别取某一年份作代表。例如现状选 2010 年、近期选 2015 年、远景选 2030 年。

3. 代表年

代表年就是通常所说的典型年,各水平年供需平衡,应选取 2~3 种不同频率,分别代表平水年、枯水年和特枯水年,北方地区一般可考虑采用 $P=50\%$、$P=75\%$两种频率,南方地区可考虑采用 $P=50\%$、$P=75\%$和 $P=90\%$(或 95%)三种频率。

不同频率的代表年从区域径流中或代表性系列中选取。

4. 计算时段

供需平衡计算时段的划分,对于用水紧张的北方地区,一般可按月平衡;对于南方富水地区,可以按主要作物灌溉期与非灌溉期平衡。对于某些平原区或重点灌区,根据实际需要,也可适当确定更短的计算时段。

二、供需平衡中的水资源计算

区域水资源供需平衡计算一般是由上游到下游、由支流到干流、由小到大逐级进行的,为供需分析提供的水资源资料必须适应这一要求。本任务将讨论供需平衡中有别于一般水资源计算的有关问题。

(一)水资源基本资料的一致性

水资源供需分析应当采用已经选定的具有代表性的资料系列,并应经过区域综合平衡而定,这样可使各分区(各流域)资料基础一致,便于分析及成果相互比较。如发现实测资料系列与代表性系列有所出入,原则上应对前者加以修正,尽量使两者协调一致。

(二)分区单元水量的计算

分区单元是供需平衡分析中最基本的计算单元。在同一分区单元内,径流条件应当基本一致,区域内径流量可以统一调配。但在大多数情况下,一个中等流域的集水面积可达到几千平方千米,有时甚至超过 1 万 km^2,这样大的范围很难满足上述要求。因此,分区单元水量的计算,可以采用下列两种方法:

(1)按一个区计算。如果分区面积不大,或者分区内情况单一,符合区内径流条件一致、径流量能够统一调配的要求,则按一个区计算。分区径流量可以参照项目 2 介绍的方法来推求。

(2)按两个区计算。如果分区面积较大,或者区内情况并不单一,例如区内部分径流量已被水库拦蓄,其余属于非控制区。由于这两部分径流量对可供水量来说,性质明显不同,故需分成水库控制区和水库以下无控制区两部分计算。

某区域水库控制区与无控制区示意图见图 5-1,其分区控制站以上总面积为 5 098 km^2,有中型水库 2 座,小型水库 10 座,中小型水库总集水面积为 336 km^2,占总控制面积的 6.7%。该分区单元水量需按下列两个区域来估算:

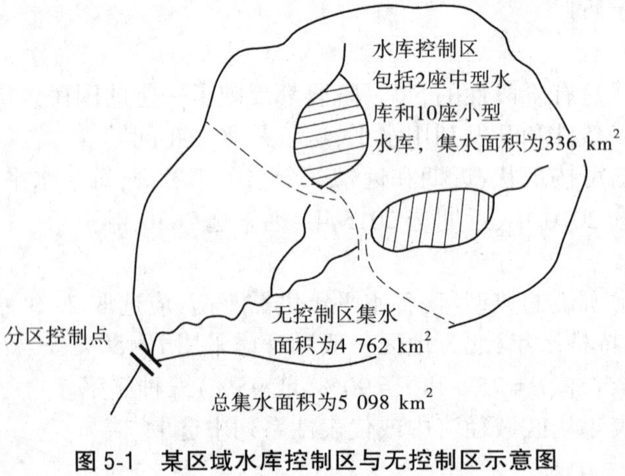

图 5-1 某区域水库控制区与无控制区示意图

(1)中小型水库控制的来水量、供水量。按上述一个区的计算方法,用选定的典型年推求各中型水库(包括库容较大的小型水库)指定频率的来水量,并通过水库调节计算推求供水量。

(2)无控制区的水量。无控制区是指分控制站以上扣除各中小型水库集水面积后的剩余面积,这里所说的区间水量并不是区间天然水量,因为在上游各中小型水库的来水量中,超过灌区灌溉需水量的弃水和灌溉回归水,均作为区间可利用水量的一部分包括在区间水量中,并且已包含在下游控制站实测水量内。因此,无控制区灌溉期各月的区间水量可根据控制站以上天然来水量、水库灌溉用水量、灌溉回归水量及水库损失水量等来计算。计算公式为

$$W_{区间} = W_{天然} - W_{库灌} - W_{库损} + W_{回归} \tag{5-1}$$

式中 $W_{区间}$——控制站以上扣除中小型水库面积的区间水量,万 m^3;

$W_{天然}$——分区控制站以上总集水面积上的天然径流量,万 m^3;

$W_{库灌}$——水库灌溉用水量,万 m^3;

$W_{库损}$——水库损失水量,万 m^3,为水库水面蒸发损失增量与渗漏损失水量之和;

$W_{回归}$——水库灌溉用水的回归水量,万 m^3。

(三)汇总区域水量的计算

分区单元供需平衡计算后,尚需进行逐级汇总。汇总计算中推求指定频率的全区域供需成果时,各分区单元水量的选取、平衡成果的汇总累加等,均需研究水量的空间分布(即水量的地区组成)问题。

年径流的时空分布是极不均匀的,某一流域(或大区)内各小区的年径流量不可能同频率出现,指定频率的全流域水量并不等于各分区相同频率水量之和。例如,当全流域为平水年时,上下游可能有各种不同的组合,或者上丰下枯,或者下丰上枯,或上下游同为平水年等。当划分的小区在两个以上时,组合情况将会更加复杂多样,故对全流域进行某种频率的供需平衡分析时,既不能整块计算,也不能用分区同频率水量计算。合理的做法是以流域(或区域)总水量为控制,同时考虑上下游各分区单元水量的不同组合,选取最不利的情况作为供需平衡的依据。目前,汇总区域水量的计算方法有下列几种。

1. 系列法

系列法是对各单元按选定的代表性系列逐年进行平衡计算,然后汇总。系列法的优点是可从年径流时空变化方面较完善地提供多种有价值的信息,是比较理想的供需平衡计算方法;缺点是工作量大,难以实际应用。

2. 主要来水区同频率、区间相应法

主要来水区同频率、区间相应法以河口或下游某地年径流为控制,与上游主要来水区同频率径流量相减得到相应频率的区间径流量,并以典型年的分配模式决定其分配。

3. 典型年法

典型年法以河口或汇总点为控制,同时兼顾上游主要来水区的水量,以实测来水量系列中选取年水量和灌溉期水量最接近于指定频率的某一年份作为典型年,各分区均按同一典型年来计算和汇总。

应用典型年法、河口(或汇总点)处来水频率符合指定频率,各分区来水则为所取典型年于各分区内发生的实际水量,其频率分别由实际水量在各分区来水频率曲线上确定。

典型年法概念清楚,可以反映某一具体年份整个流域年水量是如何组成的,揭示各分区的供需关系。但典型年法只反映了年径流的一种时空分布情况,具有一定的偶然性。

区域水资源供需平衡汇总中的区域水量计算方法,应该根据区域具体情况予以选定。目前,国内一般倾向于采用典型年法。

三、可供水量的计算

可供水量的计算,重点应摸清水利工程的现状供水量,同时也要对近期和远景的工程可供水量进行预测。

预测未来情况下的可供水量时,一般以现状为基数,根据技术经济条件的可能,参照水利发展规划,适当拟定增长率,按不同河系、水源(地表水、地下水)、供水方式(蓄、引、提、调)逐条河流进行计算,相加后即得全区域的供水量。当区域面积相对较小且缺乏实测或调查资料时,也可由典型河流供水量的分析,按不同类型(分区)建立综合关系曲线、经验公式或按可供水系数法近似估算。

(一)有一定实测资料情况下可供水量的计算

当区域内蓄、引、提水量较大,即水利化程度较高时,可以根据工程的类型和大小采用分类、分级分析法计算可供水量。用该法计算的可供水量较为可靠。

1. 水库可供水量

1)大中型水库可供水量

如水库具有坝下实测供水量记录,可将逐年的供水量由大到小依次排列,经频率计算后推求不同频率的水库可供水量;也可先按下列公式计算水库供水利用系数:

$$\eta = \frac{W_{供}}{W_{总}} = \frac{W_{总} - W_{泄}}{W_{总}} \tag{5-2}$$

式中 η——水库供水利用系数;

$W_{供}$——年可供水量,万 m^3;

$W_{总}$——年入库总水量,万 m^3;

$W_{泄}$——年下泄水量,万 m^3。

然后将 η 值由大到小依次排列起来,经频率计算后推求不同频率的水库供水利用系数。在一定区域内,根据多座大型水库实际供水系数的分析,还可以制定供水利用系数的经验公式,以便推估该区域内其他缺乏实测资料的大型水库的可供水量。

如果水库无坝下测流记录,其来水量则可通过参证站或等值线图法来推估,进行水库调节计算后,即可求得水库的可供水量、供水过程和可能弃水量。

水库可供水量实际上就是水库的净调节水量,或者是毛调节水量减去水库损失量。一般水库在原设计文件中已提供水库的调节水量和其他有关特征数值,但供需分析中采用的水文数据、灌溉定额、用水情况等与原设计相比较,可能有所变动,故应根据实际情况对原设计水库特征值进行复核。一般情况下,要首先复核既定来水条件下现有用水要求能否得到满足,若能满足且尚有余力,则需调整灌溉面积和用水量,按照水库兴利库容得到充分利用、不致弃水或弃水甚少的原则,确定水库可供水的潜力。

以灌溉为主的年调节水库,其可供水量相当于水库完全年调节情况下可能提供的灌溉用水量,它可根据设计频率的大小选择设计代表年,通过历时列表法逐时段进行调节计算来确定。

水库损失水量的估算多采用近似估算法。就是根据已定的兴利库容,确定这个库容的平均蓄水量,再计算平均年蒸发量、渗漏损失量,按蒸发的月分配比分配到各月,计算逐月水库损失量。各种频率的代表年都按这个损失过程进行计算。

对于多年调节水库，可由毛调节系数确定可供水量，计算公式为

$$W_{毛调}=\alpha W_0 \tag{5-3}$$

$$W_{净调}=W_{毛调}-W_{库损} \tag{5-4}$$

式中　$W_{毛调}$、$W_{净调}$——水库毛调节水量和净调节水量，万 m^3；

α——毛调节系数；

W_0——多年平均年径流量，万 m^3；

$W_{库损}$——水库损失水量，万 m^3。

推求多年调节水库的调节水量，可根据资料情况分别采用系列法和数理统计法。

求得水库可供水总量以后，可按灌溉用水过程确定可供水量的月分配。

2）小型水库及塘坝可供水量

小型水库为数众多，一般缺乏实测资料及设计数据，其可供水量占水库总供水量的比重又相对较小，故可根据部分典型中小型水库长系列调节演算的成果，建立各种地区性的简化经验公式或供水量线解图近似估算。在大多数情况下，可以寻求水库可供水量与年径流量、兴利库容、总库容等因素之间的关系。

塘坝是浅山丘陵区灌溉用水和生活用水的主要供水源。塘坝可供水量不仅取决于有效库容的大小，而且与复蓄次数密切相关。塘坝可供水量一般用下式计算：

$$W_{塘坝}=nV \tag{5-5}$$

或

$$W_{塘坝}=nAH \tag{5-6}$$

式中　$W_{塘坝}$——塘坝可供水量，万 m^3；

n——复蓄次数；

V——塘坝有效库容，万 m^3；

A——塘坝水面面积，m^2；

H——平均水深，m。

对丰、平、枯不同代表年分别调查塘坝的有效库容及复蓄次数，即可求得不同代表年的塘坝可供水量。

2. 引、提水工程可供水量

引水工程可供水量是指通过引水工程直接从江河、湖泊中自流引用的水量，提水工程可供水量则是指通过动力机械设备提取的水量。

1）引、提水工程供水能力的估算

中小型工程往往缺乏实测引、提水量资料，一般需通过调查分析各引、提水工程的设计、实际引水流量来估算。分区单元内有多处引、提水工程时，可相加后视为一处考虑，计算公式为

$$W_{工程}=Q_{引、提}Tt \tag{5-7}$$

式中　$W_{工程}$——引、提水工程供水能力，m^3；

$Q_{引、提}$——引、提水流量，m^3/s；

T——一个月内引、提水时间，d；

t——一天引、提水时间，s，引水取 86 400 s，提水工程每天开机时间一般为 15～22

h,应取开机时间相应的秒数。

将式(5-7)求得的工程供水能力作为最大灌溉用水月份的供水能力。灌溉期其他月份的供水能力应根据灌溉用水月分配的比例缩小,这样推算的工程供水能力可以近似地反映灌溉用水过程的变化。

2)引、提水工程可供水量的确定

引、提水工程的可供水量及供水过程,需要通过河段内来水,引、提水工程供水能力和各业用水量三者相互比较来确定,现结合实例说明黑龙江省水资源供需平衡计算。

某区域上、下两个单元分区划分示意图见图5-2,各单元及全区域引、提水工程(频率$P=75\%$)的可供水量全部计算过程和成果列入表5-1。

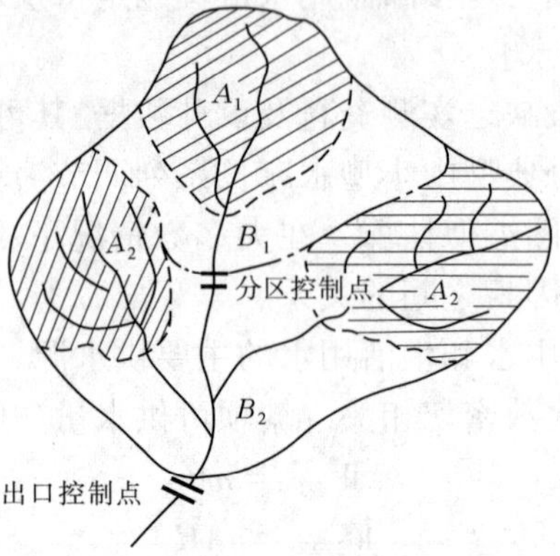

A_1、A_2—上、下单元水库控制区间;B_1、B_2—上、下单元控制区间

图5-2 两单元分区划分示意图

(1)单元来水量计算。本区域由A、B两个控制点分成上、下两个单元,每个单元中均有部分水库控制区。在扣除本单元内的水库控制面积后,剩下的区间面积上相应的来水量为区间水量(见表5-1中第(1)、(8)、(17)栏)。区间水量可按式(5-1)计算。本单元区间水量减去实际供水量再加上本区间引、提水工程的回归水量则为下泄水量。下泄水量应加入到下游的区间水量中,并提供给下单元利用。以此逐段往下游计算,区域出口的出境水量(即表5-1中汇总单元的下泄水量)就是最下游单元的下泄水量。

(2)工程供水能力计算。例如,上单元各工程总引水流量为23.0 m^3/s,总提水流量为2.43 m^3/s,合计为25.43 m^3/s,由式(5-7)计算5月最大灌溉用水的工程供水能力,其他6月、7月、8月的工程供水能力,按用水比例缩小,记入表5-1中第(2)栏。

(3)可供水量与实际供水量计算。灌溉期各月的区间来水量与供水能力比较,取两者的较小值作为实际供水量。

3)区域汇总可供水量的计算

在黑龙江省水资源供需计算实例中,汇总单元是全区域总单元,其中区间水量、工程供水能力、用水量及实际供水量等项均为上、下两单元相应项之和。

表 5-1　某区域引、提水工程可供水量计算表($P=75\%$)　　(单位:万 m^3)

分区名称	项目	栏别	各月可供水量			
			5 月	6 月	7 月	8 月
上单元(××以上)	区间水量	(1)	7 500	7 802	23 332	9 151
	工程供水能力	(2)	6 811	5 994	5 789	2 929
	用水量	(3)	6 402	5 649	5 449	2 733
	可供水量	(4)	6 811	5 994	5 789	2 929
	实际供水量	(5)	6 402	5 649	5 449	2 733
	本区回归水量	(6)	577	577	577	577
	下泄水量	(7)	1 675	2 730	18 460	6 995
下单元(××以下至河口)	区间水量	(8)	2 485	11 098	23 092	6 185
	上单元下泄水量	(9)	1 675	2 730	18 460	6 995
	小计	(10)	4 160	13 828	41 552	13 180
	工程供水能力	(11)	6 439	5 666	5 473	2 769
	用水量	(12)	6 638	5 877	5 602	2 695
	可供水量	(13)	4 160	5 666	5 473	2 769
	实际供水量	(14)	4 160	5 666	5 473	2 695
	本区回归水量	(15)	624	624	624	624
	下泄水量	(16)	624	8 786	36 703	11 109
汇总单元(全区域)	区间水量	(17)	9 985	18 900	46 424	15 336
	工程供水能力	(18)	13 250	11 660	11 262	5 698
	用水量	(19)	13 040	11 526	11 051	5 428
	可供水量	(20)	10 562	11 660	11 262	5 698
	实际供水量	(21)	10 562	11 315	10 922	5 428
	下泄水量	(22)	624	8 786	36 703	11 109

注:表中仅列出灌溉期4个月。

上、下两单元可供水量可重复利用,因此全区域的可供水量不能简单地由上、下两单元可供水量相加求得,如图5-3所示,上、下两单元可供水量之和不可能超过上、下两单元区间水量与上单元回归水量的总和,否则可供水量之间就有重复,故可按下式判别后取用:

令

$$A=W_{区间,上}+W_{区间,下}+W_{回归,上}$$

$$B=W_{可供,上}+W_{可供,下}$$

$$\left.\begin{aligned}&若\ B<A \quad 则\ W_{可供,总}=B\\&若\ B>A \quad 则\ W_{可供,总}=A\end{aligned}\right\} \tag{5-8}$$

式中　$W_{区间}$、$W_{回归}$、$W_{可供}$——区间来水量、回归水量和可供水量,脚注上、下表示上、下单元;

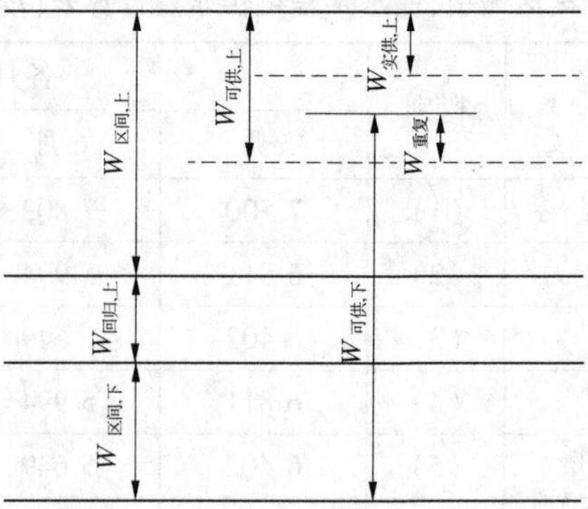

图 5-3 可供水量之间重复利用示意图

$W_{可供,总}$——全区域的可供水量。

例如,在表 5-1 中,8 月 $A=9\ 151+6\ 185+577=15\ 913$(万 m^3),$B=2\ 929+2\ 769=5\ 698$(万 m^3),$B<A$,则 $W_{可供,总}$ 为 5 698 万 m^3,即 $W_{可供,总}$ 为上、下两单元可供水量之和。5 月 $A=7\ 500+2\ 485+577=10\ 562$(万 m^3),$B=6\ 811+4\ 160=10\ 971$(万 m^3),$B>A$,则 $W_{可供,总}$ 为 10 562 万 m^3。这时,下单元可供水量重复利用了一部分上单元的可供水量,其重复水量为 $10\ 971-10\ 562=409$(万 m^3)。

3. 地下水可供水量

地下水的用水部门一般包括农业、牧区草场、林业苗圃以及部分工业、城镇生活用水等。在特定区域内,根据地下水的补给来源,通过对上述各部门地下水实际开采量的调查,分析不同井出水量、井灌面积与定额、区系有效利用系数等,进而选定地下水的可开采量与实际开采量。

地下水可开采量的计算,可视具体情况,采用本书项目 3 介绍的有关方法。

在浅层地下水开发利用程度不高的地区,通常直接以农业、工业和生活用水量作为可供水量;而在地下水开发利用达到一定水平及利用程度较高的地区,则需考虑补给量与用水量之间的平衡关系,计算有一定补给保证的可开采量,以此作为该地区的地下水可供水量。

(二)短缺资料情况下可供水量的估算

1. 地区综合可供水系数法

在水资源开发利用程度较高的地区,估算现有工程及拟建工程的可供水能力,它与本区年径流量的比值,即称为可供水系数,由于可供水能力是全部蓄、引、提水工程所提供的水量,故分析出来的可供水系数是本区的综合可供水系数。将这种系数移用到其他条件相似的地区,与该区域年径流量的乘积,即为可供水量。

一般情况下,需要根据现状典型资料和规划发展情况,分析出各种地貌(平坝、深丘、浅丘、山区)偏枯年的最大可供水量作为该地区可供水量的上限,现状已开发利用的水量作为可供水量的下限。不同发展阶段的可供水系数即可在可供水系数的上、下限之间适当选用,根据云南省分析,全省平坝区水资源可供水系数为 0.2~0.8,山区水资源可供水系数为 0.03~0.08。

本法的优点在于分析应用较简便,缺点是难以找到地貌、水文气象特征、水文地质条件、植被情况等相近,而且可控制的径流面积与总径流面积的比值也相近的相同的类型区。若同一地区不同代表使用同一系数,估算的可供水量可能有很大差别。

2. 不同发展阶段,不同调节措施估算法

这种方法是云南省用来近似估算资料短缺、数量众多的不同工程措施可供水量的较好方法之一。它把已建、正建和拟建的灌溉工程控制利用的水资源作为估算对象,认为在同一发展阶段、不同代表年的可供水量取决于枯季来水量的多少,并受工程调节能力或引水条件的制约。因此,根据水文资料和各地蓄、引、提水工程已利用的水量,可以分析不同代表年枯季来水量的比值及可利用系数等,建立地区性的经验关系,进而推算可供水量。

首先需确定各 $P=75\%$代表年的可利用水量,以此作为估算基础,其他代表年的可利用水量则由不同工程措施的可利用系数与 $P=75\%$的可利用水量的乘积进行估算。

现状 $P=75\%$代表年可利用水量由实际年灌溉用水分析确定。近期和远景 $P=75\%$的可利用水量等于现状可利用水量加上计划工程可以增加的利用水量,蓄、引、提水工程应当分别估算,不同代表年的可利用系数分析法举例如下。

(1)蓄水工程的可利用系数。已知蓄水工程 $P=75\%$的利用水量为 W_p,根据水文特性,完全调节水库在汛期可控制 W_p 的 70%,枯季可控制 W_p 的 30%,假设 $P=50\%$代表年的枯季来水量与 $P=75\%$代表年的枯季来水量的比值为 1.1,即枯季水量增加 10%,并假定全部通过调节而利用,此时水库枯季控制水量为:$0.3W_p(1+0.1)=0.33W_p$,而水库实际增加的控制水量为 $0.33W_p-0.3W_p=0.03W_p$。枯季水量的增加,可以扩大灌溉面积,相应要求增大汛期灌水量为$\frac{1}{2.3}\times0.03W_p=0.013W_p$(汛期灌溉用水量与枯季灌溉用水量之比 1∶2.3),故 $P=50\%$代表年的可利用水量为 $0.7W_p+0.013W_p+0.33W_p=1.043W_p\approx1.04W_p$,即可利用系数为 1.04。

(2)引水工程的可利用系数。已知引水工程在 $P=75\%$代表年的利用水量为 W_p,设 $P=95\%$时引渠控制面积的枯季来水量与 $P=75\%$枯季来水量之比为 0.9。无调节引水工程可引水量主要取决于枯季来水过程。若枯季来水量减少 10%,其枯季引水量、灌溉面积及汛期引水量均要相应减少 10%,则总引水量为 $0.9W_p$,故可利用系数为 0.9。

通过类似分析,可以得到不同代表年蓄、引水工程可利用系数与枯季径流量比值的关系(见表 5-2)。

3. 特枯年灌溉面积反推法

某一特枯年由灌溉面积乘以灌溉定额求得的已提供的水量,与工程潜力尚能提供的水量之和即可作为现状可供水量。近期和远景各水平年的可供水量,则为现状水量与规划工程所能提供的水量之和。

应当指出的是,以上几种计算可供水量的方法,主要考虑了农业灌溉的要求,有的未将工业用水、城市生活用水计算在内。工业用水和生活用水一般均为自备供水设施。在供需平衡计算时,应当注意把自备设施供水量计入可供水量之中。

表 5-2 蓄、引水工程可利用系数与枯季径流量比值的关系

枯季径流量比值	可利用系数	
	蓄水工程	引水工程
0.7	0.88	0.7
0.8	0.92	0.8
0.9	0.96	0.9
1.0	1.00	1.0
1.1	1.04	1.1
1.2	1.08	1.2
1.3	1.12	1.2
1.4	1.16	1.2
1.5	1.2	1.2
1.6	1.24	1.2
1.7	1.26	1.2
1.8	1.28	1.2
2.0	1.3	1.2
2.1	1.3	1.2
2.2	1.3	1.2

注:1. 现阶段可利用水量估算查表时,用实际年枯季径流量除以各代表年的枯季径流量,得枯季径流量比值;

2. 近期、远景阶段可利用水量估算查表时,用 $P=75\%$时的枯季径流量除以各代表年的枯季径流量,得枯季径流量比值;

3. 此处枯季指 11 月至次年 5 月;

4. 引水工程最大可利用系数采用 1.2,蓄水工程最大可利用系数采用 1.3。

四、需(用)水量的计算

需水部门可分为河道外用水和河道内用水两类。河道外用水主要是指牧业、农业灌溉,林业苗圃、工业及城市生活用水,农村人畜用水等;河道内用水则指水力发电、航运、放水、河道冲淤及维持生态环境用水等。河道外用水要消耗部分水量,河道内用水基本不能消耗水量,河道外用水是供需分析的重点对象。

(一)农业用水量

农业用水包括农业、牧业、林业、渔业等部门用水以及农村人畜生活饮用水。

我国是一个农业大国,农业灌溉用水量占全国总用水量的 85%以上。就全国来说,主要用于水田灌溉,北方一些地区则以灌溉旱田作物为主。

农业用水是指饲料基地、草场的灌溉用水,林业用水主要用于苗圃和新栽林的灌溉,渔业用水则要求养殖水面必须维持一定的水深。

在农业灌溉用水量的计算中,应当按地表水、地下水两种供水水源,对不同类型灌区

划分单元,分别由灌溉定额、灌溉面积计算并确定毛灌溉水量、净耗水量和回归水量,具体计算方法参见项目1单元1-1-3有关内容。

为了满足水资源供需分析的需要,在计算现状灌溉用水量的基础上,还要预测未来两种水平年的灌溉用水量。灌溉用水量的预测,关键在于拟定不同水平年可能发展扩大的灌溉面积,并要合理确定相应的灌溉定额与渠系有效利用系数。

灌溉面积的发展,近期主要考虑现有工程的配套挖潜,在此基础上,根据当地农业生产的发展要求、水资源条件和外流域调水的可能性,也可发展一些新灌区,从而拟定出各种水平年的灌溉面积和递增率。

一般情况下,农业生产结构和作物组成的不断调整,新的灌水技术和节水措施的不断推广和应用,能够使未来两个水平年的灌溉定额下降(减少10%~20%),而渠系利用系数则可望得到相应的提高。

(二)工业用水量

随着工业生产的发展、城市人口的增长以及现代化生产水平的不断提高,工业用水量必将以较快的速度增长,水资源有可能成为城市工业发展的制约因素之一。

1. 工业用水分类

按照工业生产中的用水性质,可将工业用水大体分为冷却水、空调水、产品用水和其他用水。

冷却水是在工业生产过程中,用来吸收多余的热量,以冷却生产设备的水量。冷却水在火力发电、钢铁冶炼和化工生产中用量很大,占总用水量的80%~90%。这种水一般未受污染或污染不严重,经处理后可重复利用。

空调水在生产中并不接触产品和生产设备,它用以调节室内湿度与温度,在纺织、电子仪表和国防精密机械生产中广泛使用。

产品用水包括原料用水和洗涤用水等。如造纸、电镀及化工生产中的工艺用水,使用后水中常会带有许多杂质,它是污染比较严重的工业废水。

其他用水包括洗涤场地用水、车间用水、职工生活用水等,现阶段这些用水量不大,一般可按每个职工每天100~150 L计算。

工业用水的分类方法有多种,除上述按用水性质划分外,也可根据工厂企业的组成、行政管理体系等,按行业系统进行分类,如分为冶金工业、化工工业、纺织工业、轻工业、仪表工业、建材工业用水等。电力工业用水比较特殊,应单独考虑,在一般地区,用水较多的行业是冶金工业和化工工业,其次是纺织工业和轻工业。

每一个行业用水还可再按生产性质详细分类,如冶金工业用水再分为矿山、炼钢、轧钢、有色冶金工业用水;纺织工业用水分为纺织、印染工业用水等。一个城市的工业用水通常按行业进行用水调查,然后求出各种用水量指标。

在工业用水中,火电厂用水所占比重最大,往往接近或超过工业用水总量的一半,火电厂的用水主要是冷却水,有直流供水冷却和循环供水冷却两种方式。直流供水取水量大,但耗水量只是取用水量的4%~6%。一座120万kW的火电厂,每年需水12亿~16亿t,如采用循环供水,可节约水量90%以上。火电厂的退水可供农业和其他工业重复利用。

2. 工业用水量计算方法

在一个地区、一个工厂、一个车间乃至一台机器的用水循环过程中,水量总是保持平衡的,因此通常可采用水量平衡法计算工业用水量,即

$$W = W_1 + W_2 + W_3 \tag{5-9}$$

式中 W——生产过程中的总用水量,m^3;

W_1——生产过程中的消耗水量,m^3,包括由产品带走的水量和生产过程中蒸发、渗漏水量,其数量较小,一般只占总用水量的2%~5%;

W_2——生产过程中的排出水量,m^3;

W_3——生产过程中的回用水量,m^3,即重复利用水量。

式(5-9)中的总用水量 W 和通常所说的用水量不同,后者是实际取用水量,又称补充水量,令其为 W',则有:

$$W' = W - W_3 \quad 或 \quad W = W' + W_3 \tag{5-10}$$

衡量一个地区或部门用水量是否合理,目前比较普遍采用的指标是重复利用率 η,其数值等于重复利用水量占总用水量的百分比,即

$$\eta = \frac{W_3}{W} \times 100\% \quad 或 \quad \eta = \left(1 - \frac{W'}{W}\right) \times 100\% \tag{5-11}$$

3. 工业用水量评价标准

国内外对工业用水量的评价,通常以工业用水定额指标和工业用水重复利用率为衡量标准。

1) 单位产品用水量

一些主要产品的用水指标,用单位产品用水量表示,如 m^3/t 钢、m^3/t 纸等。不同工业产品用水量差别较大,发达国家选矿采矿 1 t 需水 2~4 m^3,生产 1 t 钢需水 10~15 m^3。目前,我国生产 1 t 钢需水 40~80 m^3,生产 1 t 纤维需水 400~500 m^3,生产 1 t 化学纤维需水 2 000~3 000 m^3,生产 1 t 纸需水 1 300~6 000 m^3。

2) 单位产值用水量

单位产值用水量是一个综合指标。首先把品种繁多的工业产品统一用工业产值来表示,再来衡量单位产值用水量的大小。目前,我国比较广泛地采用万元产值用水量(m^3/万元)。例如,1980 年北京市工业单位产值用水量为 340 m^3/万元,天津市为 290 m^3/万元、青岛市 1978 年为 110 m^3/万元,北京市各行业的单位产值用水量及重复利用率详见表 5-3。

3) 工业用水重复利用率

前两种指标都有一定的局限性。单位产品用水量一般比较稳定,便于同类产品相互比较,但统计计算困难,其数值随地区不同,变化幅度也较大。单位产值用水量又受多种因素的影响,各行业、各工厂或各城市之间难以比较。工业用水重复利用率 η 则可弥补前两个指标的不足,比较科学地反映各工厂、各行业的用水水平,并且便于与其他部门、地区乃至其他国家进行比较。我国部分城市工业用水重复利用率见表 5-4。

表 5-3 北京市各行业的单位产值用水量及重复利用率

行业	1980 年万元产值用水量(m^3/万元)	1980 年重复利用率(%)	2000 年万元值用水量(m^3/万元)	2000 年重复利用率(%)
冶金	636	76.3	268	90
石油化工	282	85.6	190	90
化工	832	63.5	326	85
机械	315	25.0	209	50
纺织	282	21.0	142	60
一轻	705	17.4	340	60
二轻	92	9.0	73	30
仪表	124	27.0	63	60
其他	230	15.3	123	50
全市	340	61.4	180	78

表 5-4 我国部分城市工业用水重复利用率

城市名称	重复利用率(%)	城市名称	重复利用率(%)
大连	75.9	济南	30.0
青岛	70.1	西安	64.0(155 个工厂)
上海	63.1	石家庄	20.0
北京	69.3	锦州	13.8
沈阳	54.0	郑州	12.0
天津	51.0		

目前,我国城市工业用水重复利用率较低,一般只有 20%~30%。上海、大连、北京、青岛等地节约用水搞得好,重复利用率可达 60%~80%。各行业合理的用水重复利用率参见表 5-5。

表 5-5 各行业合理的用水重复利用率

行业	重复利用率(%)	行业	重复利用率(%)
钢铁	90~95	造纸	50~60
有色金属	80~90	食品	30~50
石油化工	85~95	机械	50~60
一般化工	80~90	纺织	50~60

4)火电厂用水量的评价指标

火电厂用水量的评价指标可采用单位装机容量用水量(m^3/kW)或单位发电(kW)用水量。

由于冷却方式(直流供水冷却或循环供水冷却)不同,单位发电用水量可能相差10~20倍。我国火电厂冷却用水量标准参见表5-6。

表5-6 我国火电厂冷却用水量标准

电厂规模(万kW)			120		60		30	20	10
机组台数(台)×容量(万kW)			4×30	6×20	3×20	6×10	6×5	4×5	4×2.5
不同冷却方式用水量	直流	m^3/s	4.68~54.3	46.5~54.3	23.2~27.1	27.3~31.7	14.2~16.4	9.5~10.9	5.4~6.2
		t/h	168 000~195 000	164 000~195 000	836 000~975 000	982 000~114 000	51 000~59 000	44 200~492 000	194 000~22 200
	循环	m^3/s	2.43~2.76	2.42~2.76	1.21~1.38	1.44~1.64	0.76~0.86	0.51~0.57	0.30~0.34
		t/h	8 730~9 900	8 700~9 900	4 380~4 980	5 760~5 880	2 730~3 180	1 830~2 250	1 080~1 220

4.未来工业用水量预测

影响工业用水量的因素很多,要准确地估算未来工业用水量,一般是比较困难的。目前,已初步摸索出以下几种方法:

(1)根据历年工业用水增长趋势推算。这种方法是根据历年工业用水量的增长趋势,推算未来工业发展后的用水量,即把历年工业用水量排列起来,求其增长率,以这个增长率推算不同水平年的工业用水量。

(2)根据工业用水量和工业产值增长率相关关系推算。工业用水量的增加和工业产值的增长有直接关系,故可根据实际调查资料分别求出工业用水量和工业产值的增长率,分析两者相关关系,再根据不同水平年工业发展的产值增长率,从相关关系中推求水量增长率,最后算出工业用水量。

(3)根据万元产值用水量变化趋势推算。万元产值用水量和重复利用率是衡量工业用水水平的两个综合指标。北京等城市的分析成果表明,当某个地区工业用水结构不发生根本变化时,万元产值用水量随年产值的增长不断下降,而重复利用率则随年产值的增长不断提高,参见图5-4、图5-5。

根据各行业系统的统计分析,求出目前的工业用水万元产值用水量及相应的重复利用率,参照国内外经验,拟定出不同水平年切合实际的重复利用率,并根据工业发展预测的产值和各个时间的万元产值用水量,即可推算出不同发展阶段的工业用水量。

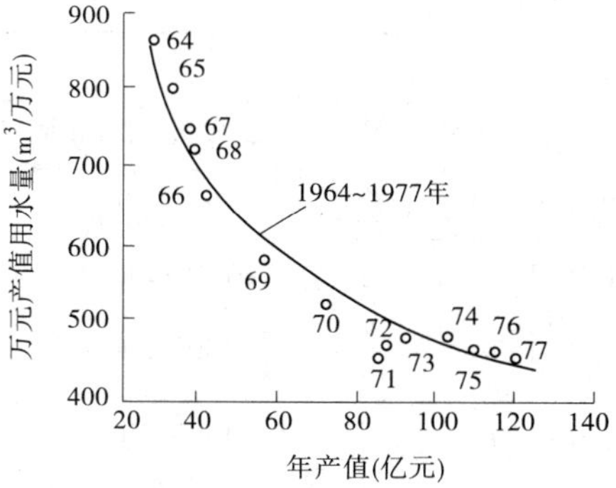

图 5-4　北京市区工业万元产值用水量与年产值关系

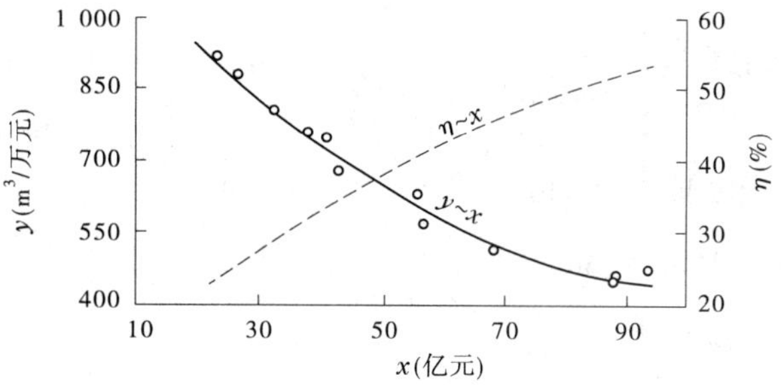

图 5-5　万元产值用水量 y、年产值 x 与重复利用率 η 的关系

(三)城市生活用水量及农村人畜用水量

1. 城市生活用水量

城市生活用水一般用于居民生活、商业、医疗卫生、文化娱乐、旅游、环境保护及消防等部门。城市生活用水标准通常以每人每天用水量来表示。国外大城市用水标准一般为人均日用水量 300 L 以上,我国目前城市生活用水标准还不高,人均日用水量为 85 L 左右。根据我国各地初步调查资料分析,一般大城市人均日用水量为 100～150 L,最高为 200～250 L,最低为 70～100 L。中小城市人均日用水量为 50～70 L。北方城市用水标准普遍偏低,最低的只有 30 L。随着城镇建设的发展、人口的增长和人民生活的不断改善,今后城市生活用水标准将会不断提高。

现状城市生活用水可以根据城市人口总数与人均用水定额相乘来推求。以现状用水量为基数,由人口增长率及未来提高的用水定额,预测未来的用水量,计算公式为

$$C = M_0(1 + a)^N K/1\ 000 \tag{5-12}$$

式中　C——某城市的日生活用水量,万 m^3/d;

M_0——起始年份人口数,万人;

a——人口年计划增长率,以小数计;

N——计算年数;

K——某城市在计算水平年拟定的人均用水定额,L/(人・d)。

在缺乏资料的情况下,人均用水定额可参照国家城市建设总局拟定的不同发展阶段生活用水标准(见表 5-7),并结合具体情况予以选定。

2. 农村人畜用水量

农村人畜用水标准比城市生活用水标准低得多,因此农村人畜用水一般计入农业用水中。

调查资料表明,目前我国北方农村用水标准为人均日用水量 15～20 L;南方标准相对较高,一般为 25～40 L,最高在 40 L 以上。大牲畜(牛、马等)每头每天饮用水为 25～35 L,小牲畜(猪、羊)为 8～25 L。

表 5-7　不同发展阶段生活用水标准

城市规模	人口(万人)	发展阶段		
		现状(2010年)	近期(2020年)	远景(2050年)
		人均用水量[L/(人·d)]		
大城市	>100	140~160	150~170	170~190
中等城市	50~100	120~140	120~150	150~170
小城市	10~50	100~120	110~130	130~150
县城	<10	80~100	90~110	110~130

农村人畜用水大多采用有备水源提取地下水,其用水量的计算及预测方法与城市生活用水相同。

(四)其他用水量

其他用水是指生态需水量、水力发电、航运、放木、渔业、河道冲淤及维持生态环境等河道内用水。这些部门的用水一般不消耗水量,一部分水量可与下游工农业部门的用水相结合,但在汛期或非灌溉季节,下游如果没有调蓄工程,经发电、航运、放木后的水量流放海洋,不能被重复利用,其中一部分水量可视为耗水量。其他用水量应当分河段计算,上下游统一考虑,经综合分析后确定各项用水量、重复利用水量和耗水量。

五、供需平衡计算

(一)计算原则

根据各类工程的可供水量和各用水部门的需水量,即可进行供需平衡计算,以分析区域内水资源的余缺程度。

供需平衡计算应针对不同水平年和不同频率的代表年(一般为 $P=75\%$ 和 $P=50\%$ 两种),以月为计算时段,按分区平衡单元,从上游到下游,先支流后干流依次进行,然后进行大区单元的汇总,直至河口或区域出口控制点。

各分区单元的余缺水量不能相互平衡,不能正负抵消。上游可供水量的余水可供下游区间利用,故在进行全区域可供水量及余缺水量统计汇总时,必须注意各单元可供水量之间可能被重复利用。各单元缺水量的总和为全区域的总缺水量,而全区域的余水量则为接近区域出口最下游单元的余水量。

地表水与地下水两种水源应分别平衡,然后汇总。

河道外用水与河道内用水也要分别平衡。一般先考虑河道外用水,在支流单元汇总后,检查河道内用水。如果河道内用水得不到满足,则需调整供水工程和用水量,使河道内外协调平衡。

供需平衡计算后,如果发现工程可供水量不能满足枯水年份的需水要求,一般要立足于本单元、本流域(或区域)开源节流,自行调整和解决供需矛盾,在技术可能和经济合理的情况下,还要增建新工程,开辟新水源。另外,要分析各部门提出的需水量是否合理,提出调整用水的意见,例如改漫灌为喷、滴灌推广旱稻,改革农业结构,调整工农业布局或采取其他节水措施。供需平衡措施计算一般要经过几次反复调整,才能提出比较合理的成果。

供需平衡计算后,应将各单元的水资源量、各类水利工程可供水量、国民经济和部门的用水量、不同水平年可供水量和需(用)水量的预测、余缺水分析等主要成果进行区域汇总,按要求填制相应的表格,计算水资源利用率。

通过供需分析,要从水资源合理利用的角度出发,对区域水资源开发利用现状及今后两个水平年的供需关系进行评价和展望,对解决缺水地区供需矛盾的途径、措施以及区域农业规划、水利规划和工农业合理布局提出必要的建议。

如前所述,区域水资源供需平衡,应当注意入境水量的处理。区域地表来水量包括当地水量和入境水量。当地水量与入境水量经本区利用后,流出境外的部分为出境水量。出境水量也是下游区域的入境水量。

(二)计算实例

以黑龙江省西部嫩江布西至江桥区间现状 $P=75\%$ 的代表年为例,说明区域水资源供需平衡的计算过程。

嫩江是松花江上游的一级支流。布西至江桥区间位于嫩江中游,它是沿嫩江干流两侧未被嫩江主要支流控制的一个区间。区内有黑龙江省的重要工业城市以及龙江、甘南两个县(见图 5-6),集水面积为 12 514 km^2,耕地面积为 521.5 万亩,1980 年实灌面积为 78 万亩。水资源供需关系具有以工农业用水并重和区间径流供水为主体的特点。

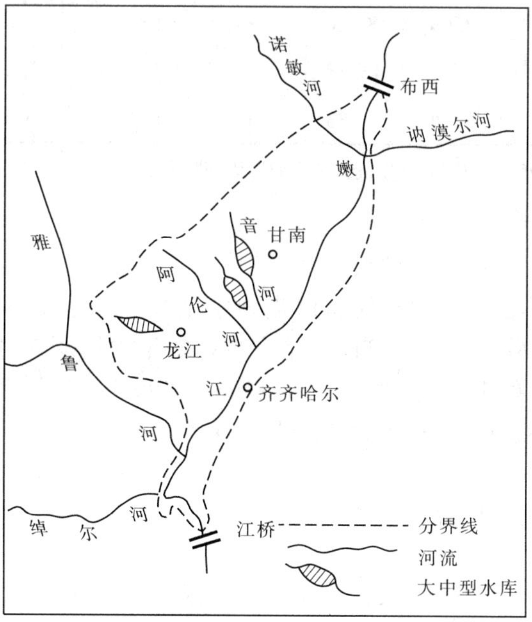

图 5-6 布西至江桥区间计算单元位置示意图

区域供需平衡计算包括基本资料整理、水资源量计算、工程可供水量计算、用水量计算、供需平衡计算和成果综合六个部分。

1.基本资料整理

对区域内现状水平年1980年基本情况、分项水利设施灌溉面积(设计面积、有效面积和实灌面积分别统计)以及1980年农业经济情况进行调查、统计和汇总。主要数据摘录于表5-8和表5-9。

表5-8　分区单元1980年基本情况摘录

分区单元名称	总人口(万人)	农业人口(万人)	城镇人口(万人)	土地面积(km^2)	耕地面积(万亩)			牲畜(万头)		
					水田	旱田	合计	大	小	合计
布西至江桥区间	120.47	76.90	43.57	12 514	26.2	495.3	521.5	17.2	66.0	83.2

表5-9　分区单元分项水利设施灌溉面积汇总　(单位:万亩)

分区单元名称	工程类型	水田	旱田	蔬菜甜菜	林苗	其他		
						渔业	芦苇	牧草
布西至江桥区间	大中型水库	10.93	0.70					
	小型水库	1.0	0.28					
	河道引水	4.59	0.24			5.77	7.7	
	机电提水	9.68	8.23					
	井灌		42.38	17.2	0.57			
	合计	26.20	51.83	17.2	0.57	5.77	7.7	

注:表中数字为1980年实灌面积,应同时列出设计和有效灌溉面积,此处从略。

2.水资源量计算

嫩江干流横贯本区,嫩江支流讷谟尔河、诺敏河、雅鲁河、绰尔河、阿伦河、音河等流经本区汇入嫩江。因此,本区的地表径流量由当地水量和入境水量两部分组成。年径流量按典型年法推算。根据嫩江流域出口控制站大赉站的年水量及5月、6月水量的分析,结合考虑上游主要来水区布西以上的资料,在1956~1979年24年系列中选出1977年和1972年分别作为$P=75\%$和$P=50\%$的实际典型年,全流域均采用同样的典型年推算,结果见表5-10。

本区当地产水量不大,只占总地表径流量的3%~4%,入境水量十分丰富,它是工农业用水的重要水源。

地下水资源量按入渗系数法估算,多年平均补给量为4.94亿m^3。

3.工程可供水量计算

1)水库可供水量

本区域有大型水库1座、中型水库2座以及小型水库10座,均为多年调节水库。

表5-10 分区单元地表年径流量 （单位：亿 m^3）

项目		频率 $P=75\%$	频率 $P=50\%$
当地地表水		3.46	7.41
入境水量	嫩江干流（布西以上）	52.48	82.57
	讷漠尔河	7.22	13.53
	诺敏河	23.61	32.70
	雅鲁河	10.40	18.24
	绰尔河	7.08	11.74
	阿伦河、音河	3.59	5.46
	合计	104.38	164.24

注：当地地表水量由本区出口江桥站水量与入境水量相减求得。

大中型水库按照本任务单元5-1-3介绍的分类、分级分析方法，通过代表年水库调节计算推求可供水量。小型水库的可供水量以总库容的2/3计。

2）引、提水工程可供水量

这部分供水量属于区间径流供水。首先需计算区间来水量，然后通过工程供水能力、区间来水量和实际用水量的比较，确定供水量。

（1）区间水量计算，由本区天然来水量 $W_{天然}$ 减去水库实际供水量 $W_{库实供}$ 为无控制区的来水量。无控制区水量加上本区入境水量为区间总来水量，水库实际供水量可按下式推求：

$$W_{库实供} = 水库灌溉用水量 - 水库回归水 + 水库损失量 \tag{5-13}$$

入境水量是通过本区的各河流在 $P=75\%$ 年份经上游单元供需平衡后的下泄水量。

（2）引、提水工程供水能力（万 m^3）由下式计算：

$$W_{工程供水能力} = Q_{引提} \times 各月天数 \times 8.64$$

其中，$Q_{引提}$ 由统计各工程实际引、提水流量求得，本例为38 m^3/s。

此外，工业及电力用水均为自备水源，未包括在灌溉工程引、提水流量中，也应估算在内。本例为简便计，直接以它们的各月用水量作为其相应的工程供水能力。

（3）引、提水工程可供水量计算按本任务单元5-1-3实例所列方法计算，在此不再赘述。

3）机电井灌工程可供水量

本区域目前地下水开采量在水文地质条件允许的范围内，可将用水量作为可供水量，供需结果是平衡的。

上述各类工程可供水量汇总于表5-11。

表 5-11 分区单元工程可供水量汇总($P=75\%$) (单位:万 m^3)

分区名称		布西至江桥区间				
工程类型		大中型水库	小型水库	引、提水工程	地表水小计	机电井
各月可供水量	1月			4 390	4 390	662
	2月			3 569	3 569	662
	3月			4 584	4 584	661
	4月	88	40	11 479	11 607	1 761
	5月	2 898	296	11 709	14 903	3 289
	6月	2 734	308	11 479	14 521	6 514
	7月	2 706	303	11 709	14 718	2 791
	8月	1 295	133	11 709	13 137	1 797
	9月			11 479	11 479	1 981
	10月			11 709	11 709	2 863
	11月			4 584	4 584	662
	12月			4 584	4 584	662
全年		9 721	1 080	102 984	113 785	24 305

4. 用水量计算

参照本项目单元5-1-4介绍的方法,由各项用水定额和灌溉面积推求农业、林业、牧业用水量。

估算工业用水量时,齐齐哈尔市按系统行业调查统计确定,其他城镇用年产值及万元产值用水定额推算。经估算,工业用水量为37 983万 m^3,其中取用地表水33 145万 m^3,取用地下水4 838万 m^3。电力工业用水提取地表水21 864万 m^3。工业用水取用地表水均由提水工程从嫩江提取。城镇生活用水定额取为60~100 L/(人·d)。农业生活用水为30 L/(人·d),大、小牲畜用水定额分别为50 L/(头·d)、20 L/(头·d)。工业及生活用水均按频率$P=95\%$供给,用水过程在全年平均分配。

计算回归水量时,水田用水回归20%,从5月至8月平均回归,旱田不计回归水。工业用水回归60%,火电厂用水回归90%,回归水在全年平均分配。县以下的工业用水和生活用水,一般取用地下水,可不计回归水。

计算用水量时,应按水源和工程类型分别计算,各类工程用水量汇总见表5-12。

5. 供需平衡计算

由表5-11和表5-12,并结合可供水量与综合用水量进行供需平衡计算。地表水与地下水的平衡应当分列求出各月余缺水量。各月余水量或缺水量相加得全年的余缺水量。供需平衡计算过程及结果见表5-13。

6. 结果综合

全区域供需平衡主要指标及泄入下游单元的出境水量汇总于表5-14。

表5-12 分区单元各类工程用水量汇总($P=75\%$) (单位:万 m^3)

分区名称		布西至江桥区间						
工程类型		大中型水库	小型水库	引水工程	提水工程	地表水小计	引、提水工程小计	机电井
各月用水量	1月				4 584	4 584	4 584	662
	2月				4 584	4 584	4 584	662
	3月				4 584	4 584	4 584	661
	4月	78	31	27	5 748	5 884	5 775	1 761
	5月	2 382	229	2 102	10 229	14 942	12 331	3 289
	6月	2 254	238	1 952	11 697	16 141	13 649	6 514
	7月	2 230	234	1 935	10 193	14 592	12 128	2 791
	8月	1 066	103	941	7 243	9 353	8 184	1 797
	9月				5 450	5 450	5 450	1 981
	10月				5 450	5 450	5 450	2 863
	11月				4 584	4 584	4 584	662
	12月				4 585	4 585	4 585	662
全年用水量		8 010	835	6 957	78 931	94 733	85 888	24 305

表5-13 水资源供需平衡计算过程及结果($P=75\%$) (单位:万 m^3)

分区单元名称	月份	地表水				地下水				总计			
		综合可供水量	综合用水量	供水-用水		综合可供水量	综合用水量	供水-用水		综合可供水量	综合用水量	供水-用水	
				余	缺			余	缺			余	缺
(1)	(2)	(3)	(4)	(5)	(6)	(7)	(8)	(9)	(10)	(11)	(12)	(13)	(14)
布西至江桥区间	1	4 390	4 584		194	662	662			5 052	5 246		194
	2	3 569	4 584		1 015	662	662			4 231	5 246		1 015
	3	4 584	4 584			661	661			5 245	5 245		
	4	11 607	5 884	5 723		1 761	1 761			13 368	7 645	5 723	
	5	14 903	14 942		39	3 289	3 289			18 192	18 231		39
	6	14 521	16 141		1 620	6 514	6 514			21 035	22 655		1 620
	7	14 718	14 592	126		2 791	2 791			17 509	17 383	126	
	8	13 137	9 353	3 784		1 797	1 797			14 934	11 150	3 784	
	9	11 479	5 450	6 029		1 981	1 981			13 460	7 431	6 029	
	10	11 709	5 450	6 259		2 863	2 863			14 572	8 313	6 259	
	11	4 584	4 584			662	662			5 246	5 246		
	12	4 584	4 584			662	662			5 246	5 246		
全年		113 785	94 732	21 921	2 778	24 305	24 305			138 090	119 037	21 921	2 868

表5-14 布西至江桥区间现状水资源供需平衡结果 (单位:万 m^3)

项目			代表年	
			$P=75\%$	$P=50\%$
水资源量	当地地表水	(1)	34 602	74 100
	入境水	(2)	1 043 800	1 642 400
	小计	(3)	1 078 402	1 716 500
	当地地下水	(4)	49 400	49 400
可供水量	地表水	(5)	113 785	124 992
	地下水	(6)	24 305	22 407
	合计	(7)	138 090	147 399
需水量	农林牧灌溉用水	(8)	49 156	44 241
	工业用水	(9)	59 845	59 845
	城镇生活用水	(10)	1 476	1 476
	农村人畜用水	(11)	1 632	1 632
	其他用水	(12)	6 927	6 237
	合计	(13)	119 036	113 431
供需平衡	余水	(14)	21 921	35 206
	缺水	(15)	2 868	1 238
出境水量		(16)	1 029 200	1 667 298
水资源利用率(%)	地表水	(17)		7.3
	地下水	(18)		45.4
	总计	(19)		8.4

注:1.(12)栏其他用水包括渔、苇用水。
2.(16)栏出境水量即本区下泄水量,由引、提水可供水量计算表中摘取。
3.(17)栏地表水利用率=50%的可供水量/多年平均径流量(%)。
4.(18)栏地下水利用率=50%的地下水可供水量/多年平均总补给量(%)。
5.(19)栏水资源总利用率=50%的地表水可供水量与50%的地下水之和/多年平均水资源总量(%)。

布西至江桥区间位于黑龙江省西部半干旱地区,当地径流量不多,在 $P=75\%$ 的中等枯水年份仅为3.46亿 m^3,而现状实际用水量却达11.9亿 m^3,远远超过当地径流量。但本区入境水量充沛,区内工农业用水主要取用外来水。供需平衡结果,在1月、2月枯水期和5月、6月灌溉大量用水期均出现缺水现象,前者由于枯季径流量少,后者则由现有工程能力不足所造成,目前以打井补水作为应急措施。今后应加速现有工程配套,增建必要的调节工程,以逐步提高供水能力。

任务5-2 建设项目水资源论证

一、 概述

加强水资源管理、建立和健全水资源管理制度是促进水资源可持续利用的重要保障手段。《建设项目水资源论证管理办法》(水利部、国家发展计划委员会令第15号)的颁布,标志着建设项目水资源论证制度在我国正式建立和施行。其目的是保证建设项目合理用水,提高用水效率和效益,减少建设项目取水和退水对周边产生的不利影响,从而为取水许可的科学审批提供技术依据。

水资源论证的定位是为取水许可审批提供技术支撑和服务,属水资源管理工作中的前瞻性的事前行政管理范畴,是水资源管理向纵深发展的重要标志,是实现水资源条件与经济布局相适应、水资源承载能力与经济规模相协调、促进水资源的合理开发和优化配置的重要保证。

开展水资源论证工作应遵循以下几项原则:

(1)合理开发、节约使用和有效保护水资源。

(2)符合国家法律、法规和相关政策的规定。

(3)符合国家标准和行业标准。

(4)符合流域或区域的综合规划及相关专业规划。

(5)遵守经批准的水量分配方案或协议。

依据《建设项目水资源论证管理办法》,水资源论证制度的主要规定有以下几条:

(1)适用范围的规定。对于直接从江河、湖泊或地下取水并需申请取水许可证的建设项目,业主单位应按照本办法的规定进行建设项目水资源论证,编制建设项目水资源论证报告书;建设项目取水较少且对周边影响较小的,可不编制建设项目水资源论证报告书,具体要求由省(自治区、直辖市)人民政府水行政主管部门规定。

(2)从业单位资质规定。从事建设项目水资源论证工作的单位,必须取得相应的建设项目水资源论证资质,并在资质等级许可的范围内开展工作。业主单位应当委托有建设项目水资源论证资质的单位开展水资源论证工作。

(3)审查权限规定。水利部或流域管理机构负责以下两项水资源论证报告书审查工作:①水利部授权流域管理机构审批取水许可(预)申请的建设项目;②兴建大型地下水集中供水水源地(日取水量5万t以上)的建设项目。其他建设项目水资源论证报告书的分级审查权限,由省(自治区、直辖市)人民政府水行政主管部门确定。

(4)报告书审查规定。建设项目水资源论证报告书,由具有审查权限的水行政主管部门或流域管理机构组织有关专家和单位进行审查,并根据取水的急需程度适时提出审查意见;建设项目水资源论证报告书及其审查意见是取水许可(预)申请的技术依据。

(5)取水许可受理与项目可行性报告批准的规定。业主单位应当在办理取水许可预申请时向受理机关提交建设项目水资源论证报告书,不需要办理取水许可预申请的建设项目,业主单位应当在办理取水许可申请时向受理机关提交建设项目水资源论证报告书,否则,不得受理取水许可(预)申请;业主单位在向计划管理部门报送建设项目可行性研究报告时,应当提交水行政主管部门或流域管理机构对其取水许可(预)申请提出的书面审查意见,并附注经审定的建设项目水资源论证报告书,否则建设项目不予批准。

(6)论证主要内容。共有10个部分,突出反映四个方面的论证内容:①建设项目所在区域水资源及其开发利用状况分析;②建设项目取用水合理性分析;③建设项目取水水源论证;④建设项目取退水影响分析及相应补救或补偿方案。

二、水资源论证的基本方法和步骤

水资源论证工作步骤包括准备阶段、工作大纲编制阶段、报告书编制与审查阶段(见图5-7)。

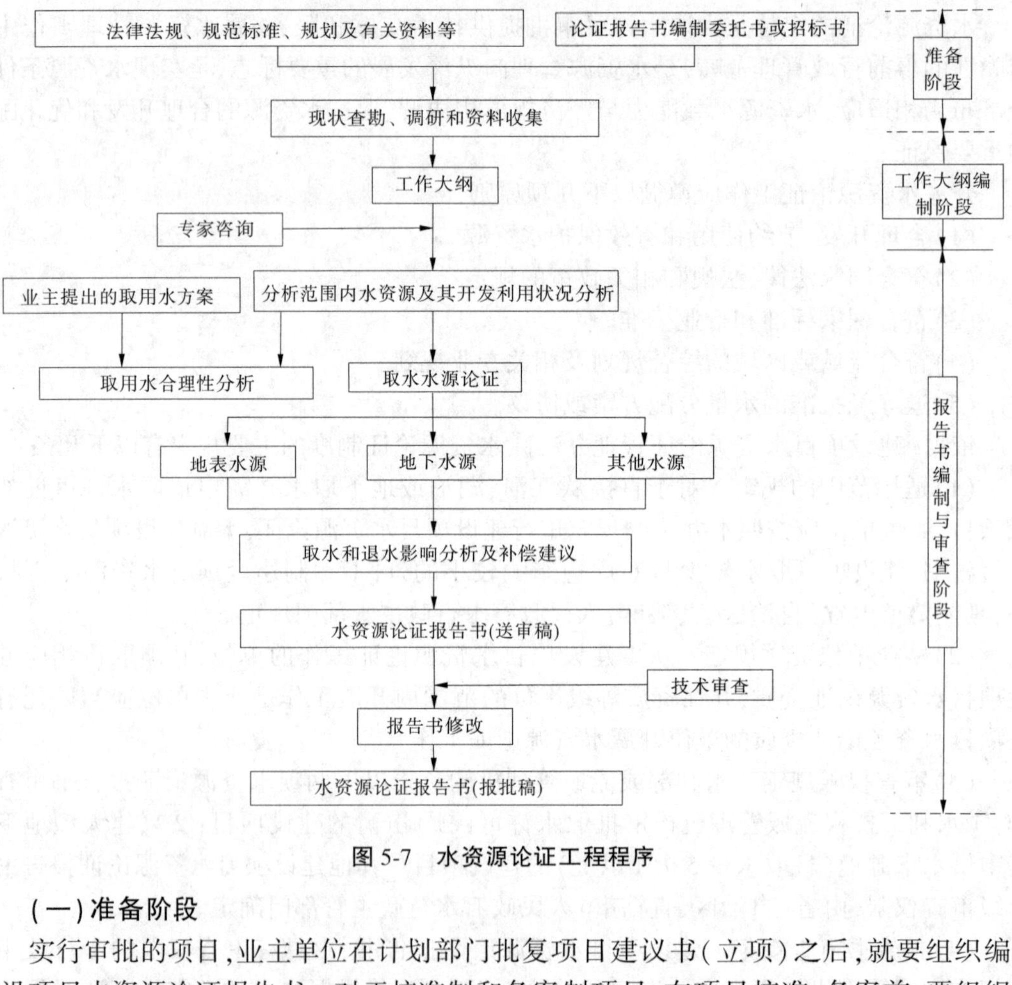

图5-7 水资源论证工程程序

(一)准备阶段

实行审批的项目,业主单位在计划部门批复项目建议书(立项)之后,就要组织编制建设项目水资源论证报告书。对于核准制和备案制项目,在项目核准、备案前,要组织编制建设项目水资源论证报告书。

(二)工作大纲编制阶段

业主单位与具有资质证书单位初步议定协议,由资质证书持有单位编制报告书工作大纲,由资质单位邀请水行政主管部门和部分专家进行咨询,确定工作重点。工作大纲是建设项目水资源论证的重要环节，工作大纲阶段需要确定分析评价区域水资源状况及其开发利用的分析范围、取水水源论证和取退水影响分析的论证范围，编制的工作大纲需要明确论证的思路、取水水源论证方案、主要工作内容、论证的工作等级和论证重点、人员组织与进度、经费预算以及提交成果等事项。因此，工作大纲既是保证水资源论证报告书质量的手段，又是确定论证工作经费的重要依据。

根据《建设项目水资源论证导则》的要求，水资源论证工作等级为一级、二级的（建设项目水资源论证分级指标见表5-15），调整取水用途（节水或水权转换）作为水源的，利用调水水源和混合取水水源的建设项目水资源论证，应编制工作大纲。工作大纲的内容一般需包括以下几个方面。

表5-15 水资源论证分类、分级指标

分类		分类指标	等级		
			一级	二级	三级
取水水源	地表水取水	开发利用程度(%)	≥30	30~10	<10
		农业取水量(m^3/s)	20	20~3	<3
		工业取水量(万m^3/d)	≥2.5	2.5~1	<1
		生活取水量(万m^3/d)	≥15	15~5	<5
		灌区、水库、水闸	大型	中型	小型
		水利发电工程(MW)	≥300	300~50	<50
	地下水取水	开发利用程度(%)	≥70	70~50	<50
		农业取水量(m^3/s)	≥10	10~2	<2
		工业取水量(万m^3/d)	≥1	1~0.3	<0.3
		生活取水量(万m^3/d)	≥5	5~1	<1
		供水水文地质条件	复杂	中等	简单
取水和退水影响		对水资源利用的影响	对流域或区域水资源利用产生显著影响	对第三者取用水影响显著	对第三者取用水影响轻微
		对生态的影响	现状生态问题敏感；取水对水文情势、生态水量与流量产生明显影响；退水有水温或水体富营养化影响问题	现状生态问题较为敏感；取水对生态水量与流量产生一般影响；退水有潜在水体富营养化影响	现状无敏感生态问题；取水和退水对生态影响轻微
		对水功能区的影响	涉及一级水功能区的保留区、缓冲区或二级水功能区的饮用水水源区；涉及除饮用水水源区以外其他3个及以上二级水功能区；涉及水功能区水质管理目标为Ⅰ类、Ⅱ类的	涉及一级水功能区的保留区、跨地（市）级的二级水功能区或涉及2个二级水功能区；涉及水功能区水质管理目标为Ⅲ类的	涉及1个二级水功能区

续表 5-15

分类	分类指标	等级		
		一级	二级	三级
取水和退水影响	退水污染类型	含有毒有机物、重金属、放射性或持久性化学污染;含三种以上化学污染物,或含影响水功能区水质保护目标和水域限制排污总量要求的污染物	含有两种以上一般可降解污染物	含有一种一般可降解污染物
	退水量(缺水地区)(m^3/d)	≥5 000(≥500)	5 000~1 000(500~100)	≤1 000(≤100)

注:1. 开发利用程度指多年平均地表水资源供水量占地表水资源量的百分比或多年平均地下水资源供水量占地下水可开采量的百分比。

2. 再生水取水工作等级参照地表水取水的分级指标执行;公共供水取水以取水影响和退水影响分类等级确定论证工作等级。

3. 水功能区的分类和分级划分参见 GB/T 50594。

1. 项目来源

说明项目的委托单位、委托的项目名称和有关事项。

2. 建设项目概况

建设项目概况主要指建设项目的性质和任务,建设项目地点、规模、取用水方案和退水方案等。取水方案包括取水水源、取水规模和设计保证率要求、取水口设置方案以及对取水水质的要求等;用水方案包括主要用水工艺与过程、用水量的年内变化、年用水总量、水量平衡图等;退水方案包括退水系统的组成、退水总量和退水中污染物的浓度、退水的排放方式、排入水体和入河排污口(退水口)位置等。

3. 工作思路与论证方案

根据建设项目业主提出的取水、用水和退水方案,结合区域的水资源条件和水功能区划,说明论证原则、依据和采取的技术路线,确定采用的论证方案。

4. 主要工作内容

工作大纲阶段需要确定的工作内容包括:水资源论证的分析与论证范围、水平年、工作等级和深度以及论证的重点;建设项目所在区域水资源状况及开发利用分析;建设项目取水和用水合理性分析;建设项目取水水源论证;建设项目取退水方案及其影响分析,包括建设项目开发利用水资源对水资源状况、水功能区及其他取水户的影响,入河排污口(退水口)设置合理性论证;水资源保护措施;影响其他用水权益的补救措施、补偿方案或措施的建议等。

5. 资料收集

论证单位接受项目业主委托以后,首先要进行现场查勘和收集有关资料,工作大纲编制时要对已经收集的资料作初步分析,针对论证工作的需要,明确需要补充收集的资料清单、资料收集的范围和重点,尤其要调查与收集有关限制条件的资料,如分水方案或协议对取水、供水的限制,取退水所处的水功能区功能及其对退水水质的要求,取水水源所在区域水资源开发利用程度对取水、供水的限制,区域节水标准、用水定额以及产业政策等。对于缺乏资料、需要进行补充监测的,要编制监测方案;对于需要补充调查或现场查勘的,要提出详细的调查提纲或查勘方案和计划。

6. 论证进度安排

论证进度安排,既要考虑建设项目前期整体工作推进和立项的时间要求,又要根据建设项目水资源论证的工作内容和实际需要的时间,提出科学的工作计划。对各阶段的任务、工作内容和需要提交的成果安排合理的时间表,并给出明确的进度和质量要求。

7. 工作组织和人员安排

为使论证工作保质按期完成,需要成立水资源论证项目组,包括工作组、咨询专家组和管理人员,要明确项目总负责人,按照论证的主要内容,明确各内容的技术负责人和参加人员,需要进行专题分析的,还要明确专题负责人。为便于管理,必要时列表给出主要论证技术人员的任务、分工与进度要求等。

8. 论证经费

建设项目水资源论证经费一般包括:现场查勘、资料收集、补充监测或测试分析、专题委托费;人员工资,包括内业分析与计算、水资源论证工作大纲、水资源论证报告书和专题报告的编写等;大纲与报告的印刷费、制图费、专家咨询费;工作大纲、报告书和专题报告的审查费(含会议费、专家审查费等)、税收和其他不可预见费等。

9. 应注意的问题

水资源论证工作大纲的质量直接关系到报告书的质量,在一定程度上还反映了论证资质单位的技术力量,一份高质量的工作大纲,容易取得项目委托单位的信任,有利于合同的签订和获得合理的工作时间与论证经费。一般来说,编制的工作大纲经审查通过后作为签订合同的依据,建设项目业主单位和论证单位都要严格执行。因此,编制工作大纲时一定要切合实际,制订的工作计划和规定的工作内容要切实可行,不要贪多求全和要求过高。

对于需要调整取水方案或退水方案的,在工作大纲编制阶段,要与业主方充分沟通与协调,调整后的方案要取得业主方认可,并力求与水行政主管部门沟通。对于需要进行补充监测或有专题分析内容的,应在大纲中明确相应的经费和开展工作的条件。如果建设项目取水有限制条件的,如分水方案或协议、取水水源所在区域水资源开发利用程度、区域节水标准对用水定额的限制以及产业政策的限制等,在大纲中应交代清楚,向业主说明取水的限制条件或替代方案,以利于论证工作的顺利进行。

(三)报告书编制阶段

由业主单位与资质证书持有单位正式签订合同,开展水资源论证报告书的编制工作。

水资源论证报告书是贯彻执行水资源论证制度的具体形式,包括以下几项主要内容:建设项目所在区域水资源及开发利用状况分析,建设项目取用水合理性分析,建设项目取水水源论证,建设项目取退水影响论证。编写参考目录如下(考虑到各地水资源条件和建设项目的规模与性质的不同,编写时可根据需要适当增减报告书提纲的内容)。

1. 水资源论证工作等级与论证范围

水资源论证工作等级由分类等级的最高级别确定,分类等级由地表取水、地下取水、取退水影响分类指标的最高级别确定(见表5-15)。

水资源论证范围应按照水资源论证的主要内容分别确定。即建设项目所在区域水资源状况及其开发利用分析范围,地表取水和地下取水应确定取水水源论证范围,取退水影响应确定其影响论证范围。

2. 区域水资源及其开发利用状况分析

建设项目所在区域水资源状况及其开发利用分析,主要阐述区域社会经济发展状况、水资源量和时空分布特点、水质和变化情况以及现状水资源开发利用分析等,是建设项目水资源论证取用水合理性、取退水影响以及取水可行性分析的基础,可为确定取水水源的论证方案、建设项目的取退水方案提供依据。

区域水资源及其开发利用状况分析方法应以《水资源评价导则》(SL/T 238—1999)和全国水资源综合规划大纲及技术细则为指导。区域用水水平分析:根据区域内水资源及其开发利用状况分析结果,结合社会经济和供用水调查统计资料,针对建设项目性质和所属行业,选择评价指标。一般有综合、农业、工业和生活等用水指标,评价其用水水平和用水效率及其变化情况。对区域用水水平进行不同时期和不同地区的比较,特别是与国内外先进水平、有关部门制定的用水与节水标准的比较,综合给出不同分区和整个区域的用水水平。

3. 取用水合理性分析

建设项目取用水合理性应从取水和用水两个方面进行分析。取水合理性分析应根据建设项目所在区域的现状水资源开发利用背景,包括水资源条件(包括水资源量、水资源质量)、开发利用程度、区域用水水平等进行分析,并应符合国家产业政策,满足所在区域的水资源分配方案、规划和管理要求,符合国家和所在区域用水管理方面的有关规定。用水合理性分析主要是通过建设项目用水过程、水平衡和用水指标分析(见表5-16),对建设项目用水水平进行评判,分析建设项目的节水潜力,提出有针对性和可操作性的节水措施及建议。

表5-16 主要用水指标

类别	用水指标
综合指标	现状用水总量、区域用水总量控制指标、万元国内生产总值用水量、人均用水量、水资源开发利用程度、供用水结构、城市污水集中处理率、再生水等其他水源利用指标等
工业用水	万元工业增加值取水量、重复利用率、单位产品取水量、单位产品耗水量、一般工业用水增长率、冷却水循环率等
农业用水	亩均用水量、灌溉定额、农田灌溉水有效利用系数、节水灌溉面积率、渠道衬砌率等
生活用水	居民生活用水量、节水器具普及率、供水管网漏损率等
其他	水力发电、生态、林业、公共用水等用水指标根据具体情况确定

在水资源论证中，建设项目所属行业不同，用水合理性分析的方法也有所差别。比较常见的主要是生活、工业或农业用水的建设项目，其用水合理性分析内容比较成熟，称为普通类建设项目。特殊类建设项目，主要指水土保持、林业生态建设项目，这类项目的取水属河道外取水以及水电站建设等项目。

建设项目取用水合理性分析，应根据业主提供的取用水方案，在建设项目所在区域水资源状况及其开发利用分析的基础上进行。其中，取水方案包括水源及取水地点、取水方式、年取水总量、取水保证率、取水的年内分配以及取水水质要求等，用水方案包括用途、用水组成（生产、生活）、用水流程（工艺）和水量平衡图、用水量和保证率要求、节水措施与节水量等。另外，业主还应提供建设项目的退水方案，包括退水量和主要污染物浓度、退水受纳水域、退水口位置和退水方式等。

4. 地表取水水源论证

地表取水是指建设项目利用取水工程或设施直接从江河、湖泊取用水资源。取水工程或设施是指闸、坝、水电站、渠道、人工河道、虹吸管和泵站等各类水工程。

地表取水水源论证主要解决建设项目拟定的地表取水水源有没有水、给不给用和可靠程度如何等问题（见表5-17）。因此，地表取水水源论证应在建设项目所在区域水资源状况、开发利用现状以及取用水合理性分析的基础上进行，应遵循水资源的合理配置、高效利用和有效保护的原则，分析现状与规划水平年取水水源在不同保证率下的来水量、供水量和论证范围内用水量以及水资源供需平衡情况，分析评价取水水源的水质，分析取用水和退水对区域水资源状况以及对其他用户的影响，论证取水口设置的合理性以及取水可靠性和可行性分析等内容。

针对建设项目业主提出的取用水方案，取水水源论证是在区域水资源状况和开发利用现状评价的基础上进行的，需要充分利用已有成果和现有的资料，并注意与已有规划的协调。对于地表水源丰沛地区或建设项目所在地区水资源开发利用程度不高且取水量占所在区域可利用地下水量的比例很小的情况，可以适当简化来水量、用水量和可供水量的分析计算；对于水资源贫乏或水资源开发利用程度已经很高的地区，需要在已有成果的基础上，从多种途径，采用不同的方法，深入分析论证取水水源的来水量、论证范围内的用水量和可供建设项目利用的水量与可靠性。

表5-17　地表水取水论证分级技术要求

类别	工作等级		
	一级	二级	三级
现场查勘及资料收集	应进行现场查勘，水文资料系列要求30 a以上，并全面分析资料的一致性、代表性和可靠性。应收集近5～10 a的供用水量资料	应进行现场查勘，水文资料系列一般要求30 a以上，最低不得少于15 a，分析论证资料的一致性、代表性和可靠性。应收集近3～5 a的供用水量资料	应进行现场查勘，收集实测水文资料、已有成果，应收集近1～3 a的供用水量资料

续表 5-17

类别	工作等级		
	一级	二级	三级
来水量分析	依据实测和调查资料分析计算,确定不同水平年来水量	依据实测资料分析计算,或在已有水资源评价成果基础上,采用简化方法估算不同水平年来水量	依据实测资料或类比法分析计算,或引用已有的成果,确定不同水平年来水量
可供水量计算	对于具有调节功能的水源,应充分考虑现有工程和规划工程条件,根据不同的工程条件和需水水平进行多方案调节;对于保证率要求较高的建设项目,应对连续枯水年进行调节计算。对于无调节功能的水源,应根据供水保证率要求,分析不同频率的最小流量和最低水位	对于具有调节功能的水源,应根据不同的工程条件和需水水平进行典型年调节计算;对于无调节功能的水源,应根据供水保证率要求,分析不同频率的最小流量和最低水位	宜引用已有成果,具备资料条件时,可用典型年调节计算或频率分析估算可供水量
供水可靠性分析	应进行供水可靠性分析,要求对各种影响可供水量的因素进行全面评估,并进行风险分析,定量给出不同保证率可供水量的可靠程度	应进行供水可靠性分析,要求对各种影响可供水量的因素进行评估,适当考虑供水风险,定量或定性给出可供水量的可靠程度	论述供水可靠性,定性给出可供水量的可靠程度

地表取水水源论证的工作深度应综合考虑建设项目的重要性、取用水规模、取水水源地的水资源条件与开发利用程度等多方面因素,根据论证分类等级确定。

论证范围的确定是地表取水水源论证的基础,确定论证范围时一定要充分考虑以下因素:便于水量平衡分析、易于与现有成果与资料配套、突出重点、兼顾一般的原则,还要充分考虑水量平衡计算的边界条件、来水量分析的集水范围和资料条件、现有工程和供水情况、水资源开发利用程度、水文站网、建设项目取退水可能影响水源条件的范围等因素。考虑到不同地区建设项目取水规模和保证率要求的不同以及水源条件、资料条件的千差万别,论证范围的大小难以制定一个通用的准则。一般来说,地表取水水源论证范围应在区域水资源及其开发利用现状的分析范围以内,其大小与分类等级成正比,分类等级高的,论证范围大;分类等级低的,论证范围相对小一些。

5. 地下取水水源论证

地下取水是指建设项目利用取水建筑物直接从地下取用水资源(含地热水、矿泉水、矿坑水)。常用的取水建筑物包括管井、筒井、水平集水工程、斜井、大池等。矿井建设项目的正常排水应纳入取水许可管理。

地下取水水源论证是针对建设项目业主提出的取用水方案(包括取水水源、取水方式和取用水量等),在建设项目取用水合理性分析的基础上进行的。合理确定建设项目地下取水水源论证分类等级及论证范围,分析区域水文地质条件,含水层特征,地下水的补给、径流、排泄条件和地下水开发利用状况；对论证范围内地下水数量与质量进行计算和评价；计算确定水源地地下水的可开采量和分析取水水源的可靠性，取水量及取水层位对周边水资源状况和生态环境的影响，以及取水井布设的合理性及可能受到的影响等。

地下取水水源论证是在区域水资源状况及其开发利用现状分析的基础上，遵循水资源合理配置的原则，避免取水水源工程的重复建设，相互袭取。其目标明确，针对性强，有别于区域地下水资源评价和水源地供水水文地质勘察。因此，地下取水水源论证应充分利用已有成果和资料，并注意与已有规划的协调，内容上视情况作必要的简化。如对于建设项目所在地区地下水资源开发利用程度不高，且取水量占所在区域地下水可开采量的比例很小，论证内容可以简化，对工作深度的要求相对要低一些；而有些地下水资源贫乏或其开发利用程度已经很高，这种情况下的地下取水水源论证的内容、采用的方法和工作深度都要求较高。

地下取水水源论证的思路与程序：建设项目地下取水水源论证最终要对建设项目地下取水的可靠性与可行性作出评价。

我国幅员辽阔，自然条件复杂，各地的地质及水文地质条件、地下水开发利用程度和地下水研究程度差别很大，同时各建设项目用水要求也不尽相同，所有这些因素都直接影响着地下取水水源论证的分类等级和论证范围。

确定分类等级的主要因素：首先，要考虑建设项目取用地下水对水量的要求；其次，要考虑建设项目取用地下水对水质的要求、水文地质条件的复杂程度、地下水开发利用程度等。综合考虑上述主要因素，将地下取水水源论证分为三个等级，按照其重要性分为：一级（很重要）、二级（重要）、三级（一般），如表5-15所示，其对应的论证技术要求见表5-18。

地下取水水源论证深度如下：

一级为大型、特大型水源地地区或区域地下水开发利用程度高的地区。该类地区往往水文地质特征复杂、水文地质勘察程度高，应在水源地详细勘察的基础上，进行地下取水水源论证工作。在区域地下水开发利用程度高的地区，以分析多年（现状年及以前5~10年）开采动态及开采后引发的主要环境地质问题为重点，评定区域地下水开采程度，论证地下水有无扩大开采的可行性，在区域水资源合理配置的基础上，提出地下水取水调整分配意见，并确定水源地地下水可开采量。

二级为中型水源地地区。应在水源地详细查勘的基础上开展水资源论证工作。

表5-18 地下水取水论证分级技术要求

类别	工作等级		
	一级	二级	三级
水文地质条件分析	详细阐述水文地质条件和含水岩组特征，明确目标含水层	阐明水文地质条件和含水岩组特征，明确目标含水层	阐明主要含水岩组和目标含水层的水文地质特征
水文地质图	1:10 000	1:25 000~1:50 000	1:50 000~1:100 000
水文地质钻探与抽水试验	符合勘探阶段要求，应有1次群孔抽水试验	符合详查阶段要求，应有1次多孔抽水试验	符合普查阶段要求，应有1次单孔抽水试验

续表 5-18

类别			工作等级		
			一级	二级	三级
动态观测资料	水位	孔密度	1眼/10 km^2	1眼/25 km^2	1眼/50 km^2
		系列	1个以上的水文年,5日系列	1个水文年、逐月系列	1个枯水期、逐月系列
	水质	孔密度	1眼/25 km^2	1眼/50 km^2	1眼/100 km^2
		系列	1个以上的水文年内丰、平、枯	1个水文年内丰、枯	枯水期
地下水资源评价与动态预测			详细评价论证范围内地下水资源量和可开采量,预测开采条件下地下水动态	评价论证范围内的地下水资源量和可开采量,预估开采条件下地下水动态	初步评价范围内的地下水资源量和可开采量,分析开采条件下地下水动态
开采方案			明确取水构(建)筑物类型和布置方案,以及开采总量与时间分配	明确取水构(建)筑物类型和布置方案以及开采总量	明确取水构(建)筑物类型和开采总量
动态监测			明确动态监测方案	提出监测方案建议	提出监测项目建议

三级为小型水源地地区或水文地质条件简单的地区。可降低水源论证工作的要求,在区域地下水资源评价或水源地普查的基础上进行。

6.取水和退水影响论证

1)取水和退水影响概述

取水影响主要是指建设项目通过取水工程取用地表水或地下水后,改变水资源数量、质量和时空分布条件等所产生的影响;退水影响主要是指建设项目通过已有或新建入河排污口等排污水至地表水域,改变水功能及水资源和水环境状况所产生的影响。根据建设项目取水和退水的影响性质,可以分为有利与不利、显见与潜在影响;根据其影响方式,可分为直接与间接影响;根据其影响程度,可分为短期与长期、可逆与不可逆影响;根据其影响范围,可分为区域与局部影响等。取水和退水可能产生的不利影响是论证的重点。

取水不利影响主要包括取水造成水域水量和水能减少、水资源时空分布条件改变、纳污能力减小等而产生的水功能降低,水域生态失衡及对第三者的影响等;退水影响包括退水所含化学、物理和生物污染等物质排入水域后,增加水体纳污负荷、改变水文情势及水功能区的资源和环境承载状况、降低水资源利用功能,并由此对受纳水域水功能、水资源质量状况和水生态产生的影响。

(1)取水和退水影响论证的内容与程序。

建设项目取水和退水影响论证是在建设项目取用水合理性分析和取水水源论证基础上进行的,论证应根据有关法律、法规和政策等规定以及水功能区划要求,按照水资源规划和社会经济发展等有关规划原则要求,分析论证取水和退水对区域或流域水资源、水生态和第三者的影响,主要内容包括:根据建设项目所在区域的水资源条件,取水量和取水规模、方案(取水方式和保证要求、退水量及污染物组成、主要污染物排放及入河情况、入河排污口设置等),受纳水域水资源管理和水功能保护要求,识别筛出主要的影响对象,并确定论证工作等级和范围;在现状调查基础上,分析预测取水和退水对水资源条件、水域纳污能力、水功能和水生态保护及第三者的影响,并针对性地提出建设项目应采取的工程与非工程对策措施,以消除或减缓其不利影响,对难以消除和可定量计算的直接影响,应提出补偿方案建议,而对于难以定量的影响则应定性说明影响的程度与范围,并提出相应的补偿措施建议。论证报告应在综合分析建设项目取水和退水可行性的基础上,明确给出建设项目取水和退水影响的评判结论。

(2)取水和退水影响论证的基本要求。

以国家和地方法律、法规为论证依据,建设项目取水和退水行为要满足水资源合理开发、优化配置、高效利用和有效保护的要求,并与流域和区域水资源可持续利用的目标相一致,建设项目取水和退水必须符合流域与区域相关规划及水功能区管理的要求;应全面分析、突出重点地开展工作,要以国家水资源管理的原则为依据,针对建设项目的取水和退水特点,分析对论证范围内水资源、水功能、水生态及第三者的影响;在项目论证中,应考虑论证范围内已建、在建和已通过取水审查建设项目可能产生的叠加与累积影响;应满足《建设项目水资源论证导则》的要求,针对建设项目取水和退水特点及论证范围内水域的实际情况,确定影响论证范围和工作等级,并按要求开展论证工作,论证时应充分收集和利用已有资料开展论证工作,资料不足时应根据论证需要实施必要的现场调查工作,所采用的方法和技术应成熟可靠,提出的论证结论应具体明确,提出的对策措施与建议应合理可行,针对影响问题提出的对策措施和补偿建议应有针对性,便于实施和落实;应针对建设项目取水和退水影响分析结果,提出为消除或减缓建设项目取水和退水产生的不利影响而需落实的水资源保护对策措施,并根据影响的性质和程度提出必要的影响补偿建议,所提出的各项对策措施与建议必须符合经济可行、技术合理的原则。

2)论证的分类等级与论证范围

(1)论证的分类等级。

①确定分类等级应考虑的主要因素。建设项目取水和退水的规模与特点;建设项目所在区域的水资源条件、状况,取水和退水水域规模;地下水及地表水功能的管理和保护要求;流域和论证范围水资源及水生态问题的敏感程度;与其他取用水户权益和区域已建取水、退水设施的关系;退水主要污染影响因素;论证范围水域及取水许可的管理权限。根据上述确定分类等级应考虑的主要因素,将建设项目取水和退水影响论证的分类等级划分为三级,不同分类等级的划分指标见表5-15。

②论证的分类等级设定的原则。一般是建设项目取水和退水越复杂、涉及水域的水功能目标和管理要求越高,取水和退水水域问题越敏感、影响的范围和程度越大,则划定的论证级别就越高。在等级划分时,以符合影响指标中最高等级指标的要素作为定级判定的依据,如在某建设项目的取水影响论证中,分析取水对生态水量影响明显,属于"取水对河流生态水量构成明显影响"的范畴,应执行一级论证工作,而其他取水和退水影响问题较为简单,仅要求开展二、三级的论证工作即可。根据论证级别划分的等级要求,确

定该项目的取水和退水影响论证分类等级为一级。对于高耗水、重污染的取水和退水项目,应在满足规定分类等级的论证要求基础上,根据所影响水域水资源和水生态问题的敏感性与保护要求,针对该类项目的特点强化相关论证工作,全面深入地分析取水和退水的影响。

(2)论证范围的确定。

取水和退水影响论证范围应根据其影响的范围、程度和要点确定。确定论证范围时,应综合考虑建设项目所在的水资源分区和受影响水域的水功能区,考虑区域水资源问题的敏感性与取水和退水状况,建设项目取水规模与保证率要求、取水和退水方式,退水规模、类型、性质、污染物组成及对水域的影响程度,取水和退水影响的水功能区现状与规划管理要求,水生态保护目标及分布情况,取水和退水对第三者的影响等主要因素。

建设项目取水和退水影响的相关水域和其影响范围内的第三者,应纳入取水和退水影响论证范围,论证的重点区域应为取水口和退水口所在水域和可能导致不利影响的相关水功能区。一般来讲,取水和退水影响要素越多,对论证范围内水域的影响程度越大,而需论证的范围也越大。

地下水文地质单元和依法划定的地表水二级功能区,是开展建设项目取水和退水影响论证的基础工作单元,即论证范围的最小区域。在论证工作中,应重点分析和论证取水与退水对所在分析单元和相邻工作单元的影响。

建设项目取用地下水造成地下水位下降区域或因地下水开采而产生的漏斗区域,地表取水的论证范围(主要指取水口所在水域和受影响的上、下游水功能区),建设项目退水造成水域纳污能力减少、水功能降低和水质影响、水生态受损的水域,均应列入影响论证的基本范围。对于初步确定的论证范围,如经分析计算后受影响的水域超出已确定的论证范围,应调整论证范围。对于具有高耗水、重污染的大中型制浆造纸、印染、酿造发酵、有机和无机化学、石油化工工业等类型的建设项目,往往存在退水量大或影响因素复杂,退水对影响水域影响程度显著等问题,一般需要结合水域的实际情况和管理要求适当扩大论证范围。

影响论证范围的确定是建设项目取水和退水影响论证的基础,合理的论证范围能科学合理地把握工作重点和按要求完成工作任务,提高论证工作效率和成果质量。因此,在确定取水和退水影响论证范围时,应充分体现突出重点和兼顾一般的原则,要考虑影响论证与取水水源论证范围的协调性,充分考虑取水水源及影响范围内水资源开发利用情况、受影响水域水功能区划、水功能和水生态现状与保护目标、已有的取水和入河排污设施、现有水文和水质资料条件等因素。论证范围的确定要体现补充调查与现有成果的资料互补性,便于开展水资源平衡分析和水域纳污能力计算。应绘制建设项目取水和退水影响范围示意图,并在图中标注影响水域的水功能区划、项目取水口和退水口位置、主要水文和水质监测断面,以及区域的重要水功能与水生态保护目标等。

3)论证深度的要求

取水和退水影响论证的工作深度应综合考虑建设项目取水和退水影响的范围、程度和影响要素等多方面因素,根据论证分类等级确定。按照《建设项目水资源论证导则》的规定,不同分类等级的主要技术要求见表5-19。

表5-19　取水和退水影响分级论证技术要求

类别		等级		
		一级	二级	三级
取水影响	地表水	1.应详细分析水量过程、分布和配置的时空变化,全面调查和分析对河流生态基流的影响 2.应定量分析对水域纳污能力的影响 3.应论证水资源特性改变对重要湿地和敏感水生生物生境的影响	1.应分析水量分布和配置的时空变化,分析对河流生态基流的影响 2.应定量分析对水域纳污能力的影响 3.应对取水产生的一般性水生态影响进行分析	1.分析说明对河流生态基流的影响 2.分析说明对水域纳污能力的影响
	地下水	应分析地下水位下降、漏斗范围扩展情况,以及对区域地下水利用条件和生态环境的影响	应分析区域地下水位下降及由此产生的地表污染物迁移条件改变对地下水利用的影响	一般可不开展论证分析工作
退水影响		1.应论证和定量分析对退水口所在水域和相邻水功能一级区与二级区的水利用功能、水域纳污能力、水质、水温和水生态等方面的影响 2.应对影响水功能区内的水源地和其他利益相关者水资源利用权益情况进行分析 3.应论证水资源特性改变对水体富营养化、重要湿地和其他保护性生境,以及农业生态的影响 4.应论证可能对地下水质量的影响 5.论证项目入河排污口(退水口)设置的可行性	1.应论证对退水口所在水功能一级区与二级区使用功能、水域纳污能力、水质、水温和水生态等方面的影响 2.应分析对相关水域水源地和第三者取用水户水资源利用权益的影响 3.应分析水资源特性改变可能产生的生态影响 4.应对可能产生的地下水质量影响进行分析 5.论证项目入河排污口(退水口)设置的可行性	1.分析说明对退水口所在二级水功能区的影响 2.分析说明退水对影响水功能区内水源地和其他利益相关者水资源利用权益的影响 3.分析项目退水对生态的影响 4.论证项目入河排污口(退水口)设置的可行性
水资源保护措施与影响补偿建议		1.应提出建设项目进一步采取的节水减污综合控制措施和污水资源化的对策方案,以及进一步改善相关区域水资源条件的建议 2.应对取水和退水造成第三者用水权益的损失进行计算,并提出具体的工程补偿或经济补偿方案建议	1.应提出建设项目采取的节水减污综合控制措施和污水资源化的对策方案,提出改善相关区域水资源条件的建议 2.应对取水和退水造成第三者用水权益的损失进行分析,提出具体的工程补偿或经济补偿方案建议	1.应分析提出建设项目采取的节水减污控制措施和污水资源化的对策方案,提出改善相关区域水资源条件的建议 2.分析取水和退水造成第三者用水权益的损失,并提出补偿方案建议

论证深度的基本要求如下：

掌握建设项目拟选取水口和退水口位置，掌握取水和退水的方式、特点以及退水污染特征(包括污废水及污染物量，污染物类型，主要污染物的浓度，污废水的物理化学特征，退水时间、方式、去向和排污入河折减情况等)，掌握论证范围水功能区汛期、非汛期和全年水文要素(如流速、水位、流量、含沙量等)变化规律，掌握相关水资源分区或水功能区近年水资源质量变化趋势，掌握建设项目取水口和退水口所在水域及周边水功能区水质资料，掌握论证范围内取水和退水的详细资料，熟悉项目所在流域和论证范围内的水资源利用与保护规划，掌握水行政主管部门对项目取退水论证范围水功能区的管理要求，了解相关水功能区纳污能力计算与核定情况、入河污染物总量控制规划和阶段控制目标，了解河流和论证河段允许取水指标及论证范围内水功能区已建、在建和规划建设项目的取水许可审批情况，了解和掌握所涉及论证范围内重要敏感保护目标分布和主要的取水、用水需求(如生活取水、生态需水、省界水质控制要求等)。

4)地表取水影响论证

地表取水影响论证主要是分析取水改变地表水资源数量、质量及其时空分布后对论证范围内水资源状况、水功能和水生态的影响。建设项目取水可能会对水量、水位和流速等水资源特性产生影响，严重时可能会进一步产生水功能改变的问题，并对公共利益和第三者构成影响。在建设项目地表取水影响论证中，应根据水功能保护的原则和要求，对取水可能产生的各类影响问题进行针对性的分析。开展建设项目地表取水论证时，应注意考虑论证范围内已建或已批规划建设取水项目的叠加和累积影响问题。

5)地下取水影响论证

地下取水在一定范围内可能造成水位降低的情况，因取水论证范围水文地质情况的差异，又可能产生继发性的环境影响问题。原则上地下取水若发生环境地质的明显影响，应评判为该取水项目建设不可行，在地下取水水源论证中即予以否定。一般单个地下取水项目的影响是局部和较小的，在论证时要注意论证项目与区域已建或已批规划建设地下取水项目的叠加影响问题，并在论证中予以分层次进行阐述。

6)退水影响论证

退水对水功能区的主要影响，是退水对相关水功能区水资源污染影响所产生的水功能降低和水生态失衡问题。

建设项目在取用水的同时，必须对所产生的污废水实施有效处理，在满足建设项目污染物达标排放和排污目标总量控制的前提下，退入地表水域时还需满足地表水功能保护及水功能区管理的规定，设置的入河排污口应符合有关规定要求。在建设项目退水影响论证工作中，要在满足用水合理和可行的基础上，论证建设项目退水对相关水域水功能区的影响，分析退水经入河排污口进入地表水体后，对水资源功能、水域纳污能力、地表水质、地表水温和水生态以及区域地下水的影响，论证建设项目入河排污口设置的合理性，并针对影响问题提出可行的措施与必要的补偿建议。

7)水资源保护措施

建设项目取水和退水产生显著影响问题时，应根据水资源开发、利用和保护要求，以项目建设预防、控制和影响减量化为原则，确定业主应采取的工程和非工程预防与补救措施,消除或减缓项目取水和退水所产生的不利影响。要注意论证报告所提出的水资源保护措施内容应有针对性,并具备技术上合理、经济上可行,便于操作、实施,并能够有效落实。

(1)水资源保护工程措施。

实行更为有效的节水减污控制,当建设项目退水中入河污染物总量不能满足水功能管理和保护的控制要求时,应在比选的基础上进一步论证提出建设项目的节水措施和入河污染物的减量方案,实施更为有效的项目末端治理和排污控制。根据建设项目退水影响区水功能保护要求和入河排污总量控制意见,分析改进和提高项目污染末端技术或处理效率的可行性,实现排入河道污染物的减量控制。

提出建设项目进一步实施节水减污的措施。在对项目设计排污总量和用水合理性论证的基础上,分析项目各主要生产环节可采取的节水减污潜力条件,论证进一步实施项目节水减污措施的可行性。

制定入河污染物的综合削减措施和污水资源化途径。在实施有效的污染源治理基础上,论证建设项目污染物在入河前实施进一步生态处理的可行性,最大限度地减少污染物入河量。农业灌溉项目要根据灌区取用水的实际情况,提出控制农业污染的综合性措施。根据水资源优化配置原则和分质供水的要求,论证项目污废水资源化的途径,并对实现污废水最优化的可行性和保障程度进行分析。

优化调整项目的取水和退水工程布局。提出建设项目取水和退水设施布局、建设和运行方案优化调整意见,有效减缓或消除取水和退水对论证范围环境地质、生态目标及其他第三者可能产生的不利影响,提出项目建设应采取的防止次生盐渍化、防范水体富营养化和控制漏斗区地下水污染的工程对策措施。

提出地下水质保护的措施。根据区域水文地质特性和降水、地表产流特点,针对地下水影响问题提出建设项目具体的地下水保护措施。

建立生态水量工程保障体系。针对建设项目取水和退水可能对生态水量等造成的影响问题,建设影响区重要生态的工程保障体系,确保河流等水域基本生态用水指标的落实。

水功能和水生态的修复与重建工程。针对建设项目取水和退水对水功能和水生态的影响,提出恢复项目影响水域水功能和水生态的修复与重建工程建议,主要包括水能利用、水资源保护、纳污能力优化和水生态修复的措施方案。

针对开采地下水可能产生的水位下降、地质影响、地表生态变化和对其他第三者水资源利用权益的影响,制订可进一步减缓或消除影响的措施方案。

对于灌区节水改造及水权转换工程对地下水和生态可能产生的影响也应提出必要的保护和修复措施。

(2)水资源保护非工程措施如下:

建立健全建设项目水务管理体制,以节水和优化用水为目的,提出建立项目水务管理体制的建议意见。

提出取水和退水方案的监督管理要求。制订项目业主应遵循的取水和退水管理计划,提出水行政主管部门对项目取水和退水设施的监督管理计划与建议。

提出项目退水控制的管理方案建议。针对取水项目的取水和退水影响情况,根据建设项目取水和退水影响的可承受程度,确定建设项目为减少控制退水影响而应制订的管理方案建议。涉及工程调度可能产生的影响问题,应结合引水和水量调度工程的建设及运用影响情况,优化工程调度运行方案。

制订必要的水质监控计划。根据水功能区和入河排污口监督管理的有关规定,对有风险影响的建设项目,应制订专项的取水和退水监控计划,并列出相应的投资费用。

提出保护地下水的措施。针对地下取水可能产生的地下水位降低、地质灾害影响和地下水污染问题,制订相应的预防和控制监控计划。

8)影响的补偿

建设项目在采取必要的措施后,取水和退水仍对第三者构成影响和损害时,应定量估算造成的损失,并提出补偿方案建议。建设项目补偿方案的制订应建立在取水和退水影响论证工作的基础之上。

建设项目取退水对第三者用水权益与公共利益影响的主要形式包括:由于地下水位下降、河势变化等取不到水或影响取水量;因水质变差,需要另找用水水源;需要加大取水预处理费用,增加成本;影响身体健康;造成产品质量下降;影响渔业、养殖业等;影响景观娱乐等。

补偿的目的与意义:建设项目取水、用水和退水必然带来周边地区水资源供需关系和条件的变化,建设项目应据此采取相应的预防补救与补偿措施。制订建设项目的补偿方案,有利于贯彻和坚持科学发展观的精神,实现水资源的可持续利用和人口、资源与环境的协调发展。新建和扩建、改建项目水资源需求论证应以“维系良好生态系统,以维持水资源的可持续利用,支持经济社会的可持续发展”为指导思想,通过水资源优化配置和利用利益的调整,协调好生活、生产和生态用水。

建设项目影响的补偿应以水资源可持续利用为主线,高效利用为基础,依法规范各用水目标间的水资源供需关系,制订合理可行的项目补救措施和经济补偿方案。

补偿的主要任务与目标:《建设项目水资源论证管理办法》明确规定,建设项目水资源论证报告书应包括“对其他用水户权益的影响分析”的内容,具体要求应反映周边地区及有关单位对建设项目取水和退水的意见,制定影响其他用水户权益的补救和补偿方案。这也是实行水资源统一管理、优化配置、综合调度和确保供水安全的一项重要举措。通过发放取水许可证,明晰取水权,统筹兼顾上下游、左右岸和地区间、部门间的用水需求,保证区域(流域)水资源的供求平衡,保护各用水户的合法权益,是充分发挥水资源综合效益的重要举措。

三、建设项目水资源论证举例

河南省某某县农村饮水安全巩固提升工程水资源论证报告书如下:

(一)论证报告的主要内容

1 总论

1.1 项目来源

1.1.1 委托单位

1.1.2 承担单位与工作过程

1.2 水资源论证的目的和任务

1.2.1　论证目的
1.2.2　论证任务
1.3　编制依据
1.3.1　法律法规
1.3.2　标准、规范
1.3.3　技术资料
1.4　工作等级与水平年
1.4.1　工作等级
1.4.2　水平年
1.5　水资源论证范围
1.5.1 分析范围
1.5.2　取水水源论证范围
1.5.3　取水影响范围
1.5.4　退水影响范围
2　建设项目概况
2.1　建设项目概况
2.2　项目与产业政策、有关规划的相符性分析
2.2.1　产业政策相符性
2.2.2　水资源条件、规划的相符性
2.3　生产工艺技术介绍
2.3.1　供水系统
2.3.2　配水系统和管材
2.4　建设项目取用水情况
2.4.1　建设项目取水方案
2.4.2　建设项目用水方案
2.5　建设项目退水方案
3　水资源及其开发利用状况分析
3.1　基本情况
3.1.1　自然地理与社会经济概况
3.1.2　水文气象
3.1.3　河流水系与水利工程
3.2　水资源状况
3.2.1　水资源量及时空分布特点
3.2.2　水功能区及水质标准情况
3.3　水资源开发利用程度
3.3.1　供水工程与供水量
3.3.2　用水量、用水水平和用水结构
3.3.3　存在的主要问题

3.4 水资源开发利用潜力分析
3.4.1 水资源管理三条红线指标及其落实情况
3.4.2 开发利用潜力分析
4 用水量合理性分析
4.1 用水节水工艺和技术分析
4.1.1 生产工艺分析
4.1.2 用水工艺分析
4.1.3 节水技术分析
4.2 用水过程和水量平衡分析
4.2.1 各用水环节水量分析
4.2.2 水量平衡分析
4.2.3 施工期水量平衡分析
4.3 用水水平评价及节水潜力分析
4.3.1 用水水平指标计算与比较
4.3.2 污水处理及回用合理性分析
4.3.3 节水潜力分析
4.4 项目用水量核定
4.4.1 论证前后水量变化情况说明
4.4.2 合理用水量的核定
5 取水水源论证
5.1 水源方案比选及合理性分析
5.2 地表水取水水源论证
5.3 地下水水源论证
5.3.1 地质、水文地质条件
5.3.2 地下水资源量分析
5.3.3 地下水可供水量
5.3.4 开采后地下水水位预测
5.3.5 地下水水质分析
5.3.6 取水可靠性分析
6 取水影响论证
6.1 对水资源的影响
6.2 对水功能纳污能力的影响
6.3 对生态系统的影响
6.4 对其他用户影响
6.4.1 对其他用户取水条件的影响
6.4.2 对其他用户权益的影响
6.4.3 补救与补偿原则
6.4.4 补救措施与补偿方案建议

7 退水影响论证

7.1 退水方案

7.1.1 退水系统及组成

7.1.2 退水总量、主要污染物排放浓度和排放规律

7.1.3 退水处理方案和达标情况

7.2 对水功能区的影响

7.3 对水生态的影响

7.4 对其他用水户的影响

7.5 入河排污口设置方案论证

8 水资源节约、保护及管理措施

8.1 节约措施

8.2 保护措施

8.3 管理措施

9 结论与建议

9.1 结论

9.1.1 项目用水量及合理性

9.1.2 项目的取水方案及水源可靠性

9.1.3 项目的退水方案及可行性

9.1.4 取水和退水影响补救与补偿措施

9.2 存在问题和建议

(二)论证报告部分内容节选

1 总论

1.1 项目来源

实施乡村振兴战略,是党的十九大做出的重大战略部署,是党的"三农"工作一系列方针政策的继承和发展,是决胜全面建成小康社会的战略任务,是加快推进农村现代化的必然要求,是做好新时代"三农"工作的重要指针,为深入贯彻党的十九大精神,坚持以人为本,保障饮水安全,维护人的生命健康。

通过实施农村饮水安全工程巩固提升工程,解决某某县6个乡镇饮水困难、饮水水质差、管网漏损严重、供水保证率不高的问题,是实现精准脱贫的重要条件,也是实现小康社会的重要条件。为广大农民提供水源可靠、水质达标、水量充足的饮用水,既是普遍提高人民生活水平和质量的重要保障,又是减少疾病、确保身体健康、提高健康水平的必然条件。并且,村民现有的手压井、自备井的供水方式无法满足农村向城市化发展的进程,无法满足村镇长远发展规划对供水的需求,无法满足人民日益增长的物质文化生活对水的要求,因此解决某某县农村饮水问题是一项势在必行、首当其冲的任务。

1.1.1 委托单位

某某县农村饮水安全工程建设管理局

1.1.2 承担单位与工作过程

承担单位:某水利工程设计有限公司

依据中华人民共和国水利部、中华人民共和国国家发展计划委员会2002年联合颁布的《建设项目水资源论证管理办法》及有关《建设项目水资源论证报告书编制基本要求》和2018年4月1日实施的《建设项目水资源论证导则》(GB/T 35580—2017),对某某县2019年农村饮水安全巩固提升工程利用地下水作为供水水源进行论证,公司接到任务后多次深入某某县现场调查、充分收集资料,开展该建设项目的水资源论证工作。

工作程序包括三个阶段,即:准备阶段;工作大纲阶段;论证报告书编制阶段。

准备阶段:充分收集有关水资源论证的法律、法规文件、技术标准以及相关的区域水资源评价与勘测成果。对区域水资源条件、参考井供水量、水质等进行了野外踏勘与调查,收集了大量的有关资料。

工作大纲编制阶段:按照《建设项目水资源论证导则》(GB/T 35580—2017)的要求编制本项目的工作大纲及报告编写提纲。

论证报告书编制阶段:分析区域水资源状况及其开发利用现状;针对本项目实际的取用水量进行了取用水合理性分析;对取水水源供水可行性进行分析、论证;分析取水对区域水环境以及对其他用水户的影响;提出区域水资源保护措施。

1.2 水资源论证的目的和任务

1.2.1 论证目的

依据《中华人民共和国水法》第四十八条规定:直接从江河、湖泊或者地下取用水资源的单位和个人,应当按照国家取水许可制度和水资源有偿使用制度的规定,向水行政主管部门或者流域管理机构申请领取取水许可证,并缴纳水资源费,取得取水权。

为适应新形势下建设项目水资源论证工作,实行最严格的水资源管理制度,是全面贯彻落实水资源管理各项法律、法规和政策措施,是践行可持续发展治水思路,建立健全严格的水资源管理法规体系和严密的水资源管理制度的需要,有利于提升水资源管理能力和水平,逐步建立与可持续发展社会相适应的现代化水资源管理体系,促进实现以水资源的可持续利用来支撑经济社会的可持续发展。

随着工业化、城镇化深入发展,某某县水资源需求将在较长一段时期内持续增长,水资源供需矛盾将更加尖锐,某某县水资源面临的形势将更为严峻。解决某某县日益复杂的水资源问题,实现水资源的高效利用和有效保护,根本上要靠制度。2011年中央一号文件和中央水利工作会议明确的要求实行最严格水资源管理制度,确立水资源开发利用控制、用水效率控制和水功能区限制纳污"三条红线",从制度上推动经济社会发展与水资源水环境承载力相适应。

1.2.2 论证任务

按照《建设项目水资源论证导则》(GB/T 35580—2017)的要求,本次工作在对区域水资源和取水水源工程进行实地调查,大量收集分析该地区已有研究成果资料的基础上,深入地分析了建设项目的取水水源的可靠性、论证用水的合理性及对区域水环境的影响,提出水资源保护措施等,其主要任务如下:

(1)分析项目是否符合国家产业政策、分析项目所在区域水资源开发利用状况,论证本工程的取水合理性;

(2)通过对2019年度农村安全饮水项目实际用水水平等方面的分析,论证其用水合理性；

(3)对某某县水资源量、可供水量及水质进行论证，分析其供水的可靠性；

(4)对地下水水源地可供水量及水质进行论证，分析其供水的可靠性；

(5)分析论证项目取水对区域水环境和其他用水户的影响，项目退水对水环境的影响；

(6)从节约用水、水污染防治及水资源保护等方面提出了水资源保护措施等；

(7)按照《建设项目水资源论证导则》(GB/T 35580—2017)的要求，编制完成项目水资源论证报告书。

1.3 编制依据

1.3.1 法律法规

(1)《中华人民共和国水法》，2002 年 8 月 29 日；

(2)《中华人民共和国环境保护法》，2014 年 4 月 24 日；

(3)《中华人民共和国水污染防治法》，2008 年 2 月 28 日；

(4)《中共中央国务院关于加快水利改革发展的决定》(2011 年中央一号文件)；

(5)《取水许可和水资源费征收管理条例》(中华人民共和国国务院令第 460 号，2006 年 2 月 21 日)；

(6)水利部、国家发展计划委员会令第 15 号令发布实施《建设项目水资源论证管理办法》(2002)；

(7)《入河排污口监督管理办法》(2004 年 11 月 30 日)；

(8)《河南省取水许可和水资源费征收管理办法》(2009 年 4 月 23 日)。

1.3.2 标准、规范

(1)《建设项目水资源论证导则》(GB/T 35580—2017)；

(2)《建设项目水资源论证报告书编制基本要求》(2002)；

(3)《水资源评价导则》(SL/T 238—1999)；

(4)《地下水质量标准》(GB/T 14848—93)；

(5)《生活饮用水卫生标准》(GB 5749—2006)；

(6)《供水水文地质勘察规范》(GB 50027—2001)；

(7)《污水综合排放标准》(GB 8978—1996)；

(8)《用水定额》(河南省地方标准 DB 41/T 385—2014)；

(9)《河南省水功能区划》(2003)；

(10)《产业结构调整目录》(河南省发改委 40 号令 2005 年)；

(11)河南省《关于做好农村饮水安全工程水资源论证工作的通知》。

1.3.3 技术资料

(1)《某某县国民经济统计年鉴》(2016)；

(2)《河南省某市水资源综合规划》(2007)；

(3)《某某县 2019 年农村饮水安全巩固提升工程实施方案》；

(4)《某市水资源公报》(2012~2016 年)。

1.4 工作等级与水平年

1.4.1 工作等级

依据水利部《建设项目水资源论证导则》(GB/T 35580—2017),“表1 水资源论证分类分级指标”,建设项目工作等级确定主要依据取水水源类型、取水规模、当地水资源状况、取水和退水影响,从项目规模、水资源利用、退水情况等方面,对照论证工作等级划分指标,确定建设项目水资源论证工作等级。

根据业主提供的项目资料和《建设项目水资源论证导则》(GB/T 35580—2017)规定,建设项目取水水源为深层地下水,日取地下水量996 m^3/d,小于生活取水量1万 m^3/d,论证等级为三级;项目涉及主要用水工序1个,评价等级为三级;项目取水对第三者取水影响轻微,评价等级为三级;项目区现状无敏感生态问题,取退水影响轻微,评价等级为三级;项目退水含有少量可降解的污染物,评价等级为三级;按照《建设项目水资源论证导则》(GB/T 35580—2017)的要求,水资源论证等级由分类等级最高的确定,综合以上各指标分析结果,确定建设项目水资源论证工作等级为三级。

1.4.2 水平年

根据《建设项目水资源论证导则》(GB/T 35580—2017)的要求,代表年份宜取最近年年份,根据《某市水资源公报》,2016年为完成资料的最近年份,因此确定水资源论证现状水平年为2016年,2020年为规划水平年。

1.5 水资源论证范围

由于地下水取水水源论证中论证分析范围是受多种因素的影响,一般应以满足水资源合理配置、用水户对水量的要求,查明水文地质条件为原则。

1.5.1 分析范围

根据《建设项目水资源论证导则》(GB/T 35580—2017)第5.3.1条“应以建设项目取用水有直接影响关系的区域为基准,结合流域区域取用水总量控制和水功能区限制纳污管理要求”的原则,确定分析范围,本项目建设地点位于某某县,因此分析范围为某某县,分析范围面积为767 km^2。

1.5.2 取水水源论证范围

项目生产取水水源为地下水,根据本建设项目的水文地质单元,综合考虑项目的取水水源地位置、目标含水层组及其空间分布特征、地下水的补径排条件、地下水水位降落漏斗及其影响范围等因素,确定水源论证范围为单井所在地周围10 km^2。

1.5.3 取水影响范围

该项目农村饮水安全供水工程全部开采是深层地下水,并经多年均衡调节深层水位在允许范围之内基本保持不变。因此本工程取用地下水996 m^3/d 的供水规模,根据地下水的补径排条件、地下水水位降落漏斗等因素,确定取水水源论证影响范围为单井所在地周围10 km^2。

1.5.4 退水影响范围

由于生活污水不会直接进入河道,对水功能区不会产生明显的影响,也不涉及对第三者的影响,退水影响范围可以忽略不计。

……

9 结论与建议

根据《建设项目水资源论证管理办法》《建设项目水资源论证报告书编制基本要求》及《建设项目水资源论证导则》中的有关规定，对建设项目的取水水源类型、用水过程、项目工程实施后可能对区域水环境造成的影响等进行了多方面的论证，并根据目前论证区内的水资源及开发利用状况和建设项目需水用水情况提出建议。

9.1 结论

9.1.1 项目用水量及合理性

在确定本次农村饮水安全用水定额为60 L/d时，充分考虑了农村居民的居住条件、生活习惯、牲畜用水、公共建筑用水、管网漏失与不可预见等因素，确定项目供水工程取水量为996 m^3/d，开采占比重小。

所以，该计算的用水量不但能够满足生活用水的要求，还在允许开采量之内。如果农村居民注重节约用水，有条件的地方建设与供水规模相适应的污水处理厂，在一些用水环节充分利用中水。因此，可以认为取水规模是合理的。

9.1.2 项目的取水方案及水源可靠性

根据当地水资源条件，项目水源全部采用深层地下水，取水量996 m^3/d。取水方案符合区域水资源的合理配置的要求，取水方案合理可行。

某某县境内深层地下水(300～600 m)水质较好，能够满足农村居民生活饮水的要求，满足《生活饮用水卫生标准》(GB 5749—2006)的标准。

所以，工程取用深层地下水，符合当地水资源管理、配置、保护要求和水资源优化配置原则。因此，该水源选择合理。

评价区300～600 m深层地下水资源丰富。细砂、中细砂、细中砂含水层分布稳定，单层厚度5 m左右，累计达50 m左右。导水、渗透性强，单井出水量50～60 m^3/h，单位出水量2.73～6.67 $m^3/(h\cdot m)$，属HCO_3—Na和$HCO_3\cdot Cl$—Na型水；矿化度0.5 g/L，总硬度(以$CaCO_3$计)20.5～55 mg/L，属于软水；水温18～28 ℃，属低温热水；是无色、无味、无臭，透明水。各项水质指标均符合《地下水质量标准》(GB/T 14848—2017)和《生活饮用水卫生标准》(GB 5749—2006)。综合评价认为，深层水属优质生活饮用水。

根据非稳定流计算评价30年后动水位埋深80 m。参照《供水水文地质手册》，若采用8JD80×20型号深井泵，抽水流量50～60 m^3/h，其动水位点合理，抽水能耗不会增加，水源地运行期内供水保证程度高。由此可见，工程将深层地下水作为该工程各供水水源，是可靠的，供水方案是可行的。

该项目农村饮水安全供水工程全部开采是深层地下水，并经多年均衡调节深层水位在允许范围之内基本保持不变。因此，本工程取用地下水996 m^3/d的供水规模，不会对区域地下水资源造成明显的影响。工程的建设不会对生态环境产生较大影响，也不会对其他用户权益产生影响。

9.1.3 项目的退水方案及可行性

本项目排放污水主要为生活污水，生活污水一部分用水绿化，一部分用水农民灌溉自留地；余下的生活污水经过分散沉淀处理后，达标排放，日排放量747 m^3，年排放量18.18万m^3。

由于生活污水不会直接进入河道，对水功能区不会产生明显的影响，也不涉及对第三者的影响。

9.1.4 取水和退水影响补救与补偿措施

项目建设不涉及对水资源的破坏补偿和对其他用水户的补偿。

9.2 存在问题和建议

(1)农村饮水安全工程实施后,目前农村居民的生活污水无法集中处理与排放,将来新农村社区逐渐建成后,应配套建设市政下水管网与污水处理厂。

(2)水源地开采过程中,应建设引黄蓄水工程,加大地表水及引黄水人工补给力度,井渠结合,调控合理地下水位。建立水源地的卫生防护区。开展地下水和地表水水质、水量、水位多目标监测。

(3)逐步封、停、收购安全饮水工程供水区自备井,加强地下水资源的统一管理,做好农村生活用水的节水工作。

(4)要不断提高农村饮水安全工程的管理工作,尤其是供水后的后期管理工作,杜绝浪费水资源,实行严格的水资源管理制度,认真做好水资源的保护工作。

任务5-3 水资源管理

世界各国的社会经济发展都面临着水的问题,国民经济各行业的发展和社会进步与水资源状况息息相关。随着时代发展,生产和生活水平不断提高,用水量必然大幅度增加,而用水量的增加与水资源时空分布之间的矛盾产生的直接后果即供需不平衡,水资源短缺。这一现实反映在全世界的几十个国家和地区,又都存在着水资源使用的不合理和严重浪费,从而加剧了水资源的供需矛盾。更加严重的是,城市和工业不合理地大量排污不是直接进入江河湖等天然水体,就是通过入渗污染地下水,使许多淡水资源由于质量恶化而失去使用价值。在农业用水方面浪费水的现象更加惊人,落后的用水方式和技术,粗放的管理和供水不足的现象形成了极大反差,由之而产生的次生盐碱问题,后患无穷。水资源过度开发利用导致的区域地下水位下降、地面沉降、海水入侵等带来了十分严重的社会、经济和生态失衡问题,从而迫切要求对水资源实行保护和管理,这是保证水资源合理利用、实现可持续发展的十分重要的环节。

一、水资源管理的概念和任务

(一)水资源管理的概念

所谓管理,顾名思义,"管"包含着双重含义,首先体现出权威性或者称其为控制性,主要形式是发布命令;其次为约束性,综合起来是要有目的地使用各种手段达到管的目的,完成计划。"理"是指合理性和条理性的综合,既合乎情理和规矩,又忙而不乱、井然有序。故而,管理就是运用规划、组织、领导及控制等基本行动,有效利用某一机构内所拥有的人、财、物等因素,促进其间密切配合,以顺利达到该机构的特定任务和目标。

水资源管理是一门新兴的应用科学,是水科学发展一个新动向。它以研究如何合理开发、利用、调控和保护水资源,使其处于对人类生活和生产最有利的状态,并获得最大的经济、社会和环境效益为主要目标。

水资源管理是自然科学和社会科学的交叉科学,它不仅涉及研究地面水的各个分支科学和领域,如水文学、水力学、气候学及冰川学等,而且和水文地质学各领域及与上述各种水体形成、活动的自然、社会和生态,甚至和经济技术环境等各方面密不可分。因此,研究并进行水资源管理,除应用上述有关水科学的研究理论和方法外,还需要用系统理论和分析方法,采用数学和先进的最优化技术,包括现代计算机技术,建立适合所研究区域的水资源开发利用和保护的管理模型,以达到管理目标的实现。

水资源管理涉及水的"量"和"质"两方面,为实现管理的目标,水资源管理的概念应当理解为:通过行政、法律、经济和技术手段,规范人类一切水事活动,合理开发、充分利用水资源并使其得以适时补偿和恢复,达到水量不枯竭、水质不污染,并使水环境处于良性循环状态,从而获得最大的经济、社会和环境效益。

水资源管理的任务是满足人类社会日益增加的用水需求以及防治水体污染而产生的各种水环境问题,实现水资源的有序利用和保持水环境的良好状态,具体分为以下几方面:

(1)统一管理、合理分配、有效调控和有序开发水资源。

(2)保障国民经济和人民生活水平提高必需的可持续用水量和水资源作为供水水源的永续性,实现地下水资源的可持续利用,清除一切与之有关的水环境问题。

(3)保护水资源、水质和水生态系统。

(4)提高水环境控制和污废水资源化的水平。

(5)以法治水,改革管理体制,加强其能力建设。

(二)水资源管理的内容

根据水资源管理的概念及其主要任务,水资源管理的内容包括法律管理、行政管理、经济管理和技术管理等方面,简述如下。

1. 法律管理

法律管理即国家或地方政府为合理开发利用和监督保护水资源,防止水环境恶化而制定的水资源管理法规。把水资源管理的政策、措施、办法用法律的形式固定下来,用以规范社会一切水事活动,以取得社会一致遵守的效力,做到依法管水、用水和治水。以国家强制力为后盾,同各种浪费、污染和破坏水资源的现象作斗争,从而实现合理开发利用和保护水资源,充分发挥水资源的社会综合效益,适应国民经济发展和人民生活水平不断提高的需要。

世界上许多国家,如英国、美国、苏联及法国等都颁布了有关水资源管理的法规。

英国水资源保护法在1944年就颁发了,此后于1945年、1948年、1958年、1963年和1974年颁发了有关的法律,且根据1963年7月31日颁发的水资源保护法,建立了国家水资源委员会,负责协调流域管理局的任务,制订国家发展水资源的计划。1970年,针对全国水资源管理和水污染控制十分混乱的现状,通过了水法,对水的管理体制进行了重大改革,综合管理水源、供水、污水及其处理、污染控制、内陆排水、防洪、航运、渔业及娱乐用水等,解决了水资源和污染控制与其他方面的矛盾。

美国的水污染控制法于1948年生效,1965年成立了全美水资源利用委员会,负责制定统一的水政策,全面协调联邦政府、州政府、地方政权及企业、组织工作,促进了美国水资源及土地资源保护和利用。此后于1966年又颁布了新的《清洁水保护法》。

日本于1956年12月颁发了《水质保护法》及《工厂废水控制法》,1967年又出台了《环境污染控制基本法》,并于1971年又以《水污染控制法》对以前不健全的法律规定进行了修订。

我国水资源和水环境保护立法已经取得了巨大进展,1973年首次制定了《关于保护和改善环境的若干规定》,其中对保护水源、水质等方面都有非常具体的规定,这就为以后的水资源保护与管理措施、方法的实施奠定了基础;1984年颁布了《中华人民共和国水污染防治法》,1988年颁布了《中华人民共和国水法》,紧接着又于1989年颁布了《中华人民共和国环境保护法》,这一系列的法律文件,使全国水资源管理与保护工作有法可依并走上了法制化的轨道。

2. 行政管理

为保证水资源管理法规及经济技术措施的贯彻执行,必须建立国家的或地方政府(区域或流域)的一套统一的水政水资源行政与专业管理机构,负责全国或地区范围内的水资源开发利用和水污染控制及管理工作,以确定总的管理目标。因此,行政管理意旨以法律为准绳和依据,依靠行政手段和水政策来指导水事活动。这里的行政手段即为前述的国家或地方的水行政管理部门;水政策则是在水的一系列法律范围内,开发利用、保护和管理资源,以及防治水害等活动的具体的行业政策。因此,设立水行政管理机构,主要负责国家或地方总体系中指定目标和行动的落实。

水资源包括地表水资源和地下水资源。前者是按流域形成分布的,而后者则是按系统发育的。对地表水而言,流域管理是许多国家最终采用的方式。关于流域水资源管理机构的设置,国外有几种方式,如法国在全国6个流域管理局的基础上建立了全国水质委员会,英国则成立了10个流域水务局统一管理水资源的量与质,美国则为统一管理,各大河流都设立各自的流域管理机构,且多为权力机构。如特拉华河流域综合研究委员会由州长和内务部长组成,下设了3个咨询委员会,负责水资源规划、污染控制、法律实施及颁布用水许可证等。对地下水资源的管理既要考虑行政区划,也要兼顾水文地质单元,不能各自为政。

3. 经济管理

水资源管理的目的在于贯彻资源有偿使用和合理补偿的指导思想,把水资源作为一种商品纳入整个经济运行结构之中,通过经济杠杆调控国民经济各行业对水资源进行合理开发和充分利用,控制对水的浪费和破坏,并监督保护水环境和生态,促使资源-环境-经济协调稳定发展。具体措施在于将水资源作为商品对待,有偿使用,有偿排污,通过水资源价格和水价的调整,对过度用水达到有效抑制,使水资源在新的供求关系基础上达到动态平衡。同时,利用经济手段获取充分资金,实现以水养水,促进水资源进一步开发并进行水环境治理和保护。

经济管理有助于提高社会和民众的节水意识及环境意识,对于遏制水环境恶化、缓解水资源危机均有重要作用。

经济管理的基础是水资源价值。水资源价值取决于它的使用价值和短缺程度,因此水资源的有偿使用是资源所有权在经济上实现的必然形式。水资源所有权属于国家,过去采取的无偿使用或水价过低的做法等于放弃了水资源的所有权，结果必然造成水资源的巨大浪费，甚至污染水源，破坏环境难以追究责任，致使环境问题日趋严重。

4. 技术管理

除采用法律、行政和经济手段对水资源的开发和利用进行管理外，考虑到水资源形成的复杂的自然条件以及人类活动与自然环境间的关系，而水资源本身又具有其独特的时间和地域分布特征，人类对水资源无论是开发或利用以及对开发和利用过程中产生的水环境问题的处理都是通过一定的工程措施实现的。所以，技术管理包含以下几方面：第一，在对开发或利用水资源的各类工程从规划、设计、建设及其运行的全过程都必须科学合理，这样才能保证水资源合理开发，也不致产生由工程建设和运行而导致出现与之相关的水环境问题；第二，在水工程运行中能适时调整供用水关系，并做到对各类用水合理调配，促使供用水部门实行计划用水，节约用水；第三，解决如何对水资源适时补偿，保护水质并对各种污染进行切实有效的预防和治理。在这个意义上，技术管理包括了工程管理和用水管理两方面内容。

工程管理是对各类水资源工程[如水库、水电站、输水渠道(管道)、水厂、水井]做到合理科学规划、建设，并及时进行监测、维护乃至改建及防洪等，使工程配套完善，保证质量和安全运行。关于各类水工程规划、设施等请参阅其他书籍。

用水管理是水资源管理的一项非常重要的方面，将在单元5-3-2进行详细介绍。

二、用水管理

(一)概述

1. 用水管理概念

用水管理是指国家依法对各地区、各部门及各单位和个人使用水资源活动的管理，通常包括由国家授权的部门或单位通过法律、政策、行政、经济及技术要求等手段对用水活动进行管理。

用水管理的任务是实行计划用水，厉行节约用水，妥善解决水事纠纷，保护公共的用水利益和用水者的合法权益，从而实现有效控制用水、合理用水，使有限的水资源尽可能满足社会发展需求，最大限度地发挥水的综合效益。

所谓用水，是指为生产和生活等需要而使用各种形态水资源(主要为地表水和地下水)的活动。作为一种法律行为，主要在于用水权依法律规定产生，遵循法律要求进行，当然也是一种社会和经济行为。

用水管理是国家对各项用水活动的全面管理，它与用水组成是分不开的。我国的用水组成主要有：工业用水，农业用水，城乡居民生活及牲畜用水，水力发电、航运、渔业、防洪调节、水质净化、水上娱乐及冲淤排沙等用水部门。通常依据最终使用的地点不同，又分为河道内用水与河道外用水两类，还可以按是否消耗水资源分为消耗性用水和非消耗性用水等。

消耗性用水是指那些使用水资源的过程要消耗一定数量或质量的水的活动，如工业用水、农业用水及生活用水等用水活动均需通过水工程设施取水到水域外来完成，也称为河道外用水，当然，无论对哪种用水组成，并不意味着利用水分的全部消耗，更多的只是部分消耗。而非消耗性用水则指那些在用水过程中,利用水的某种特性和功能而并不消耗水的数量和质量的用水活动,如用水组成中除消耗性用水部分外的全部用水部分,由于一般直接在水域内进行(无论是否通过水工程),基本上属于非消耗用水。

一般而言,消耗性用水和河道外用水是用水管理的重点,但并不意味着非消耗性用水或河道内用水就不存在问题。这两个方面的用水都必须合理安排。

2. 用水管理的意义

用水管理是水资源管理中重要的基本管理活动之一,是我国经济可持续发展和社会安定的客观要求,具有非常重要的意义。

第一,我国目前水资源供需矛盾十分尖锐,而我国又是一个水资源并不丰富的国家,不但数量少,且在时空分布上的不均匀及严重的水土流失给水资源充分利用带来极大困难,而且国民经济各用水部门的需水要求急剧增加,解决用水不足问题已成为一项十分艰巨和复杂的工作。因此,有计划地开发利用水资源当然是十分必要的,这即为所谓的开源。但是,就我国的水资源条件、经济能力和已有水工程的规模,增加供水能力的速度和可能性毕竟是有限的,水资源供求矛盾将长期存在,而且在一些地区和一定时期还会进一步发展。所以,单纯依靠开源来解决这种供求矛盾是行不通的,在这种情况下,节水无疑具有更加重要的意义。只有开源与节流并重,才能缓和水资源供需矛盾,而节水则必须通过加强用水管理,有效地控制用水,延缓用水量的增长速度,合理用水,使有限的水资源发挥出最大效益。

第二,我国的用水水平比较低,这是过去对水资源综合利用的重要性认识不足、用水无计划、水污染和浪费严重、用水管理措施不落实、缺乏统一管理或管理不力造成的。

第三,各用水部门、地区、单位之间都存在着需要协调的用水矛盾。

以上这些问题和矛盾的客观存在,使用水管理具有十分重要的意义。

3. 用水管理的基本政策

解决供水、用水矛盾的根本出路在于开源节流,尤其对缺水地区和城市,节流更具有突出作用。所以,"国家实行计划用水,厉行节约用水"是一切水事活动必须遵循的基本原则,成为用水管理的基本政策。因此,在用水管理中应当推行全面节水,生产和生活的各个用水环节,都应当以节约用水为基本要求,采取有效的节水措施。

我国各用水部门,农业节水是重点。搞好水土保持,涵养水分,减少蒸发;调整种植业结构,有效利用降水发展旱作农业;加强灌区技术改造,改进灌溉制度和灌水方式,推行节水灌溉技术,提高灌溉水利用率,不但可以起到节约水量,同时可避免土壤次生盐渍化的发生,可以说农业节水潜力巨大。

工业用水应采取依据水资源条件调整工业布局,控制用水标准,改革用水工艺,实行一水多用和循环使用,提高水的重复利用率;此外,要加强污废水处理回用。工业节水大有可为,不仅可节约水量,而且可减少污水排放,有利于水污染防治,综合效益显著。

生活用水虽然目前标准较低,但随着城市化发展和生活水平提高,生活用水比重将有较大增加,因此也必须大力提倡节水。

(二)用水管理制度

用水管理制度是关于用水的法律制度,是国家为贯彻用水政策和原则,保证用水管理任务的顺利完成，通过水立法而制定的，一切用水和用水管理活动都必须遵循的基本行为规程。它调整的是使用的行政法律关系，亦即用水管理部门与一切用水地区、部门、单位及个人之间的权利和义务关系。

用水管理制度主要包括计划用水制度、用水许可制度和水费、水资源费制度。

1.计划用水制度

所谓计划用水，是根据国家或某一地区的水资源条件、经济社会发展的用水要求等客观情况，科学合理地制订用水计划，并在国家或地方的用水计划指导下使用水资源。计划用水制度包括用水计划编制、审批程序，计划用水主要内容要求，以及计划的执行和监督等方面的系统的法律规定。

实行计划用水制度的目的在于通过科学合理地分配使用水资源，有效控制用水，加强节约用水，提高用水效率，减少用水矛盾并切实保护水资源，使水资源得以循环再生，永续利用。计划用水制度是实施其他用水管理制度的前提，是用水管理的一项根本制度，而其他用水管理制度对计划用水制度有促进作用。

计划用水制度要求全面的计划用水，故应在不同层次及方面编制和实施不同的用水计划。如按行政区划等级，可以有全国的、省、县乃至乡（镇）一级的用水计划，以及跨行政区域的用水计划；而在一定区域内按用水部门而论，可以有城市生活、工业生产、农田灌溉等各方面的用水计划；若按用水管理行政关系，可以有用水管理部门的水资源供求计划及单位或个人的用水计划等。各类用水计划应当实行开源与节流、开发与保护、兴利与除害相结合的原则，保证重点，兼顾其他，对各项用水统一安排的原则，并协调好地区、部门以及单位和个人之间的用水关系。

实行计划用水制度首先必须编制并执行各种水的长期供水计划，这是实行计划用水的基础，是用水管理部门审查和批准各用水单位用水计划的主要依据之一。水的长期供求计划对水资源合理分配，对地区（流域）经济社会发展在较长时间内的用水稳定性和可靠性以及能否使水资源得以充分合理利用，具有决定性作用。因此，水的长期供求计划必须在科学客观地调查评价地区（流城）水资源，并在对其进行科学预测的基础上，严格编制、审批、执行和监督。

2.取水许可制度

取水许可制度是国家通过立法确定的，取水单位和个人只有在获得用水管理机关的取水许可，并遵守取水许可所规定的条件，才能使用水资源的一项用水管理制度。但也有不需经过许可便可直接取得用水权，这是取水许可制度的一种特殊情况，可视其为用水的法律特许权，广义而言，取水许可制度是任何单位和个人都必须遵循的制度。

取水许可制度包括以下两个方面的内容：

（1）对直接从地下或江河、湖泊取水的，实行取水许可制度。这里的“直接从地下或江河、湖泊”有三层含义：其一，指用水单位直接从地下或江河、湖泊取水作为自备水源；其二，取水单位并非为了自用，而是兴建各种供水工程为社会供水，直接从地下或江河湖泊取水；其三，不包括任何非直接从上述水域取水的情况，如使用自来水厂和水库供水工程的水，实行用水许可制度的步骤、范围和办法，则由国务院另行规定。

（2）其他用水实行不需要申请许可而直接用水的制度。大体上也包括了三种情况：

其一,直接使用水工程统一供水的;其二,家庭生活、畜禽饮用取水和其他少量取水的;其三,从事航运、竹木流动和渔业等不消耗水量,不影响他人用水而从水域内取水的活动。

取水许可制度,是国家现代水立法普遍采用的一种用水管理制度。虽然各国在具体形式上有所差异,但总体应当包括申请取得用水许可的程序和范围、许可用水条件和期限等。

3. 水费和水资源费制度

水费和水资源费制度是关于用水征费,调整国家(政府)、供水单位、用水单位(或个人)三方面权益及事务关系的法律制度。

所谓水费制度,是指凡使用供水工程供水的单位和个人,必须按规定的标准、方法、数量和期限,向供水单位缴纳水费;供水单位必须在计划供水前提下,依法合理征收,使用管理水费的用水管理制度。而水资源费制度则是指依法对城市中直接从地下取水的单位征收水资源费,并依地方性法规对直接从地下或江河、湖泊取水的单位和个人征收水资源费。

这两项制度既有联系又有不同,区别在于以下几个方面:

(1)征费的直接权利主体不同。水费的直接权利主体是供水单位,而水资源费的直接权利主体只能是国家或地方的人民政府。

(2)征费的义务主体不同。征费的义务主体是一切使用供水工程供应水的单位或个人,而水资源费的义务主体则是直接从地下、江河、湖泊中取水的单位或个人。

(3)水费包括了人的劳动,而水资源费的标的为直接提取的天然水资源。

(4)具体内容不同。二者在计收标准、方法和管理使用方面均不同。

实行水费和水资源费的用水管理制度,应明确以下两点:

(1)用水征费必须服从国家的政策指导和必要的行政管理。虽然从表面上看,水费制度只是供水单位和用水单位、个人间的权利和义务关系,但实际上,对于用水这样一个关乎人类生存和发展的基本活动而言,水费关系到国家、供水单位和用水单位(个人)三方面的利益。因此,既要考虑促进合理和节约用水,也要考虑用户对水费的承受能力,还要考虑国民经济和社会发展的需要,必须在有效、合理和可能范围内计征水费,保护三方面的利益。

(2)供用水关系并非买卖关系。水资源归国家所有,无论是供水单位、用水单位(个人)都只有水的使用权和收益权。虽然水资源经由供水单位而具有商品属性,但用水征费只是国家为鼓励有效用水,减少浪费,保证供水工程必要的运行管理、更新改造而采取利用经济规律和杠杆作用的有偿用水措施。

三、水资源管理与保护的技术措施

(一)实行地表水和地下水联合运用

联合运用地表水和地下水作为一项基本政策,当前已在世界上许多国家得以广泛应用。

地表水和地下水是自然界水循环过程中两种主要形式,它们都积极参加水循环,在自然条件下相互转化。不统一管理与规划,则存在很多问题。例如,岩溶地区往往有一条河流进入落水洞,转入地下,而在下游又重新流出地表成为河流。在这种情况下,地表水和地下水属同一密不可分的系统,不论用地下水,还是用地表水,都取自共同的来源,最大容许的取用量只有一个。再如,一条河流通过透水性良好的地层,在年内丰、枯水位期,河流和地下水之间的补给关系是不断变化的。在开采地下水情况下,可使河流常年补给地下水。鉴于这些情况,如果对地表水和地下水分别评价与规划管理,不但比较困难,而且会出现问题。如果把地表水渗入地下、地下水流出地表的水量都分别计算,势必存在着重复计算问题,其结果使计算的资源量远较实际多。这种人为地夸大水资源的情况是普遍存在的。但是,当将地表水和地下水联合运用,统一评价时,只要知道地下水除河流以外的补给量和河流量,就可对全区水资源量作出正确的评价。另外,地下水和地表水联合运用、统一规划和管理,可以合理调配利用不同水源,人为调节各种水资源之间的转化关系,使之利用最方便,可最大限度地发挥水资源潜力,并做到既兴利又防害。当然,地区性或流域性地表水和地下水联合运用,还应按次一级单元分级联合运用。

实行地表水和地下水联合运用、统一调配是国内外水管理的一个非常宝贵的经验。如苏联 H. H 宾杰曼的研究,由于地表水和地下水间的转化关系,一个地区开采地下水,可以使地区河川径流量减少 20%~30%;美国得克萨斯州圣安东尼奥地区主要供水源为地下水,但上游含水层受河水补给,而下游则地下水补给河水,该州组织研究认为,实行地表水和地下水联合运用开发可得到的总供水量最大,因而制订出最佳开发方案,故评价时,既对河水进行精确的水文学研究,包括人为对河流的影响及泉水流量与含水层总抽水量的关系,又可取得可靠的水文地质参数。为了保证所选方案可能产生的副作用最小,还对水文、气象条件变化与水质组分和生态系统进行了研究。

相比而言,印度恒河流域针对雨季洪水泛滥,地表水无效入海,而旱季则不能满足灌溉、通航及对其他地区供水要求,1972 年美国哈佛大学的专家提出了恒河流域地表水和地下水综合利用方案,即在旱季大量抽取地下水使用,腾出地下空间,用以蓄存雨季时多余河水,以促进循环利用,按这一方案,旱季腾出地下水库容可达 620 亿 m^3。

中国华北地区水资源短缺严重,截至目前,地表水和地下水联合利用,大多停留在零星的、不自觉的基础上。若能结合每一地区的特点,统一规划,联合调度,完全有可能利用现有水工程,进一步向弃水和蒸发夺取可观的水量,使之转化为可利用水资源,同时起防止水源枯竭的作用。

(二)地下水人工补给

对地下水水源地来说,当开采量超过补给量、出现一定的降落漏斗时,就应适时采取人工补给地下水措施。

地下水人工补给,可称为人工回灌、引渗等,是当今世界各国广泛采用的增加地下淡水资源的措施,其实质是借助工程设施将地表水自流或加压注入含水层,目的在于除防止超采扩大、控制地面沉降、防止盐水(海水)入侵、改善地下水质、增加补给量外,还兼有储冷、储热的作用。

1. 人工补给地下水的水源和水质要求

地下水人工补给的水源有地表水(江河、湖泊、水库)、工业回归水和工业废水、城镇公共供水(自来水)、地下水及灌区渠道退水等。而主要以地表水为主,特别是汛期洪水。

补给水源不仅要有足够的水量,而且必须符合一定的质量要求,水质较差的水必须经净化处理后才可作为补给水使用,补给水的水质应达到以下三点要求:

(1)水质必须比原地下水水质好。

(2)回灌后不会引起区域性水质变差。

(3)不应含有可使回灌工程遭受腐蚀破坏的成分。

2. 地下水人工补给方法

人工补给地下水的方法如图 5-8 所示。

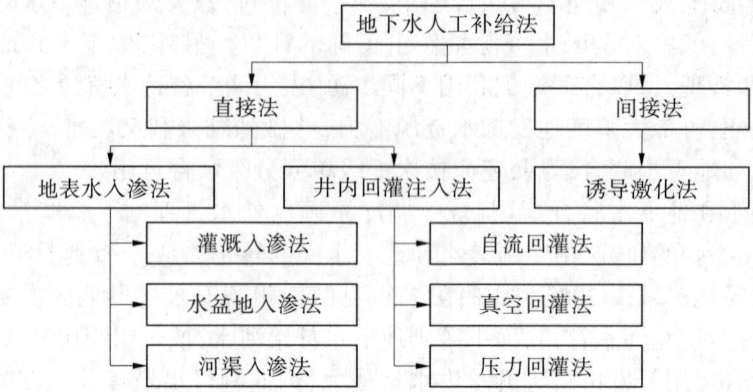

图 5-8 人工补给地下水的方法

无论哪种补给方法,均需最终进入含水层,因此除水质因素外,为确保补给效率,必须对补给区包气带,饱水带岩石空隙性及水理性质,地下水埋藏条件,含水层类型、厚度及水化学性质进行研究。

各种补给方法都有其适用条件和优缺点,现作以下简述。

1)地表水入渗补给法

一般利用农田、坑塘、渠道、河道或古河道及矿坑等,引地表水使其渗漏。地表水入渗补给法具有因地制宜、工程简单、便于管理的优点。

(1)灌溉入渗补给。农闲时,或在有条件时将水引入农田,利用田间入渗方式达到补给地下水的目的。

(2)水盆地入渗法。包括水库、洼地、池塘的渗漏等。

(3)沟渠入渗法。利用水库或引水工程的输水渠道引水入渗。尽管一般大型水利工程输水渠道都有衬砌,但对灌溉渠道而言,干、支、斗及田间渠系如网状分布,我国各大灌区渠系水利用系数一般为 0.5~0.6,故可有意识地在渠道内适时放水,以增加补给地下水。

(4)河床入渗补给法。利用天然河床或低漫滩,采取从上游处引水或修建拦水坝形式引水入渗,特别是将汛期洪水引渗,效果较好。

2)井内回灌注入法

回灌多通过管井、大口井、竖井及坑道回灌注入含水层,只有在特殊情况下才修建专门回灌井。

井内回灌注入法具有灌水量集中、流速大、效率高的特点。常需进行专门水质处理,以防井管和含水层堵塞。因输配水系统复杂,故费用高,但却有占地少,并可直接补给深层水的特点。

(1)自流回灌法。将水引入回灌井,使井水位与地下水位有一定水头差,促使入渗。

(2)压力回灌法。适用于地下水埋藏小和渗透性较差的含水层,直接连接自来水系统供水管和井管,靠管网压力(或加压)使回灌水与静水位间产生压力差而进行。

当含水层透水性稳定时,井的回灌量与压力成正比,但当压力增加到一定数值时,回灌量则几乎不增加。此时,压力不能过大,以免导致井的破坏。

回灌时,定期扬水是很关键的,它可以清除堵塞物,保证回灌效果。

3)间接补给法

间接补给法也称诱导补给法,或开采激化法等。间接补给法是在河流或其他地表水体(如渠道、湖泊等)附近凿井,开采时,由于地下水位降落漏斗扩大到地表水体,致使(或诱导激化)地表水体源源不断地补给抽水井,从而保证地下水的开采。

(三)强化水污染治理

地表水污染可视性强,易于发现,其循环更新周期短,易于净化和恢复。本节主要讨论地下水污染的治理问题。

国外经验表明,地下水含水层一旦被污染,在污染源被控制后,历经几十年至上百年都难以恢复。我们不能设想将污染了的地下水水源地一弃了之,因为这些含水层往往都是唯一的、不可替代的,所以必须采取措施使其净化。但是,治理污染地下水是十分困难的,许多净化技术均有待深化。

目前,净化污染水有两种基本方法:一种是收容法,即防止已污染的水在含水层继续恶化扩散,导致更严重的结果,故而主要采取修筑挡土墙以阻止污染的水流动;另一种方法是清除污染物,是利用已有的水井或排水沟抽排污染水,有时还需专门打抽水井。抽出的水经处理后可作他用或注入含水层。下面介绍几种在实际中应用的技术方法。

1. 换土法

包气带土层是地下水的保护层,可截流大量的污染物质,并经自身净化功能清除部分污染物。但那些未被截留的或未被降解的污染物则会污染地下水。故而,如何保护土层的净化功能,治理失去净化功能的污染土层就很重要。治理方法有换土法、微生物技术法、焚烧法、表活剂冲洗法和吹脱法等,目前多采用换土法。

换土法是将遭受严重污染的土层人工移走,换上适合生物生长、自净能力强的土层。达到既清除污染源,又建立地下水的新的天然屏障的作用。但仅能应用于局部的原污染源堆积位置或土层极严重的污染地段。

2. 物化方法

活性炭吸附法、臭氧分离法、泡沫分离法以及电解法、沉淀法、中和法、氧化还原法等物化方法可用在含水层对污染地下水的净化,降低污染程度。其实质是投放一定量化学物质进入含水层和污染物质发生物理-化学作用。这种方法已得以广泛应用。

3. 微生物净化法

微生物净化法是利用微生物处理已污染地下水的方法。污染物质是微生物生长的重要碳源,在需氧或厌氧环境中的微生物,能将有机污染物降解为 CO_2 和 H_2O 而降低污染程度。

这一技术净化效果好,投资省,不产生二次污染,净化彻底。

微生物靠降解污染物而获得自身生长繁殖必需的碳源和能源。水中养分由于污染物而增加,使微生物数量迅速增加,污染物降解速度也会加快,故可针对要净化的污染物,利用人工方法注入专门培养的细菌,促进其生长繁殖,加快污染物降解与转化。

4. 稀释净化法

已经污染的地下水,当断绝污染源后,在天然条件下可以逐渐扩散稀释,但若径流不畅,自行净化则十分缓慢,利用人工方法增加地下水补给量,则可加快稀释和净化的过程。

5. 换水法

对已大面积污染的含水层,采用以上方法困难较大,则采用换水方法,可以取得费省效宏的作用。

换水法是先从含水层中直接抽出已污染的地下水,经处理后排入江河,并以新的优质水再补给地下水。这种长期的抽换水过程可淋洗含水层并使地下水净化。

当地下水污染浓度不高时,利用所抽取出的地下水灌溉农田,不但不会导致土层污染,还可使作物高产,因为地表土壤是最好的过滤吸附层,可使抽出的灌溉污染水达到最经济处理的目的。

6. 地下水水源地卫生防护带

根据《生活饮用水卫生标准》(GB 5749—2006)的规定,生活饮用水水源必须设置卫生防护带,一般设置3个带:

(1)戒严带。仅包括取水构筑物附近范围,要求在水井周围30 m内,不得有厕所、渗水坑、粪坑、垃圾堆和废渣堆等污染源存在,并必须有卫生检查制度。

(2)限制带。与第一带相邻,包括较大范围,要求在井或井群影响范围内,严禁使用工业或生活污染水灌溉,不得施用持久性或剧毒性农药,而且不允许修建渗水厕所、渗水坑,堆放废渣。不得从事破坏深层土层活动。

(3)监视带。应经常进行流行病学观察,以便及时采取防治措施。

上述防护带的划分中,设置戒严带主要考虑防止病原菌的污染,故只属卫生防护,而对于病毒污染则是无效的。

关于卫生防护带半径的计算,目前尚无成熟理论和公式。有些学者作了一些研究,如荷兰的V·韦根尼(Van Waegeningh)于1985年提出的计算潜水含水层卫生防护半径的公式为

$$R = \sqrt{\frac{Q}{\pi}\left[1 - \exp\left(-\frac{tW}{Mn_e}\right)\right]} \tag{5-14}$$

式中 R——防护带半径,m;

Q——井的出水量,m^3/a;

M——含水层厚度,m;

t——滞后时间,a;

n_e——有效孔隙率(%);

W——地下水垂向补给量,m^3/a。

滞后时间指污染物由开采区降落漏斗范围内其一点运移至抽水井所需时间。V·韦根尼等认为,戒严带的滞后时间可考虑60 d,这是针对沙门氏杆菌在地下水中可存活44~50 d确定的。这样的时间可破坏一般病原菌,使其丧失病原性。对限制带来说,滞后时间可取为10 a,一旦在该带发生污染,也有足够时间采取防治措施。

(四)实施流域水资源统一管理调度

流域水资源统一管理调度与污染控制是一项庞大的系统工程,必须对流域涉及的上中下游地区,不同省(区)内的地表水和地下水在数量上和质量上综合控制,综合协调和管理才能取得满意的效果。

国外在流域管理方面,尽管体制不同,但均建立了全流域的跨行政地区的统一管理模式,在流域范围内实施供水、排水、污水处理的统一规划,统一管理,确定合理功能区和水质目标,实施污染物总量控制和颁发排污许可证,协调供水与排水、水资源与水环境、上游和下游之间的矛盾和冲突,同时通过现代化的信息系统进行水质变化过程的监测、预防及治理。流域内各种水污染防治工程由各个独立经营的专业化公司承包建设和运行管理。这种流域管理体制促进了水资源利用和保护、开发,同时取得了极大的经济效益。成功经验体现在以下几方面:

(1)对流域内供水、水资源开发、污染控制、防洪、航运、渔业等事业实行统一管理。

(2)按流域统一管理水资源。依据水循环理论,以流域为整体,把地表水和地下水、水量和水质、多种用途的供水和排水结合起来进行统一管理,运用系统论思想和系统工程原理,谋求全系统最优,力争较少投入而效益最大。

(3)实行切实有效的水质目标管理。除按国家规定外,对不同的污水处理厂或排污企业,由于其所处河道的自净能力,水的用途及污水排放地点不同而确定不同的排放标准。

(4)大力实行节约用水政策。严格控制用水量的增长成为管理的重要内容。力求在每个用水环节,且注重在整个水循环系统上达到合理和节约的目的。

(5)提高供水项目的整体效益。对任何一个供水工程项目从提出到确定,都必须经过充分的费用、效益分析和论证,以克服盲目性和重复性。

(6)建立水费制,财务自负盈亏。

(7)管理的自动控制。即对洪水预报、水质监测、水位水量站、雨量站、水井等,通过先进的自动化技术及时掌握,以便及时调配。

(8)开展综合经营。国内在流域水资源保护与管理方面开展了一些工作,虽然有关法律法规作了明文规定,但无论在广度上和深度上均存在许多问题,特别是黄河连续十多年的断流问题,促进了流域水资源统一管理和调度。现以黄河流域水资源为例,说明其必要性和内容。

1.实施黄河水资源统一管理调度的必要性

(1)西北、华北地区水资源严重紧缺,黄河水资源供需矛盾日趋突出,实施黄河水资源统一管理调度,是解决这一突出矛盾的重要途径。黄河流经的西北、华北地区,是我国少数民族比较集中的地区,也是国家实施经济发展战略转移的重点地区,而这一地区的水资源却十分紧缺,只有黄河才是这一地区唯一可靠的水源。近年来,随着沿黄各省(区)社会经济的发展,各方面对水的需求量急剧增大,黄河水资源的供需矛盾日趋突出,尤其在枯水年份和用水高峰季节用水十分紧张,黄河下游河口段常发生断流且断流时间和河段长度明显增加。造成上述情况的主要原因是黄河水资源的合理配置和调度问题,而要实现黄河水资源的合理配置,就必须实施黄河水资源统一管理和调度,再加上必要的工程措施,才能缓解日趋紧张的黄河水资源供需矛盾。

(2)实施黄河水资源统一管理调度是协调黄河治理与开发利用矛盾有效的措施。除害与兴利是黄河问题的两个方面。黄河上游是黄河清水的主要来源区,不但是水电资源的"富矿",也是宁蒙灌区及中下游地区的重要水源。同时,上游清水还承担着输送下游泥沙、减轻河道淤积的重要任务;黄河中游是黄河泥沙的主要来源区,中游水土保持工作与改善当地人民生活、生态环境、能源基地的建设开发和减少入黄泥沙都是密切相关的;黄河下游是举世闻名的地上悬河,防洪防凌任务异常艰巨,两岸近333.3万hm^2耕地,沿黄城市供水和中原、胜利两大油田对黄河水资源有很强的依赖性,下游河道同时又是排沙通道。由此可见,黄河是一个有机的整体,水资源的开发利用与黄河全局的治理有很大的关系。为保证下游两岸的工农业用水和河道输沙用水,减少下游淤积和断流的程度,必须通过实施黄河水资源统一管理调度,才能协调好全河水资源的开发利用与黄河治理之间的矛盾。

(3)黄河上中下游各地区、各部门利用黄河水,涉及面广、情况复杂、矛盾较多,只有对黄河水资源实施统一管理调度,才是解决诸多矛盾的唯一对策。农业灌溉是黄河第一用水大户,农业灌溉用水主要集中在农作物生长期的几个关键时段,如不能满足就会减产;工业用水和城市生活用水虽然数量不大,但其保证率高;上游河段已经建成的梯级水电站的装机容量占目前西北电网总装机容量的30%以上,这些电站的发电要根据电网需要进行调度;为了减轻河道的淤积,必须有足够的水量和峰量来排沙;而为了保证防凌安全,冬季河道的封、开河流量不能超过河道防凌的安全泄量;为了维持环境生态平衡和防止水污染,一些污染严重的河段和河口地区必须保持一定的流量,等等。这些用水有的可以兼顾,而在更多的时候是有矛盾和相互制约的,如果不进行统一管理和调度是不可能协调好这些矛盾的,有时会造成损失甚至酿成大的灾害。

2. 黄河水资源统一管理调度的目的和原则

科学管理的根本目的在于有效地增加更多、更好的社会效益和经济效益。黄河水资源管理的目的也不例外,即以最少的水资源量创造最大的社会效益和经济效益,建立最佳的水环境,也就是在保证黄河防洪、防凌安全的前提下,尽最大可能发挥灌溉、发电、供水和保护环境的效益,满足流域经济和社会发展对黄河水资源的要求,统筹兼顾好各方面的需要,协调好用水矛盾,防止水资源浪费。

《中华人民共和国水法》第二十条明确指出:"开发、利用水资源,应当坚持兴利与除害相结合,兼顾上下游、左右岸和有关地区之间的利益,充分发挥水资源的综合效益,并服从防洪的总体安排。"黄河水资源统一管理应遵循以下原则:确保黄河防洪防凌安全,兴利与除害相结合;综合利用、讲求效益;上中下游各省(区)、各部门相互协调,统筹兼顾;

实行计划用水、厉行节约用水。

3. 黄河水资源统一管理调度的组织建设

要实现黄河水资源的统一管理调度，必须加强黄河水资源统一管理调度的组织建设，建立一个权威性的管理机构来组织实施。管理机构的组建，可通过三种方案来实现。方案一：国家授权黄河水利委员会负责黄河水资源的统一管理与调度，包括承接管理干流上的重要控制性工程及对黄河干流上的水库实行统一的水量调度，在枯水年份对沿黄各省（区）引黄水量实行统一调整或控制等；方案二：成立由国家有关部委和沿黄各省（区）共同参加的黄河水资源管理委员会，对黄河水资源利用中的重大问题进行决策，具体办事机构设在黄河水利委员会，并赋予其对黄河水资源进行日常的统一管理和调度的职责和权限；方案三：在黄河上中游水量调度委员会的基础上，成立黄河水量调度委员会，增加陕西、山西、河南、山东等省有关单位为委员单位，黄河水利委员会仍为主任委员单位，设立黄河水量调度办公室，并负责黄河干流水库的统一调度。经综合各方面因素比较，方案一比较切实可行，若能实现，对缓解黄河水资源的供需矛盾及下游断流状况将起到一定的积极作用。

4. 黄河水资源统一管理调度的手段

1）行政手段

行政手段是实现黄河水资源管理的重要手段，黄河水资源属国家所有，必须由政府对水资源进行管理。黄河水利委员会是水利部的派出机构，国家已授权其在黄河流域履行水行政管理职责，包括对黄河流域的水资源实行统一管理和调度。

2）经济手段

水资源管理的经济手段就是通过建立合理的水资源价格体系并正确制定水资源投资政策，运用经济杠杆来合理开发利用和保护水资源。一是开征黄河水资源费，提高工程供水水价；二是制定黄河水资源的投资政策和水环境补偿政策，征收向黄河排放污水的排污费和由此造成水环境破坏的补偿费；三是建立健全黄河水利基金积累制度，以保证黄河水利产业的滚动发展。

3）法律手段

水资源管理的法律手段就是通过制定并贯彻执行各种水资源法规来调整人们在开发利用、保护水资源和防治水害过程中产生的多种社会关系和活动，从而使水资源管理有章可循、有法可依，达到运用法律手段加强黄河水资源的统一管理和调度的目的。

4）技术手段

黄河水资源管理的技术手段就是利用先进的科学技术对黄河水资源的调查、评价、规划及水量的分配和调度进行研究，对节约用水的方法和措施、灌溉用水制度、水资源优化分配和调度及长期降水预报技术等，进行多学科联合攻关，提出合理的黄河水资源分配方案和调度计划，并开展黄河用水统计工作，编发黄河用水公报，及时通报黄河水情。

知识训练

1. 水资源供需分析包括哪些内容？

2. 供水预测包括哪些内容?
3. 需水预测包括哪些内容?
4. 水资源论证的程序是什么?
5. 水资源管理有哪些任务?
6. 实施流域水资源管理的优点有哪些?

附 表

附表 1 《气象常用表》(第 3 号)——日照时间表(日出至日落之间时数)

月	北纬								
	0°	10°	20°	24°	28°	32°	36°	40°	42°
	逐月日照总时数(h)								
1	374.8	358.9	342.2	334.9	327.3	318.9	309.7	299.4	293.7
2(平)	338.4	329.8	321.2	317.5	313.6	309.4	304.7	299.6	296.8
(闰)	(350.4)	(341.6)	(332.7)	(328.9)	(324.8)	(320.4)	(315.6)	(310.3)	(307.4)
3	374.4	373.1	372.0	371.6	371.1	370.5	369.9	369.3	368.9
4	362.1	369.2	377.3	380.5	384.2	388.2	392.4	397.3	399.9
5	374.6	388.9	404.2	411.0	418.3	426.1	434.8	444.4	449.8
6	362.7	379.9	398.2	400.4	415.2	424.6	435.2	447.0	453.6
7	374.7	391.0	408.0	415.6	423.8	432.6	442.4	453.5	459.6
8	374.4	384.7	395.4	400.2	405.2	410.7	416.9	423.5	427.3
9	362.2	364.4	366.3	367.1	368.1	369.3	370.5	371.8	372.6
10	374.3	368.1	361.1	358.1	354.9	351.6	347.9	343.9	341.8
11	362.6	349.2	334.6	328.3	321.6	314.5	306.7	297.9	293.1
12	374.8	357.1	338.1	329.9	321.2	311.7	301.2	299.5	283.0
平年	4 410.3	4 414.3	4 418.6	4 421.1	4 424.5	4 428.1	4 432.3	4 437.1	4 440.1
(闰年)	(4 422.3)	(4 426.1)	(4 430.1)	(4 432.5)	(4 435.7)	(4 439.1)	(4443.2)	(4 447.8)	(4 445.7)

续附表1

月	日	北纬								
		0°	10°	20°	24°	28°	32°	36°	40°	42°
		逐月日照时数(h)								
1	1	12.08	11.52	10.90	10.63	10.35	10.04	9.70	9.32	9.11
	6	12.10	11.53	10.93	10.67	10.40	10.10	9.77	9.40	9.19
	11	12.10	11.55	10.97	10.72	10.46	10.17	9.85	9.50	9.30
	16	12.08	11.57	11.02	10.78	10.53	10.25	9.95	9.62	9.43
	21	12.08	11.60	11.08	10.85	10.61	10.35	10.07	9.75	9.58
	26	12.08	11.62	11.14	10.93	10.71	10.47	10.21	9.91	9.75
2	1	12.08	11.67	11.23	11.04	10.84	10.62	10.38	10.11	9.97
	6	12.08	11.70	11.30	11.13	10.95	10.75	10.54	10.30	10.17
	11	12.08	11.75	11.38	11.23	11.07	10.90	10.71	10.50	10.38
	16	12.08	11.78	11.47	11.34	11.20	11.05	10.88	10.70	10.60
	21	12.08	11.83	11.56	11.45	11.33	11.20	11.06	10.91	10.83
	26	12.08	11.87	11.65	11.56	11.46	11.36	11.24	11.12	11.05
3	1	12.08	11.88	11.71	11.63	11.55	11.46	11.35	11.25	11.19
	6	12.08	11.95	11.80	11.75	11.69	11.62	11.54	11.46	11.42
	11	12.08	11.98	11.90	11.86	11.82	11.78	11.73	11.68	11.65
	16	12.07	12.03	12.00	11.98	11.96	11.94	11.92	11.90	11.89
	21	12.08	12.08	12.10	12.10	12.11	12.11	12.12	12.13	12.13
	26	12.07	12.13	12.20	12.23	12.26	12.29	12.32	12.35	12.37
4	1	12.07	12.17	12.30	12.35	12.41	12.47	12.53	12.61	12.65
	6	12.08	12.22	12.40	12.47	12.55	12.63	12.72	12.83	12.88
	11	12.08	12.27	12.49	12.58	12.68	12.79	12.91	13.04	13.11
	16	12.07	12.30	12.58	12.69	12.81	12.95	13.09	13.25	13.34
	21	12.08	12.37	12.67	12.80	12.94	13.10	13.27	13.46	13.56
	26	12.08	12.40	12.76	12.90	13.07	13.25	13.44	13.66	13.78

续附表1

月	日	北纬								
		0°	10°	20°	24°	28°	32°	36°	40°	42°
		逐月日照时数(h)								
5	1	12.08	12.43	12.83	13.00	13.19	13.39	13.61	13.85	13.98
	6	12.08	12.48	12.91	13.10	13.30	13.52	13.76	14.03	14.18
	11	12.08	12.52	12.98	13.19	13.41	13.65	13.91	14.20	14.37
	16	12.08	12.55	13.05	13.27	13.51	13.77	14.05	14.33	14.54
	21	12.08	12.58	13.11	13.35	13.60	13.87	14.17	14.51	14.69
	26	12.08	12.60	13.17	13.42	13.68	13.96	14.28	14.64	14.83
6	1	12.08	12.63	13.22	13.48	13.76	14.05	14.39	14.76	14.97
	6	12.08	12.65	13.25	13.52	13.81	14.12	14.46	14.85	15.07
	11	12.08	12.67	13.28	13.55	13.84	14.16	14.52	14.91	15.13
	16	12.08	12.68	13.29	13.57	13.87	14.19	14.55	14.95	15.17
	21	12.08	12.68	13.30	13.58	13.88	14.20	14.56	14.96	15.19
	26	12.08	12.68	13.29	13.57	13.87	14.19	14.55	14.95	15.18
7	1	12.08	12.68	13.28	13.55	13.84	14.16	14.52	14.92	15.14
	6	12.08	12.65	13.25	13.52	13.81	14.12	14.46	14.86	15.07
	11	12.08	12.65	13.22	13.48	13.76	14.06	14.39	14.77	14.98
	16	12.08	12.62	13.18	13.43	13.70	13.99	14.31	14.67	14.87
	21	12.08	12.60	13.13	13.37	13.63	13.90	14.20	14.55	14.74
	26	12.08	12.57	13.07	13.30	13.54	13.79	14.08	14.41	14.59
8	1	12.08	12.53	12.99	13.20	13.42	13.66	13.93	14.22	14.39
	6	12.08	12.50	12.92	13.11	13.32	13.54	13.79	14.05	14.20
	11	12.07	12.47	12.85	13.02	13.20	13.41	13.63	13.87	14.00
	16	12.08	12.42	12.77	12.92	13.08	12.26	13.46	13.68	13.80
	21	12.07	12.37	13.68	12.82	12.96	13.12	13.29	13.49	13.60
	26	12.08	12.33	12.59	12.71	12.83	12.97	13.12	13.29	13.33

续附表1

月	日	北纬								
		0°	10°	20°	24°	28°	32°	36°	40°	42°
		逐月日照时数(h)								
9	1	12.07	12.27	12.49	12.58	12.68	12.79	12.91	13.04	13.11
	6	12.08	12.23	12.40	12.47	12.55	12.63	12.72	12.83	12.88
	11	12.07	12.20	12.30	12.35	12.41	12.47	12.54	12.61	12.65
	16	12.08	12.13	12.21	12.24	12.27	12.31	12.35	12.40	12.42
	21	12.07	12.10	12.11	12.12	12.13	12.15	12.17	12.18	12.19
	26	12.08	12.05	12.02	12.01	12.00	11.99	11.98	11.96	11.96
10	1	12.07	12.00	11.93	11.89	11.86	11.82	11.78	11.74	11.72
	6	12.08	11.97	11.83	11.78	11.72	11.66	11.59	11.52	11.43
	11	12.07	11.92	11.74	11.67	11.59	11.50	11.40	11.31	11.25
	16	12.08	11.87	11.65	11.55	11.45	11.34	11.22	11.09	11.02
	21	12.07	11.83	11.56	11.44	11.31	11.18	11.04	10.88	10.80
	26	12.07	11.78	11.46	11.33	11.18	11.03	10.86	10.67	10.58
11	1	12.08	11.75	11.37	11.21	11.04	10.86	10.66	10.44	10.32
	6	12.08	11.70	11.28	11.11	10.92	10.71	10.49	10.25	10.12
	11	12.08	11.67	11.21	11.01	10.80	10.58	10.34	10.07	9.92
	16	12.08	11.63	11.14	10.92	10.70	10.46	10.20	9.90	9.73
	21	12.08	11.60	11.08	10.85	10.61	10.35	10.07	9.75	9.57
	26	12.08	11.58	11.02	10.78	10.52	10.25	9.95	9.61	9.42
12	1	12.20	11.55	10.97	10.72	10.45	10.17	9.85	9.49	9.30
	6	12.10	11.53	10.93	10.67	10.40	10.10	9.77	9.40	9.20
	11	12.10	11.53	10.90	10.64	10.36	10.05	9.71	9.33	9.12
	16	12.08	11.52	10.88	10.62	10.33	10.01	9.67	9.29	9.07
	21	12.10	11.50	10.88	10.61	10.32	10.00	9.65	9.27	9.05
	26	12.08	11.52	10.88	10.61	10.32	10.01	9.66	9.23	9.06

续附表 1

月	北纬								
	44°	46°	48°	50°	52°	54°	56°	58°	60°
	逐月日照时数(h)								
1	287.8	281.2	274.0	266.2	257.6	248.0	237.1	224.7	210.2
2(平)	293.7	291.4	286.8	283.1	276.5	272.0	266.5	260.6	245.1
(闰)	(304.2)	(300.8)	(297.1)	(293.2)	(286.5)	(281.8)	(276.1)	(270.0)	(263.3)
3	368.5	368.1	367.8	367.4	366.2	365.7	365.1	364.5	363.8
4	402.6	405.6	408.9	412.5	415.5	419.3	424.0	429.2	435.1
5	455.5	481.7	468.5	475.9	484.5	493.7	504.1	516.0	530.1
6	460.7	468.4	476.8	486.2	498.2	510.2	521.1	540.5	560.3
7	466.1	473.2	480.9	489.5	501.4	512.4	524.9	539.3	556.7
8	431.3	435.5	440.5	445.3	453.0	459.3	466.5	474.5	483.5
9	373.4	374.2	375.1	376.2	379.9	381.4	383.0	384.8	386.7
10	339.4	336.9	334.1	331.3	330.3	327.0	323.4	319.3	314.8
11	278.9	282.4	276.3	269.7	265.0	257.5	249.5	237.7	227.1
12	276.1	268.5	260.4	251.4	242.3	231.1	231.4	203.6	186.2
平年	4 443.0	4 446.1	4 449.8	4 454.7	4 470.1	4 477.3	4 415.6	4 494.7	4 508.6
(闰年)	(4 453.0)	(4 456.5)	(4 460.1)	(4 464.8)	(4 480.1)	(4 487.1)	(4 525.2)	(4 504.1)	(4 517.8)

续附表1

月	日	北纬								
		44°	46°	48°	50°	52°	54°	56°	58°	60°
		逐月日照时数(h)								
1	1	8.89	8.65	8.39	8.10	7.82	7.45	7.03	6.55	5.98
	6	8.98	8.74	8.48	8.20	7.92	7.57	7.17	6.70	6.17
	11	9.09	8.86	8.62	8.35	8.07	7.73	7.67	6.92	6.42
	16	9.23	9.04	8.78	8.52	8.27	7.93	7.58	7.18	6.72
	21	9.39	9.19	8.97	8.73	8.48	8.18	7.85	7.48	7.05
	26	9.58	9.39	9.18	8.96	8.73	8.47	8.17	7.80	7.42
2	1	9.82	9.65	9.45	9.26	9.05	8.82	8.55	8.25	7.90
	6	10.03	9.88	9.71	9.53	9.35	9.13	8.88	8.62	8.33
	11	10.25	10.12	9.97	9.82	9.65	9.47	9.25	9.00	8.77
	16	10.49	10.37	10.25	10.12	9.95	9.80	9.62	9.42	9.20
	21	10.74	10.64	10.53	10.42	10.28	10.13	9.98	9.82	9.65
	26	10.98	10.90	10.81	10.72	10.62	10.50	10.38	10.23	10.10
3	1	11.12	11.05	10.98	10.90	10.80	10.72	10.60	10.50	10.37
	6	11.37	11.32	11.27	11.21	11.13	11.07	11.00	10.92	10.83
	11	11.62	11.59	11.56	11.53	11.48	11.43	11.40	11.33	11.27
	16	11.88	11.84	11.86	11.85	11.82	11.78	11.78	11.75	11.73
	21	12.14	12.14	12.15	12.16	12.17	12.17	12.17	12.17	12.18
	26	12.39	12.41	12.44	12.47	12.48	12.52	12.55	12.60	12.65
4	1	12.69	12.74	12.79	12.84	12.88	12.95	13.05	13.10	13.20
	6	12.94	13.01	13.80	13.16	13.22	13.32	13.42	13.52	13.65
	11	13.19	12.27	13.36	13.45	13.56	13.67	13.80	13.93	14.10
	16	13.43	13.53	13.64	13.76	13.88	14.02	14.18	13.35	14.55
	21	13.67	13.79	13.92	14.06	14.20	14.37	14.55	14.75	15.02
	26	13.90	14.03	14.18	14.34	14.52	14.72	14.92	15.18	15.45

续附表 1

月	日	北纬								
		44°	46°	48°	50°	52°	54°	56°	58°	60°
		逐月日照时数(h)								
5	1	14.12	14.27	14.44	14.63	14.82	15.05	15.28	15.57	15.88
	6	14.34	14.51	14.69	14.86	15.13	15.37	15.65	15.95	16.32
	11	14.54	14.73	14.93	15.15	15.40	15.67	15.98	16.33	16.73
	16	14.72	14.93	15.15	15.39	15.67	15.95	16.30	16.68	17.18
	21	14.89	15.11	15.35	15.61	15.90	16.23	16.60	17.02	17.50
	26	15.04	15.27	15.52	15.80	16.13	16.47	16.87	17.32	17.87
6	1	15.20	15.44	15.70	15.99	16.35	16.72	17.15	17.63	18.23
	6	15.30	15.55	15.82	16.12	16.48	16.88	17.32	17.85	18.47
	11	15.37	15.63	15.91	16.22	16.62	17.00	17.47	18.02	18.67
	16	15.41	15.67	15.96	16.28	16.68	17.08	17.55	18.12	18.78
	21	15.43	15.69	15.98	16.30	16.72	17.12	17.58	18.15	18.85
	26	15.42	15.68	15.97	16.29	16.68	17.10	17.56	18.13	18.82
7	1	15.37	15.63	15.92	16.24	16.63	17.03	17.50	18.05	18.72
	6	15.30	15.55	15.83	16.14	16.53	16.90	17.37	17.90	18.53
	11	15.21	15.46	15.72	16.01	16.40	16.77	17.20	17.70	18.32
	16	15.09	15.32	15.57	15.85	16.22	16.53	16.98	17.47	18.02
	21	14.94	15.16	15.40	15.67	16.02	16.37	16.73	17.18	17.70
	26	14.78	14.99	15.21	15.46	15.80	16.10	16.47	16.87	17.35
8	1	14.56	14.75	14.95	15.17	15.48	15.77	16.08	16.45	16.88
	6	14.36	14.53	14.72	14.93	15.22	15.47	15.77	16.08	16.47
	11	14.15	14.31	14.48	14.67	14.92	15.15	15.42	15.72	16.05
	16	13.94	14.08	14.23	14.39	14.63	14.83	15.07	15.32	15.62
	21	13.72	13.84	13.96	14.11	14.32	14.48	14.68	14.92	15.18
	26	13.47	13.57	13.69	13.82	14.00	14.15	14.33	14.52	14.73

续附表1

月	日	北纬								
		44°	46°	48°	50°	52°	54°	56°	58°	60°
		逐月日照时数(h)								
9	1	13.19	12.27	13.36	13.46	13.62	13.75	13.88	14.02	14.18
	6	12.95	13.01	13.08	13.16	13.30	13.40	13.50	13.62	13.76
	11	12.70	12.74	12.79	12.85	12.97	13.03	12.12	13.20	13.30
	16	12.45	12.48	12.51	12.51	12.63	12.68	12.72	12.78	12.85
	21	12.20	12.21	12.22	12.23	12.30	12.32	12.35	12.38	12.40
	26	11.95	11.94	11.93	11.92	11.97	11.97	11.97	11.97	11.95
10	1	11.69	11.67	11.64	11.61	11.65	11.62	11.58	11.53	11.50
	6	11.44	11.40	11.35	11.30	11.30	11.25	11.18	11.12	11.05
	11	11.19	11.13	11.06	10.99	10.98	10.88	10.82	10.72	10.60
	16	10.95	10.87	10.78	10.68	10.65	10.53	10.43	10.30	10.15
	21	10.71	10.61	10.50	10.39	10.32	10.18	10.05	9.88	9.70
	26	10.47	10.35	10.22	10.09	10.02	9.85	9.68	9.48	9.25
11	1	10.19	10.05	9.90	9.74	9.63	9.45	9.23	9.00	8.73
	6	9.97	9.82	9.65	9.47	9.33	9.12	8.88	8.62	8.30
	11	9.76	9.59	9.40	9.20	9.05	8.82	8.55	8.25	7.88
	16	9.56	9.38	9.17	8.95	8.78	8.52	8.22	7.88	7.50
	21	9.39	9.19	8.96	8.72	8.52	8.25	7.92	7.55	7.12
	26	9.22	9.01	8.77	8.52	8.30	8.00	7.65	7.25	6.78
12	1	9.09	8.86	8.61	8.34	8.12	7.78	7.42	6.98	6.48
	6	8.98	8.73	8.48	8.20	7.95	7.60	7.22	6.75	6.22
	11	8.89	8.64	8.38	8.09	7.83	7.47	7.07	6.58	6.02
	16	8.84	8.59	8.32	8.02	7.75	7.38	6.95	6.47	5.90
	21	8.82	8.57	8.30	8.00	7.70	7.33	6.90	6.43	5.83
	26	8.84	8.59	8.31	8.01	7.72	7.35	6.92	6.45	5.85

附表 2 三点法用表——S 与 C_s 关系表

(1) $P=1\%-50\%-99\%$

S	0	1	2	3	4	5	6	7	8	9
0.0	0.00	0.03	0.05	0.07	0.10	0.12	0.15	0.17	0.20	0.23
0.1	0.26	0.28	0.31	0.34	0.36	0.39	0.41	0.44	0.47	0.49
0.2	0.52	0.54	0.57	0.59	0.62	0.65	0.67	0.70	0.73	0.76
0.3	0.78	0.81	0.84	0.86	0.89	0.92	0.94	0.97	1.00	1.02
0.4	1.05	1.08	1.10	1.13	1.16	1.18	1.21	1.24	1.27	1.30
0.5	1.32	1.36	1.39	1.42	1.45	1.48	1.51	1.55	1.58	1.61
0.6	1.64	1.68	1.71	1.74	1.78	1.81	1.84	1.88	1.92	1.95
0.7	1.99	2.03	2.07	2.11	2.16	2.20	2.25	2.30	2.34	2.39
0.8	2.44	2.50	2.55	2.61	2.67	2.74	2.81	2.89	2.97	3.05
0.9	3.14	3.22	3.33	3.46	3.59	3.73	3.92	4.14	4.44	4.90

例：当 $S=0.43$ 时，$C_s=1.13$。

(2) $P=3\%-50\%-97\%$

S	0	1	2	3	4	5	6	7	8	9
0.0	0.00	0.04	0.08	0.11	0.14	0.17	0.20	0.23	0.26	0.29
0.1	0.32	0.35	0.38	0.42	0.45	0.48	0.51	0.54	0.57	0.60
0.2	0.63	0.66	0.70	0.73	0.76	0.79	0.82	0.86	0.89	0.92
0.3	0.95	0.98	1.01	1.04	1.08	1.11	1.14	1.17	1.20	1.24
0.4	1.27	1.30	1.33	1.36	1.40	1.43	1.46	1.49	1.52	1.56
0.5	1.59	1.63	1.66	1.70	1.73	1.76	1.80	1.83	1.87	1.90
0.6	1.94	1.97	2.00	2.04	2.08	2.12	2.16	2.20	2.23	2.27
0.7	2.31	2.36	2.40	2.44	2.49	2.54	2.58	2.63	2.68	2.74
0.8	2.79	2.85	2.90	2.96	3.02	3.09	3.15	3.22	3.29	3.37
0.9	3.46	3.55	3.67	3.79	3.92	4.08	4.26	4.50	4.75	5.21

(3) $P=5\%-50\%-95\%$

S	0	1	2	3	4	5	6	7	8	9
0.0	0.00	0.04	0.08	0.12	0.16	0.20	0.24	0.27	0.31	0.35
0.1	0.38	0.41	0.45	0.48	0.52	0.55	0.59	0.63	0.66	0.70
0.2	0.73	0.76	0.80	0.84	0.87	0.90	0.94	0.98	1.01	1.04
0.3	1.08	1.11	1.14	1.18	1.21	1.25	1.28	1.31	1.35	1.38
0.4	1.42	1.46	1.49	1.52	1.56	1.59	1.63	1.66	1.70	1.74
0.5	1.78	1.81	1.85	1.88	1.92	1.95	1.99	2.03	2.06	2.10
0.6	2.13	2.17	2.20	2.24	2.28	2.32	2.36	2.40	2.44	2.48
0.7	2.53	2.57	2.62	2.66	2.70	2.76	2.81	2.86	2.91	2.97
0.8	3.02	3.07	3.13	3.19	3.25	3.32	3.38	3.46	3.52	3.60
0.9	3.70	3.80	3.91	4.03	4.17	4.32	4.49	4.72	4.94	5.43

续附表 2

(4) $P=10\%-50\%-90\%$

S	0	1	2	3	4	5	6	7	8	9
0.0	0.00	0.05	0.10	0.15	0.20	0.24	0.29	0.34	0.38	0.43
0.1	0.47	0.52	0.56	0.60	0.65	0.69	0.74	0.78	0.83	0.87
0.2	0.92	0.96	1.00	1.04	1.08	1.13	1.17	1.22	1.26	1.30
0.3	1.34	1.38	1.43	1.47	1.51	1.55	1.59	1.63	1.67	1.71
0.4	1.75	1.79	1.83	1.87	1.91	1.95	1.99	2.02	2.06	2.10
0.5	2.14	2.18	2.22	2.26	2.30	2.34	2.38	2.42	2.46	2.50
0.6	2.54	2.58	2.62	2.66	2.70	2.74	2.78	2.82	2.86	2.90
0.7	2.95	3.00	3.04	3.08	3.13	3.18	3.24	3.28	3.33	3.38
0.8	3.44	3.50	3.55	3.61	3.67	3.74	3.80	3.87	3.94	4.02
0.9	4.11	4.20	4.32	4.45	4.59	4.75	4.96	5.20	5.56	—

附表 3　三点法用表——C_s 与有关 ϕ 值的关系表

C_s	$\phi_{50\%}$	$\phi_{1\%}-\phi_{99\%}$	$\phi_{3\%}-\phi_{97\%}$	$\phi_{5\%}-\phi_{95\%}$	$\phi_{10\%}-\phi_{90\%}$
0.0	0.000	4.652	3.762	3.290	2.564
0.1	-0.017	4.648	3.756	3.287	2.560
0.2	-0.033	4.645	3.750	3.284	2.557
0.3	-0.052	4.641	3.743	3.278	2.550
0.4	-0.068	4.637	3.736	3.273	2.543
0.5	-0.084	4.633	3.732	3.266	2.532
0.6	-0.100	4.629	3.727	3.259	2.522
0.7	-0.116	4.624	3.718	3.246	2.510
0.8	-0.132	4.620	3.709	3.233	2.498
0.9	-0.148	4.615	3.692	3.218	2.483
1.0	-0.164	4.611	3.674	3.204	2.468
1.1	-0.179	4.606	3.656	3.185	2.448
1.2	-0.194	4.601	3.638	3.167	2.427
1.3	-0.208	4.595	3.620	3.144	2.404
1.4	-0.223	4.590	3.601	3.120	2.380
1.5	-0.238	4.586	3.582	3.090	2.353
1.6	-0.253	4.586	3.562	3.062	2.326
1.7	-0.267	4.587	3.541	3.032	2.296
1.8	-0.282	4.588	3.520	3.002	2.265
1.9	-0.294	4.591	3.499	2.974	2.232
2.0	-0.307	4.594	3.477	2.945	2.198
2.1	-0.319	4.603	3.469	2.918	2.164
2.2	-0.330	4.613	3.440	2.890	2.130
2.3	-0.340	4.625	3.421	2.862	2.095
2.4	-0.350	4.636	3.403	2.833	2.060
2.5	-0.359	4.648	3.385	2.806	2.024

续附表 3

C_s	$\phi_{50\%}$	$\phi_{1\%}-\phi_{99\%}$	$\phi_{3\%}-\phi_{97\%}$	$\phi_{5\%}-\phi_{95\%}$	$\phi_{10\%}-\phi_{90\%}$
2.6	-0.367	4.660	3.367	2.778	1.987
2.7	-0.376	4.674	3.350	2.749	1.949
2.8	-0.383	4.687	3.333	2.720	1.911
2.9	-0.389	4.701	3.318	2.695	1.876
3.0	-0.395	4.716	3.303	2.670	1.840
3.1	-0.399	4.732	3.288	2.645	1.806
3.2	-0.404	4.748	3.273	2.619	1.772
3.3	-0.407	4.765	3.259	2.594	1.738
3.4	-0.410	4.781	3.245	2.568	1.705
3.5	-0.412	4.796	3.225	2.543	1.670
3.6	-0.414	4.810	3.216	2.518	1.635
3.7	-0.415	4.824	3.203	2.494	1.600
3.8	-0.416	4.837	3.189	2.470	1.570
3.9	-0.415	4.850	3.175	2.446	1.536
4.0	-0.414	4.863	3.160	2.422	1.502
4.1	-0.412	4.876	3.145	2.396	1.471
4.2	-0.410	4.888	3.130	2.372	1.440
4.3	-0.407	4.901	3.115	2.348	1.408
4.4	-0.404	4.914	3.100	2.325	1.376
4.5	-0.400	4.924	3.084	2.300	1.345
4.6	-0.396	4.934	3.067	2.276	1.315
4.7	-0.392	4.942	3.050	2.251	1.286
4.8	-0.388	4.949	3.034	2.226	1.257
4.9	-0.384	4.955	3.016	2.200	1.229
5.0	-0.379	4.961	2.997	2.174	1.200
5.1	-0.374		2.978	2.148	1.173
5.2	-0.370		2.960	2.123	1.145
5.3	-0.365			2.098	1.118
5.4	-0.360			2.072	1.090
5.5	-0.356			2.047	1.063
5.6	-0.350			2.021	1.035

附表4　皮尔逊Ⅲ型曲线模比系数 K_p 值表

(1) $C_s = C_v$

P(%) / C_v	0.01	0.1	0.2	0.33	0.5	1	2	5	10	20	50	75	90	95	99	P(%) / C_s
0.05	1.19	1.16	1.15	1.14	1.13	1.12	1.11	1.09	1.07	1.04	1.00	0.97	0.94	0.92	0.89	0.05
0.10	1.39	1.32	1.30	1.28	1.27	1.24	1.21	1.17	1.13	1.08	1.00	0.93	0.87	0.84	0.78	0.10
0.15	1.61	1.50	1.46	1.43	1.41	1.37	1.32	1.26	1.20	1.13	1.00	0.90	0.81	0.77	0.67	0.15
0.20	1.83	1.68	1.62	1.58	1.55	1.49	1.43	1.34	1.26	1.17	0.99	0.86	0.75	0.68	0.56	0.20
0.25	2.07	1.86	1.80	1.74	1.70	1.63	1.55	1.43	1.33	1.21	0.99	0.83	0.69	0.61	0.47	0.25
0.30	2.31	2.06	1.97	1.91	1.86	1.76	1.66	1.52	1.39	1.25	0.98	0.79	0.63	0.54	0.37	0.30
0.35	2.57	2.26	2.16	2.08	2.02	1.91	1.78	1.61	1.46	1.29	0.98	0.76	0.57	0.47	0.28	0.35
0.40	2.84	2.47	2.34	2.26	2.18	2.05	1.90	1.70	1.53	1.33	0.97	0.72	0.51	0.39	0.19	0.40
0.45	3.13	2.69	2.54	2.44	2.35	2.19	2.03	1.79	1.60	1.37	0.97	0.69	0.45	0.33	0.10	0.45
0.50	3.42	2.91	2.74	2.63	2.52	2.34	2.16	1.89	1.66	1.40	0.96	0.65	0.39	0.26	0.02	0.50
0.55	3.72	3.14	2.95	2.82	2.70	2.49	2.29	1.98	1.73	1.44	0.95	0.61	0.34	0.20	-0.06	0.55
0.60	4.03	3.38	3.16	3.01	2.88	2.65	2.41	2.08	1.80	1.48	0.94	0.57	0.28	0.13	-0.13	0.60
0.65	4.36	3.62	3.38	3.21	3.07	2.81	2.55	2.18	1.87	1.52	0.93	0.53	0.23	0.07	-0.20	0.65
0.70	4.70	3.87	3.60	3.42	3.25	2.97	2.68	2.27	1.93	1.55	0.92	0.50	0.17	0.01	-0.27	0.70
0.75	5.05	4.13	3.84	3.63	3.45	3.14	2.82	2.37	2.00	1.59	0.91	0.46	0.12	-0.05	-0.33	0.75
0.80	5.40	4.39	4.08	3.84	3.65	3.31	2.96	2.47	2.07	1.62	0.90	0.42	0.06	-0.10	-0.39	0.80
0.85	5.78	4.67	4.33	4.07	3.86	3.49	3.11	2.57	2.14	1.66	0.88	0.37	0.01	-0.16	-0.44	0.85
0.90	6.16	4.95	4.57	4.29	4.06	3.66	3.25	2.67	2.21	1.69	0.86	0.34	-0.04	-0.22	-0.49	0.90
0.95	6.56	5.24	4.83	4.53	4.28	3.84	3.40	2.78	2.28	1.73	0.85	0.31	-0.09	-0.27	-0.55	0.95
1.00	6.96	5.53	5.09	4.76	4.49	4.02	3.54	2.88	2.34	1.76	0.84	0.27	-0.13	-0.32	-0.59	1.00

续附表 4

(2) $C_s = 2C_v$

$P(\%)$ / C_v	0.01	0.1	0.2	0.33	0.5	1	2	5	10	20	50	75	90	95	99	$P(\%)$ / C_s
0.05	1.20	1.16	1.15	1.14	1.13	1.12	1.11	1.08	1.06	1.04	1.00	0.97	0.94	0.92	0.89	0.10
0.10	1.42	1.34	1.31	1.29	1.27	1.25	1.21	1.17	1.13	1.08	1.00	0.93	0.87	0.84	0.78	0.20
0.15	1.67	1.54	1.48	1.46	1.43	1.38	1.33	1.26	1.20	1.12	0.99	0.90	0.81	0.77	0.69	0.30
0.20	1.92	1.73	1.67	1.63	1.59	1.52	1.45	1.35	1.26	1.16	0.99	0.86	0.75	0.70	0.59	0.40
0.22	2.04	1.82	1.75	1.70	1.66	1.58	1.50	1.39	1.29	1.18	0.98	0.84	0.73	0.67	0.56	0.44
0.24	2.16	1.91	1.83	1.77	1.73	1.64	1.55	1.43	1.32	1.19	0.98	0.83	0.71	0.64	0.53	0.48
0.25	2.22	1.96	1.87	1.81	1.77	1.67	1.58	1.45	1.33	1.20	0.98	0.82	0.70	0.63	0.52	0.50
0.26	2.28	2.01	1.91	1.85	1.80	1.70	1.60	1.46	1.34	1.21	0.98	0.82	0.69	0.62	0.50	0.52
0.28	2.40	2.10	2.00	1.93	1.87	1.76	1.66	1.50	1.37	1.22	0.97	0.79	0.66	0.59	0.47	0.56
0.30	2.52	2.19	2.08	2.01	1.94	1.83	1.71	1.54	1.40	1.24	0.97	0.78	0.64	0.56	0.44	0.60
0.35	2.86	2.44	2.31	2.22	2.13	2.00	1.84	1.64	1.47	1.28	0.96	0.75	0.59	0.51	0.37	0.70
0.40	3.20	2.70	2.54	2.42	2.32	2.16	1.98	1.74	1.54	1.31	0.95	0.71	0.53	0.45	0.30	0.80
0.45	3.59	2.98	2.80	2.65	2.53	2.33	2.13	1.84	1.60	1.35	0.93	0.67	0.48	0.40	0.26	0.90
0.50	3.98	3.27	3.05	2.88	2.74	2.51	2.27	1.94	1.67	1.38	0.92	0.64	0.44	0.34	0.21	1.00
0.55	4.42	3.58	3.32	3.12	2.97	2.70	2.42	2.04	1.74	1.41	0.90	0.59	0.40	0.30	0.16	1.10
0.60	4.85	3.89	3.59	3.37	3.20	2.89	2.57	2.15	1.80	1.44	0.89	0.56	0.35	0.26	0.13	1.20
0.65	5.33	4.22	3.89	3.64	3.44	3.09	2.74	2.25	1.87	1.47	0.87	0.52	0.31	0.22	0.10	1.30
0.70	5.81	4.56	4.19	3.91	3.68	3.29	2.90	2.36	1.94	1.50	0.85	0.49	0.27	0.18	0.08	1.40
0.75	6.33	4.93	4.52	4.19	3.93	3.50	3.06	2.46	2.00	1.52	0.82	0.45	0.24	0.15	0.06	1.50
0.80	6.85	5.30	4.84	4.47	4.19	3.71	3.22	2.57	2.06	1.54	0.80	0.42	0.21	0.12	0.04	1.60
0.90	7.98	6.08	5.51	5.07	4.74	4.15	3.56	2.78	2.19	1.58	0.75	0.35	0.15	0.08	0.02	1.80

续附表4

(3) $C_s = 3C_v$

C_v \ P(%)	0.01	0.1	0.2	0.33	0.5	1	2	5	10	20	50	75	90	95	99	P(%) / C_s
0.20	2.02	1.79	1.72	1.67	1.63	1.55	1.47	1.36	1.27	1.16	0.98	0.86	0.76	0.71	0.62	0.60
0.25	2.35	2.05	1.95	1.88	1.82	1.72	1.61	1.46	1.34	1.20	0.97	0.82	0.71	0.65	0.56	0.75
0.30	2.72	2.32	2.19	2.10	2.02	1.89	1.75	1.56	1.40	1.23	0.96	0.78	0.66	0.60	0.50	0.90
0.35	3.12	2.61	2.46	2.33	2.24	2.07	1.90	1.66	1.47	1.26	0.94	0.74	0.61	0.55	0.46	1.05
0.40	3.56	2.92	2.73	2.58	2.46	2.26	2.05	1.76	1.54	1.29	0.92	0.70	0.57	0.50	0.42	1.20
0.42	3.75	3.06	2.85	2.69	2.56	2.34	2.11	1.81	1.56	1.31	0.91	0.69	0.55	0.49	0.41	1.26
0.44	3.94	3.19	2.97	2.80	2.65	2.42	2.17	1.85	1.59	1.32	0.91	0.67	0.54	0.47	0.40	1.32
0.45	4.04	3.26	3.03	2.85	2.70	2.46	2.21	1.87	1.60	1.32	0.90	0.67	0.53	0.47	0.39	1.35
0.46	4.14	3.33	3.09	2.90	2.75	2.50	2.24	1.89	1.61	1.33	0.90	0.66	0.52	0.46	0.39	1.38
0.48	4.34	3.47	3.21	3.01	2.85	2.58	2.31	1.93	1.65	1.34	0.89	0.65	0.51	0.45	0.38	1.44
0.50	4.55	3.62	3.34	3.12	2.96	2.67	2.37	1.98	1.67	1.35	0.88	0.64	0.49	0.44	0.37	1.50
0.52	4.76	3.76	3.46	3.24	3.06	2.75	2.44	2.02	1.69	1.36	0.87	0.62	0.48	0.42	0.36	1.56
0.54	4.98	3.91	3.60	3.36	3.16	2.84	2.51	2.06	1.72	1.36	0.86	0.61	0.47	0.41	0.36	1.62
0.55	5.09	3.99	3.66	3.42	3.21	2.88	2.54	2.08	1.73	1.36	0.86	0.60	0.46	0.41	0.36	1.65
0.56	5.20	4.07	3.73	3.48	3.27	2.93	2.57	2.10	1.74	1.37	0.85	0.59	0.46	0.40	0.35	1.68
0.58	5.43	4.23	3.86	3.59	3.38	3.01	2.64	2.14	1.77	1.38	0.84	0.58	0.45	0.40	0.35	1.74
0.60	5.66	4.38	4.01	3.71	3.49	3.10	2.71	2.19	1.79	1.38	0.83	0.57	0.44	0.39	0.35	1.80
0.65	6.26	4.81	4.36	4.03	3.77	3.33	2.88	2.29	1.85	1.40	0.80	0.53	0.41	0.37	0.34	1.95
0.70	6.90	5.23	4.73	4.35	4.06	3.56	3.05	2.40	1.90	1.41	0.78	0.50	0.39	0.36	0.34	2.10
0.75	7.57	5.68	5.12	4.69	4.36	3.80	3.24	2.50	1.96	1.42	0.76	0.48	0.38	0.35	0.34	2.25
0.80	8.26	6.14	5.50	5.04	4.66	4.05	3.42	2.61	2.01	1.43	0.72	0.46	0.36	0.34	0.34	2.40

续附表 4

(4) $C_s=3.5C_v$

P(%) / C_v	0.01	0.1	0.2	0.33	0.5	1	2	5	10	20	50	75	90	95	99	P(%) / C_s
0.20	2.06	1.82	1.74	1.69	1.64	1.56	1.48	1.36	1.27	1.16	0.98	0.86	0.76	0.72	0.64	0.70
0.25	2.42	2.09	1.99	1.91	1.85	1.74	1.62	1.46	1.34	1.19	0.96	0.82	0.71	0.66	0.58	0.88
0.30	2.82	2.38	2.24	2.14	2.06	1.92	1.77	1.57	1.40	1.22	0.95	0.78	0.67	0.61	0.53	1.05
0.35	3.26	2.70	2.52	2.39	2.29	2.11	1.92	1.67	1.47	1.26	0.93	0.74	0.62	0.57	0.50	1.22
0.40	3.75	3.04	2.82	2.66	2.53	2.31	2.08	1.78	1.53	1.28	0.91	0.71	0.58	0.53	0.47	1.40
0.42	3.95	3.18	2.95	2.77	2.63	2.39	2.15	1.82	1.56	1.29	0.90	0.69	0.57	0.52	0.46	1.47
0.44	4.16	3.33	3.08	2.88	2.73	2.48	2.21	1.86	1.59	1.30	0.89	0.68	0.56	0.51	0.46	1.54
0.45	4.27	3.40	3.14	2.94	2.79	2.52	2.25	1.88	1.60	1.31	0.89	0.67	0.55	0.50	0.45	1.58
0.46	4.37	3.48	3.21	3.00	2.84	2.56	2.28	1.90	1.61	1.31	0.88	0.66	0.54	0.50	0.45	1.61
0.48	4.60	3.63	3.35	3.12	2.94	2.65	2.35	1.95	1.64	1.32	0.87	0.65	0.53	0.49	0.45	1.68
0.50	4.82	3.78	3.48	3.24	3.06	2.74	2.42	1.99	1.66	1.32	0.86	0.64	0.52	0.48	0.44	1.75
0.52	5.06	3.95	3.62	3.36	3.16	2.83	2.48	2.03	1.69	1.33	0.85	0.63	0.51	0.47	0.44	1.82
0.54	5.30	4.11	3.76	3.48	3.28	2.91	2.55	2.07	1.71	1.34	0.84	0.61	0.50	0.47	0.44	1.89
0.55	5.41	4.20	3.83	3.55	3.34	2.96	2.58	2.10	1.72	1.34	0.84	0.60	0.50	0.46	0.44	1.92
0.56	5.55	4.28	3.91	3.61	3.39	3.01	2.62	2.12	1.73	1.35	0.83	0.60	0.49	0.46	0.43	1.96
0.58	5.80	4.45	4.05	3.74	3.51	3.10	2.69	2.16	1.75	1.35	0.82	0.58	0.48	0.46	0.43	2.03
0.60	6.06	4.62	4.20	3.87	3.62	3.20	2.76	2.20	1.77	1.35	0.81	0.57	0.48	0.45	0.43	2.10
0.65	6.73	5.08	4.58	4.22	3.92	3.44	2.94	2.30	1.83	1.36	0.78	0.55	0.46	0.44	0.43	2.28
0.70	7.43	5.54	4.98	4.56	4.23	3.68	3.12	2.41	1.88	1.37	0.75	0.53	0.45	0.44	0.43	2.45
0.75	8.16	6.02	5.38	4.92	4.55	3.92	3.30	2.51	1.92	1.37	0.72	0.50	0.44	0.43	0.43	2.62
0.80	8.94	6.53	5.81	5.29	4.87	4.18	3.49	2.61	1.97	1.37	0.70	0.49	0.44	0.43	0.43	2.80

续附表 4

(5) $C_s=4C_v$

$P(\%)$ / C_v	0.01	0.1	0.2	0.33	0.5	1	2	5	10	20	50	75	90	95	99	$P(\%)$ / C_s
0.20	2.10	1.85	1.77	1.71	1.66	0.58	1.49	1.37	1.27	1.16	0.97	0.85	0.77	0.72	0.65	0.80
0.25	2.49	2.13	2.02	1.94	1.87	1.76	1.64	1.47	1.34	1.19	0.96	0.82	0.72	0.67	0.60	1.00
0.30	2.92	2.44	2.30	2.18	2.10	1.94	1.79	1.57	1.40	1.22	0.94	0.78	0.68	0.63	0.56	1.20
0.35	3.40	2.78	2.60	2.45	2.34	2.14	1.95	1.68	1.47	1.25	0.92	0.74	0.64	0.59	0.54	1.40
0.40	3.92	3.15	2.92	2.74	2.60	2.36	2.11	1.78	1.53	1.27	0.90	0.71	0.60	0.56	0.52	1.60
0.42	4.15	3.30	3.05	2.86	2.70	2.44	2.18	1.83	1.56	1.28	0.89	0.70	0.59	0.55	0.52	1.68
0.44	4.38	3.46	3.19	2.98	2.81	2.53	2.25	1.87	1.58	1.29	0.88	0.68	0.58	0.55	0.51	1.76
0.45	4.49	3.54	3.25	3.03	2.87	2.58	2.28	1.89	1.59	1.29	0.87	0.68	0.58	0.54	0.51	1.80
0.46	4.62	3.62	3.32	3.10	2.92	2.62	2.32	1.91	1.61	1.29	0.87	0.67	0.57	0.54	0.51	1.84
0.48	4.86	3.79	3.47	3.22	3.04	2.71	2.39	1.96	1.63	1.30	0.86	0.66	0.56	0.53	0.51	1.92
0.50	5.10	3.96	3.61	3.35	3.15	2.80	2.45	2.00	1.65	1.31	0.84	0.64	0.55	0.53	0.50	2.00
0.52	5.36	4.12	3.76	3.48	3.27	2.90	2.52	2.04	1.67	1.31	0.83	0.63	0.55	0.52	0.50	2.08
0.54	5.62	4.30	3.91	3.61	3.38	2.99	2.59	2.08	1.69	1.31	0.82	0.62	0.54	0.52	0.50	2.16
0.55	5.76	4.39	3.99	3.68	3.44	3.03	2.63	2.10	1.70	1.31	0.82	0.62	0.54	0.52	0.50	2.20
0.56	5.90	4.48	4.06	3.75	3.50	3.09	2.66	2.12	1.71	1.31	0.81	0.61	0.53	0.51	0.50	2.24
0.58	6.18	4.67	4.22	3.89	3.62	3.19	2.74	2.16	1.74	1.32	0.80	0.60	0.53	0.51	0.50	2.32
0.60	6.45	4.85	4.38	4.03	3.75	3.29	2.81	2.21	1.76	1.32	0.79	0.59	0.52	0.51	0.50	2.40
0.65	7.18	5.34	4.78	4.38	4.07	3.53	2.99	2.31	1.80	1.32	0.76	0.57	0.51	0.50	0.50	2.60
0.70	7.95	5.84	5.21	4.75	4.39	3.78	3.18	2.41	1.85	1.32	0.73	0.55	0.51	0.50	0.50	2.80
0.75	8.76	6.36	5.65	5.13	4.72	4.03	3.36	2.50	1.88	1.32	0.71	0.54	0.51	0.50	0.50	3.00
0.80	9.62	6.90	6.11	5.53	5.06	4.30	3.55	2.60	1.91	1.30	0.68	0.53	0.50	0.50	0.50	3.20

参 考 文 献

[1] 朱岐武.水资源评价与管理[M].郑州:黄河水利出版社,2011

[2] 朱岐武,拜存有.水文与水利水电规划[M].2版.郑州:黄河水利出版社,2008.

[3] 朱永昌.水资源管理工作手册[M].南京:江苏科学技术出版社,1992.

[4] 黄永基,马滇珍.区域水资源供需分析方法[M].南京:河海大学出版社,1990.

[5] 张学成,潘启民.黄河流域水资源调查评价[M].郑州:黄河水利出版社,2006.

[6] 王浩,陈敏建,等.西北地区水资源合理配置和承载能力研究[M].郑州:黄河水利出版社,2003.

[7] 王浩,杨小柳,等.流域水资源管理[M].北京:科学出版社,2001.

[8] 王国安,李文家.水文设计成果合理性评价[M].郑州:黄河水利出版社,2002.

[9] 潘启民,田水利.黑河流域水资源[M].郑州:黄河水利出版社,2001.

[10] 阮本清,韩宇平,等.灌区生态用水研究[M].北京:中国水利水电出版社,2007.

[11] 张济世,陈仁升,等.物理水文学[M].郑州:黄河水利出版社,2007.

[12] 季学武,王俊,等.水文分析计算与水资源评价[M].北京:中国水利水电出版社,2008.

[13] 张尧旺.水质监测与评价[M].2版.郑州:黄河水利出版社,2008.

[14] 中华人民共和国国家质量监督检验检疫总局,中国国家标准化管理委员会.建设项目水资源论证导则:(GB/T 35580—2001)[S].北京.中国标准出版社,2017.

[15] 水利部水资源管理司,水利部水资源管理中心.建设项目水资源论证培训教材[M].北京:中国水利水电出版社,2005.

[16] 中华人民共和国水利部.水资源评价导则:SL/T 238—1999[S].北京:中国水利水电出版社,1999.